Shoukat Pinjari
Subhash Chavan

Tecnologia de cultivo do milho doce

Shoukat Pinjari
Subhash Chavan

Tecnologia de cultivo do milho doce

ScienciaScripts

Imprint
Any brand names and product names mentioned in this book are subject to trademark, brand or patent protection and are trademarks or registered trademarks of their respective holders. The use of brand names, product names, common names, trade names, product descriptions etc. even without a particular marking in this work is in no way to be construed to mean that such names may be regarded as unrestricted in respect of trademark and brand protection legislation and could thus be used by anyone.

Cover image: www.ingimage.com

This book is a translation from the original published under ISBN 978-3-330-35237-7.

Publisher:
Sciencia Scripts
is a trademark of
Dodo Books Indian Ocean Ltd. and OmniScriptum S.R.L publishing group

120 High Road, East Finchley, London, N2 9ED, United Kingdom
Str. Armeneasca 28/1, office 1, Chisinau MD-2012, Republic of Moldova, Europe
Printed at: see last page
ISBN: 978-620-7-67632-3

ÍNDICE DE CONTEÚDOS

CAPÍTULO I
INTRODUÇÃO

O milho (*Zea mays*) é a terceira maior cultura de cereais do mundo, a seguir ao trigo e ao arroz. Representa 8% da área e 25% da produção mundial de cereais. Ocupa uma posição importante na economia e no comércio mundiais como cultura alimentar, de rações e de cereais industriais (Lal 2001).

Ocupa 147,17 milhões de hectares no mundo, produzindo 694,58 milhões de toneladas com uma produtividade média de 4720 kg/ha em 2005. Na Índia, a área e a produção de milho são de cerca de 7,4 milhões de hectares e 14,5 milhões de toneladas, respetivamente, com uma produtividade média de cerca de 1956 kg/ha em 2005 e, em 2004, de 7,0 milhões de hectares, 14,0 milhões de toneladas e 2000 kg/ha, respetivamente. (Anónimo, 2006) Em Maharashtra, a área e a produção de milho são de cerca de 3,29 lakh ha e 3,03 lakh tones, respetivamente, com uma produtividade média de 920 kg/ha. (Anónimo, 2002[b]). Há muitas possibilidades de aumentar o rendimento do milho na Índia em comparação com a média mundial.

Tornou-se uma das mais importantes culturas alimentares, forrageiras e industriais do mundo. Tem um potencial de rendimento muito superior ao de qualquer outro cereal e é por isso que é por vezes referida como a cultura milagrosa ou a "Rainha dos Cereais".

O milho doce (*Zea mays saccharata*), também conhecido como milho açucarado, é uma variedade hibridizada de milho (*Zea mays*), especificamente criada para aumentar o teor de açúcar. O milho doce é vulgarmente conhecido como "*simply corn*" nos Estados Unidos, Canadá, Austrália e Nova Zelândia. No Brasil é conhecido como "Milho Verde".

No mundo, a área e a produção de milho doce é de cerca de 172,56 milhões de hectares e 184,43 milhões de toneladas, respetivamente, com uma produtividade média de cerca de 1068,73 kg/ha (Mailvaganam, 2004).

Foi introduzido na Índia a partir dos EUA. O fruto da planta do milho doce é o grão de milho. Tem um endosperma mais açucarado do que amiláceo e uma textura cremosa. O baixo nível de amido torna o grão mais enrugado do que carnudo.

O milho doce (*Zea mays L. Saccharata*) é um dos grupos de milho (*Zea mays*) e é classificado com base nas características do grão. Foi introduzido na Índia a partir dos EUA. As variedades de milho doce são essencialmente normais para os genes que afectam a síntese de amido no endosperma da semente, em que um ou mais alelos recessivos simples alteram o teor de hidratos de carbono do endosperma e aumentam o nível de polissacáridos solúveis em água (açúcares) e diminuem o amido. Assim, os grãos de milho doce têm um sabor muito mais doce do que o milho normal, especialmente 18-21 dias após a polinização. O teor total de açúcar no milho doce pode variar entre 25-30 por cento. O milho doce amadurece cedo e pode ser colhido em 75-80 dias após a sementeira. O milho doce tem um pericarpo (revestimento da semente) mais fino do que o do milho normal, o que o torna mais tenro (Pradip et al., 2005). É altamente perecível. As espigas verdes são consumidas assadas ou cozidas.

Na colheita, o teor de humidade do grão de 70 a 74% é exigido pelo processador para obter espigas congeladas aceitáveis (Pratt, 1939) porque quando o teor de humidade é superior a 74% as espigas são imaturas e abaixo de 70% perdem a doçura e desenvolvem um teste e uma textura desagradáveis. Estas limitações indicam a necessidade de uma avaliação crítica da maturidade das espigas de milho doce necessárias para a transformação. Tem cerca de 9,8 por cento de açúcar nas variedades bicolores e 11,5 por cento nas variedades amarelas (Breht, 1990). O milho amarelo tem um teor mais elevado de vitamina A do que o milho branco. Uma espiga de 77 g de milho amarelo fornece 11% da vitamina RDA, 3 g de proteínas e 85 calorias de energia (Peet, 2001).

As pessoas que vivem em zonas urbanas preferem as espigas de milho doce torradas, pois são muito saborosas e nutritivas. As espigas de milho verde torradas fornecem amido, gordura, proteínas, açúcar, minerais e vitaminas numa forma saborosa, saudável, higiénica e digerível, a um custo relativamente baixo. O milho doce está a ganhar importância nos hotéis de luxo e nas zonas urbanas para a preparação de sopas especiais, doces, compotas, natas, pastas de estilo e outros produtos alimentares deliciosos. Também é cultivado como legume para ser consumido fresco em algumas partes do mundo. Para além disso, a sua forragem é altamente suculenta, palatável e digerível.

Na Índia, o milho doce é cultivado numa área muito pequena por alguns agricultores e sectores privados para satisfazer a procura de muitas indústrias. A procura de espigas de milho torradas nas cidades e vilas está a aumentar de dia para dia. Este facto levou à abertura de balcões de espigas torradas nas cidades e vilas. Nas grandes cidades, formam-se também numerosos clubes de milho.

Atualmente, para um país com a dimensão da Índia, sem margem para expansão horizontal e com uma complexidade de problemas e desafios, não há alternativa senão continuar a melhorar a produtividade sem degradar ainda mais os seus recursos naturais, e isto de uma forma sustentável (Narayanswamy 1994). Neste contexto, teremos de adotar uma abordagem racionalista da agricultura biológica para conseguirmos uma "revolução perene". Este facto levou a que o conceito de Gestão Integrada de Nutrientes (GIN) ganhasse força nos últimos anos para melhorar e manter a saúde do solo. Para além disso, com o aumento do custo dos fertilizantes à base de energia e a limitação dos combustíveis fósseis, a abordagem INM combina a utilização de fontes orgânicas com fertilizantes, o que seria remunerador para obter rendimentos mais elevados com uma economia considerável de fertilizantes (Subbian e Palaniappan, 1992).

O estrume orgânico sempre desempenhou um papel fundamental na revitalização da saúde do solo. Decompõem-se e conduzem à formação de húmus e de substâncias húmicas, que albergam a microflora e a fauna do solo. Desempenha um papel crucial na retenção de nutrientes em reservatórios responsáveis, na proteção do solo, na fonte de alimento e abrigo para microrganismos, na melhoria da disponibilidade de macro e micronutrientes, etc. Além disso, o estrume orgânico desempenha um papel na estabilização das propriedades físicas do solo, como a densidade aparente, a capacidade de retenção de água, a infiltração, etc. Por conseguinte, tornou-se um componente importante no sistema integrado de fornecimento de nutrientes. Entre os vários estrumes orgânicos, o estrume de aves de capoeira tem uma proporção relativamente mais elevada de micro e macro nutrientes como N (4,5-5,0 %), P_2O_5 (2,50-2,98 %), K_2O (2,04-2,33 %), Ca (2,4-8,8 %), Mg (0.44-0.67 %), S (0.13-0.15 %), Zn (235-463 ppm), Cu (98-150 ppm), Fe (150-451 ppm) e Mn (225-406 ppm), (Devegowda 1997; Narahari 1999) e sua melhor disponibilidade na região de konkan.

Nos últimos anos, com a adoção de uma agricultura intensiva, os factores de produção naturais disponíveis estão a tornar-se escassos e os materiais sintéticos, como as películas de plástico, estão a substituir o mulching convencional. A utilização de mulching de película plástica aumentou a intensidade da formação de espigas e a espiga mais comprida, de 19,2 cm, com um número máximo de 501 grãos por espiga. Isto resultou num rendimento máximo de grãos devido a uma melhor conservação da humidade (Mohapatra et al 1998). A cobertura morta de polietileno aumenta a temperatura do solo e evita a perda de nutrientes, desenvolvendo um microclima favorável ao crescimento, desenvolvimento e maturação precoce da cultura.

Nas condições de Konkan, a baixa temperatura e a falta de instalações de irrigação durante a estação pós-chuva são os principais obstáculos ao crescimento e desenvolvimento do milho doce *rabi*. Quando a cultura é efectuada a baixas temperaturas, a germinação é retardada e o estado das plantas é deficiente. No entanto, para explorar a produção de milho doce *rabi*, há uma necessidade urgente de tecnologia de cultivo adequada.

A cobertura morta de polietileno é a nova tecnologia desenvolvida no Japão e utilizada maioritariamente na China. Aumenta a temperatura do solo em 2,2 a $3,6^0$ C do que o cultivo normal (Tang e Xu, 1986). A germinação é precoce sob a cobertura de polietileno e o crescimento inicial da cultura também é melhor. Cria-se um melhor microambiente e uma melhor retenção da humidade do solo, o aumento da temperatura conduz, em última análise, a um maior rendimento. Também se observou uma melhor germinação e uma iniciação e floração precoces do milho sob o mulch de polietileno (Mahale *et al.*, 2002).

A cobertura morta de polietileno ajuda a melhorar a estrutura e a microflora do solo, reduz a lixiviação de fertilizantes, a evaporação e o problema das ervas daninhas. Assim, aumenta os níveis de nutrientes disponíveis e a humidade no solo. Por conseguinte, a cobertura morta de polietileno tem um efeito positivo no crescimento, rendimento e qualidade do milho (Kulkarni *et al.*, 1998).

O mulch de polietileno transparente absorve muito pouca radiação solar e transmite 8595 por cento através dele. A superfície inferior da cobertura vegetal de polietileno transparente está normalmente coberta de gotículas de água condensada. Esta água, assim como o polietileno, é transparente à radiação de ondas curtas que entra, mas é opaca à radiação de ondas longas que sai. O calor perdido para a atmosfera a partir de um solo nu é retido pela cobertura de polietileno transparente e, por conseguinte, a temperatura do solo é 4-8° c mais elevada a 5 cm de profundidade e $3-5^0$ c mais elevada a 10 cm de profundidade, em comparação com o solo nu.

Os adubos já provaram ser "Rei" na melhoria da produtividade das culturas, contribuindo com 60 por cento. Como é um facto bem estabelecido, as plantas não discriminam entre fontes orgânicas e inorgânicas para satisfazer as suas necessidades de nutrientes, mas apenas absorvem os nutrientes na forma inorgânica. A resposta dos fertilizantes químicos ou inorgânicos é, portanto, proporcional à sua disponibilidade. As necessidades de nutrientes das plantas na fase fenofágica, a disponibilidade no solo e as necessidades da micro e macro fauna do solo para as exigências metabólicas e a mineralização. A resposta dos nutrientes também depende da disponibilidade relativa de outros nutrientes e das condições favoráveis do solo para a absorção pela planta. Por conseguinte, no atual cenário de necessidade de um aumento mais rápido da produção alimentar para satisfazer a procura crescente. O papel dos fertilizantes inorgânicos deve ser visto como um catalisador. A resposta das culturas a nutrientes como o N, o P e o K no aumento da produtividade, especialmente no caso de plantas que se alimentam muito, como o milho, foi bem compreendida e, por conseguinte, incluída no atual pacote de práticas agrícolas.

Panchagavya é uma nutrição foliar. Em sânscrito, Panchagavya significa a mistura de cinco produtos obtidos da vaca: ghee, leite, coalhada, estrume de vaca e urina de vaca. Os nutrientes essenciais das plantas, os microrganismos benéficos naturais e as substâncias fitofarmacêuticas presentes no Panchagavya, podem ter melhorado a qualidade e a produtividade de todas as culturas (Somasundaram, 2003). A investigação sobre o Panchagavya começou nos últimos anos e é muito escassa.

O milho doce pode ser uma cultura de rendimento prometedora para a região. Pode ser adaptado ao sistema de cultivo baseado no arroz, uma vez que é uma cultura de curta duração, amadurecendo em 80-85 dias. As espigas têm um bom potencial de mercado. Para além disso, como as plantas estão em fase verde com bom vigor, podem ser utilizadas como forragem nutritiva e palatável para os animais de leite.

Na região de Konkan, a irrigação de poço está disponível até março. Assim, o milho doce cultivado para espiga pode ser muito bem aproveitado nessas condições. No entanto, faltam informações sobre a utilização eficiente e económica de fertilizantes azotados, estrume de aves de capoeira e Panchagavya com cobertura morta de polietileno para o milho doce, especialmente em solos lateráticos. Tendo em conta estes aspectos, propõe-se a realização de uma experiência intitulada "GESTÃO INTEGRADA DE NUTRIENTES E MULCH DE POLITIENO NO DESEMPENHO DO MILHO DOCE EM SOLOS LATERÍTICOS DE KONKAN", com os seguintes objectivos

1. Estudar o efeito de fontes orgânicas e inorgânicas de nutrientes no desempenho do milho doce.

2. Estudar o efeito da cobertura morta de polietileno no desempenho do milho doce.

3. Estudar o efeito da interação entre fontes orgânicas e inorgânicas de nutrientes e cobertura morta de polietileno no desempenho do milho doce.

4. Estudar o efeito das fontes orgânicas e inorgânicas de nutrientes e da cobertura morta de polietileno no estado nutricional do solo aquando da colheita.

5. Estudar a economia dos tratamentos.

CAPÍTULO II
REVISÃO DA LITERATURA

Na Índia, o milho doce é uma nova cultura introduzida a partir dos EUA. É cultivado por alguns dos agricultores e sectores privados, particularmente para espigas verdes, numa área muito limitada. Os sectores privados concentraram-se no milho doce devido ao seu elevado valor nutritivo e à sua importância nas indústrias de conservas. Existem muitas indústrias que produzem vários produtos a partir do milho doce.

A utilização contínua de fertilizantes inorgânicos polui o ambiente, o solo e a água, para além de aumentar o custo dos factores de produção. Por conseguinte, é necessário encontrar novas vias para reduzir o custo dos fertilizantes sem comprometer o rendimento e a qualidade. A alternativa viável é a gestão integrada dos nutrientes, em que os nutrientes orgânicos e inorgânicos adquirem igual importância. Verificou-se que a utilização óptima de fontes orgânicas, como o estrume de aves de capoeira, actua como fonte de nutrientes e como condicionador do solo, melhorando as propriedades físicas, químicas e biológicas do solo.

Não foi efectuado qualquer trabalho sistemático sobre o milho doce no que diz respeito às coberturas vegetais e às necessidades nutricionais. Por conseguinte, todos os trabalhos disponíveis e rastreáveis sobre o milho (*Zea mays* L) foram analisados neste capítulo sob os seguintes subtítulos.

2.1   **Efeito dos fertilizantes químicos :**

     2.1.1   Carácter de crescimento

     2.1.2   Atributos de rendimento

     2.1.3   Rendimento

     2.1.4   Absorção de nutrientes

     2.1.5   Caracteres de qualidade

2.2   **Efeito do adubo orgânico :**

     2.2.1   Carácter de crescimento

     2.2.2   Atributos de rendimento

     2.2.3   Rendimento

     2.2.4   Absorção de nutrientes

2.3   Efeito das coberturas vegetais :

2.4   Efeito de panchagavya e amrutpani

2.5   Efeito da gestão integrada de nutrientes

2.6   Económico

2.1   Efeito dos fertilizantes químicos :

2.1.1.   Carácter de crescimento

Dalvi (1984) conduziu uma experiência de campo em Dapoli (Maharashtra) e relatou que a aplicação de 200 kg N ha^{-1} provou ser superior a outros níveis (50, 100, 150 kg N ha^{-1}) no que diz respeito à acumulação de matéria seca em todas as fases de crescimento, exceto aos 45 DAS.

Parthasarathy *et al.* (1984) relataram que o rendimento de matéria seca do milho na colheita foi significativamente influenciado por diferentes níveis de fertilidade. A aplicação de 120kg N +60kg P O_{25} + 30 kg K_2 O/ha registou um rendimento de matéria seca significativamente mais elevado (114,77 q/ha) do que os níveis mais baixos.

Reddy (1984) registou a maior altura de planta e a matéria seca máxima com 120:60:40 NPK kg ha[1] na colheita de milho.

Srinivasa *et al.* (1986) verificaram que houve um aumento progressivo na acumulação de matéria seca do milho a partir dos 30 DAS até à colheita. No entanto, a taxa de acumulação foi máxima dos 30 aos 60 DAS. O aumento do nível de fertilidade aumentou significativamente a matéria seca em todas as fases. A maior produção de matéria seca foi obtida com maior nível de fertilidade de 120:60:30kg N, P O_{25} e K_2 O/ha.

Singh e Sharma (1993) concluíram que a aplicação de N tinha um efeito significativo nos rendimentos de forragem verde, matéria seca e proteína bruta do milho. N @ 120 kg/ha deu significativamente mais forragem verde, matéria seca, bem como rendimentos de proteína bruta do que outros níveis.

Nanjudappa *et al.* (1994) encontraram um aumento significativo na produção de matéria seca de milho forrageiro na colheita com uma aplicação de 150 kg de N e 50 kg de P_2 O5/ha em comparação com os níveis mais baixos.

Paradkar e Sharma (1994) encontraram a altura máxima do milho com uma aplicação de 150:60:60 kg N, P O_{25} e K_2 O/ha respetivamente.

Ghosh e Singh (1995) conduziram um ensaio de campo com milho em Pantnagar e registaram que a altura da planta e a acumulação de matéria seca por planta aos 30, 60 DAS e na maturidade foram mais elevadas com 90 kg N/ha, durante 1991 e 1992.

Singh *et al.* (1996) realizaram um ensaio em casa de vegetação com milho em Pantnagar, Nainital, Uttar Pradesh e verificaram que a aplicação de azoto @ 144 kg N/ha à cultura do milho aumentou a altura da planta aos 15, 30, 45 e 60 DAS e a matéria seca da raiz e do rebento em relação à testemunha.

Patel *et al.* (1997) realizaram um ensaio com milho forrageiro em Anand, Gujarat, e relataram que a altura da planta foi mais elevada com 200 kg de N/ha, que foi igual a 140 kg de N/ha e ambos os tratamentos foram significativamente superiores a 80 kg de N/ha. No caso da espessura do caule, o valor máximo foi observado com 200 kg N/ha, que estava a par com 140 kg N/ha, mas significativamente superior a 80 kg N/ha. A altura da planta e a espessura do caule não foram significativas no caso da aplicação de fósforo.

Thakur *et al.* (1997) realizaram um ensaio com milho para bebé em Bajaura, Himachal Pradesh, e revelaram que a altura das plantas, as folhas funcionais por planta, o diâmetro do caule e a matéria seca por planta foram registados ao máximo com 200 kg N/ha, o que foi igual a 150 kg N/ha e significativamente superior a 100, 50 kg N/ha e ao controlo.

Shanti *et al.* (1997) realizaram uma experiência de campo em Hyderabad e observaram que níveis crescentes de azoto de 0 a 160 kg aumentavam significativamente a altura das plantas e a produção de matéria seca do milho.

Gawade (1998) realizou um ensaio de campo na Fundação ASPEE, Tansa form, Thane em milho doce e relatou que a altura da planta, o número de folhas funcionais e a produção de matéria seca foram significativamente maiores sob 100kg N + 50 kg P2O5 + 50 kg K2O/ha do que o resto dos níveis de fertilizantes e controle.

Singh et al (1999) observaram que o rendimento de matéria seca do milho obtido sob controlo foi significativamente mais baixo do que todos os outros tratamentos com fertilizantes. O uso contínuo de 50 por cento da dose de NPK deu rendimentos bastante baixos em comparação com 100 por cento e 150 por cento da dose de NPK indicando a necessidade de equilibrar os nutrientes do fertilizante

Roongtanakiat *et al.* (2000) relataram que o híbrido de milho doce deu um crescimento máximo quando foi fertilizado com 75:75:75 kg N, P O_{25} e K_2 O/ha respetivamente.

Sarma *et al* (2000) conduziram uma experiência durante a estação *kharif* de 1994,1995 e 1996 para descobrir o nível ótimo de N e P O_{25} para milho composto (Cv.Vijay) em condições de sequeiro. Verificou-se que houve um aumento significativo dos caracteres de crescimento em relação ao controlo quando foi fornecido 120kg N/ha e 60kg P O_{25} ha[1]

Shivay e Singh (2000) observaram que a altura da planta do milho com 120 kg de N/ha foi máxima com 120 kg de N/ha, que foi igual a 80 e 40 kg de N/ha e significativamente superior ao controlo, durante 1992-93 e 1993-94. O índice de área foliar e a acumulação de matéria seca por planta aos 90 DAS foram registados mais elevados com 120 kg N/ha, que foi significativamente superior aos restantes níveis de azoto, durante ambos os anos de estudo.

Duraisami *et al.* (2001) observaram que a matéria seca na fase de joelho alto e na fase de borla foi registada mais alta com 240 kg N/ha, que foi significativamente superior a 180, 120, 60 kg N/ha e controlo.

Niazuddin *et al.* (2002) realizaram um ensaio com milho em Mymensingh, Bangladesh e revelaram que a aplicação de 100 kg N/ha registou a altura máxima da planta, que foi significativamente superior a 120, 70 e 0 kg N/ha.

Singh *et al.* (2003) estudaram o efeito do azoto e do potássio no milho de inverno em Varanasi, Uttar Pradesh e afirmaram que a aplicação de doses mais elevadas de azoto e potássio aumentou significativamente a altura da planta na colheita, o número de folhas e a acumulação de matéria seca aos 120 DAS. A altura máxima da planta foi registada com 210 kg N/ha, que foi a par com 180 kg N/ha e ambos os tratamentos foram significativamente superiores a 120 e 150 kg N/ha. O número de folhas foi máximo com 210 kg N/ha, que foi igual a 180 e 150 kg N/ha e significativamente superior a 120 kg N/ha. A produção de matéria seca por planta foi máxima com 210 kg N/ha, que foi igual a 180 kg N/ha e significativamente superior a 150 e 120 kg N/ha. No caso do potássio, a acumulação máxima de matéria seca foi registada com 70 kg K_2 O/ha, que foi igual a 50 e 60 kg K_2 O/ha e todos estes tratamentos foram significativamente superiores a 40 kg K_2 O/ha.

Gzazia *et al.* (2003) conduziram um ensaio de campo em Catede, Horticultura e Agricultura, Argentina, com milho doce e relataram que o número total de folhas, a altura até a inserção da espiga, a largura e o comprimento das folhas, a área foliar, a altura da planta, o diâmetro do caule e o conteúdo de matéria seca do broto foram significativamente maiores sob a combinação de 200 kg de N/ha com 80 kg de P O_{25}/ha do que o restante das combinações de tratamento.

Kaledhonkar (2003) conduziu uma experiência de campo na ASPEE Foundation, Tansa Farm (Thane) durante a estação *rabi* e relatou que a altura da planta, o número de folhas funcionais e a acumulação seca por planta foram significativamente maiores com a aplicação de 240 Kg de N por ha em comparação com 0, 60, 120 e 180 Kg de N por ha.

Singh e Sumeriya (2003) relataram recentemente que a aplicação de 80:40 kg de N: P O_{25}/ha reduziu significativamente os dias para a floração e aumentou a altura da planta, o peso de 1000 ganhos, o rendimento de grãos e forragem em níveis mais baixos de fertilidade.

Kunjir (2004) depois de realizar um ensaio de campo na faculdade de agricultura,

Dapoli em milho doce e relatou que a altura da planta, o número de folhas por planta e a produção de matéria seca por planta foram significativamente maiores sob 225Kg N/ha do que o resto dos níveis de nitrogênio.

Gosavi (2006), depois de realizar um ensaio de campo na fundação Aspee, Thane, com milho doce, relatou que a altura média das plantas em todas as fases, o número de folhas funcionais aos 60 DAS e a produção de matéria seca e de colheita em todas as fases de crescimento foram significativamente influenciados pela aplicação da dose recomendada de fertilizante do que o tratamento de controlo.

A altura da planta, o número de folhas funcionais e a matéria seca do milho doce aumentaram com o aumento dos níveis de fertilizante em todas as fases de crescimento da cultura durante os dois anos e a média dos dois anos. Foi registado um valor significativamente superior com 150%

FTR sobre os restantes níveis de fertilizantes (Zende 2006).

2.1.2. Atributos de rendimento dos fertilizantes químicos

Dalvi (1984) relatou, a partir de um ensaio de campo realizado em Dapoli, que o comprimento e a circunferência da espiga eram significativamente maiores com a aplicação de 200 kg de N por ha do que com outros níveis de azoto (50, 100 e 150 kg por ha).

Krishnaveni e Ramaswamy (1985) verificaram que o comprimento e a circunferência da espiga, o número de sementes por espiga e o peso da espiga não foram influenciados significativamente pela aplicação combinada de N e P, exceto o peso da semente por espiga, que foi significativamente influenciado pela aplicação de NP, NK ou PK, em comparação com a aplicação de nutrientes individuais.

Khanday e Thakur (1990) realizaram um ensaio com milho de sequeiro em Palampur, Himachal Pradesh. Descobriram que o comprimento da espiga era máximo com 120 kg N/ha, que estava a par com 80 kg N/ha e significativamente superior a 40 kg N/ha. A circunferência da espiga, os grãos por fileira, os grãos por espiga, o peso de 1000 grãos e a produção de palha foram significativamente superiores com 120 kg de N/ha em relação aos demais níveis de nitrogênio. As fileiras de grãos por espiga e a produção de grãos foram registradas no máximo com 120 kg N/ha, que foi igual a 80 kg N/ha e ambos os níveis de N foram significativamente superiores a 40 kg N/ha.

Prasad e Singh (1990) observaram que as espigas por planta, o peso de 1000 grãos e o comprimento da espiga foram registados ao máximo com 90 kg N/ha, o que foi igual a 60 kg N/ha e ambos os tratamentos foram significativamente superiores a 30 kg N/ha e ao controlo.

Sridhar *et al.* (1991) conduziram uma experiência com milho em Varanasi, Uttar Pradesh, durante 1985-86 e 1986-87. Os resultados mostraram que espigas por planta e peso de grãos por espiga, durante 1985-86, grãos por fileira e grãos por espiga, durante ambos os anos foram significativamente superiores com 180 : 90 : 60 kgNPK/ha sobre 120 : 60 : 40; 60 :30 : 20 kg NPK/ha e controlo.

Reddy e Bheemaiah (1991) observaram que a programação de fertilizantes de 80:50:30 kg N, P O_{25} e K_2 O/ha aumentou o comprimento e a circunferência da espiga, sementes por espiga e peso de 100 grãos do que os outros níveis mais baixos.

Singh *et al.* (1991) relataram que o milho respondeu significativamente até 80 kg de N; e 60 kg de P O_{25} ha^{-1} e a resposta resultante em termos de rendimento de grãos por kg de N e P O_{25} aplicado 15,1 e 11,7 kg respetivamente. Também foi relatado que 150% RDF deu maior número e peso de 1000 grãos sobre 50% e 100% RDF.

Khot *et al.* (1993) conduziram um ensaio de campo com milho em Rahuri, durante 1989. O diâmetro da espiga foi registado no máximo com 200 kg N/ha, que foi igual a 160 kg N/ha e significativamente superior a 120 e 60 kg N/ha. O número de grãos por espiga, o peso de 1000 grãos e o rendimento de sementes foram significativamente superiores com 160 kg N / ha em relação aos demais níveis de nitrogênio. O comprimento da espiga e a produção de palha foram significativamente superiores com 200 kg N/ha em relação aos restantes tratamentos.

Kaul *et al.* (1994) observaram que o comprimento da espiga e o número de grãos por espiga de milho foram significativamente maiores devido à aplicação de 175 Kg N por ha em comparação com 125 e 225 Kg N por ha.

Thakur *et al.* (1997) efectuaram uma experiência com milho para bebé em Bajaura, Himachal Pradesh, durante as estações chuvosas de 1993 e 1994. Os dados reunidos mostraram que o número de espigas por planta e o peso da espiga com casca foram máximos com 200 kg de N/ha, o que foi igual a 150 kg de N/ha e ao controlo.

Shanti *et al.* (1997) realizaram uma experiência em Hyderabad e relataram que a aplicação de 120 e 160 Kg de N por ha ao milho deu um comprimento de espiga significativamente maior, grãos por espiga, fileiras de grãos por espiga, peso de grãos por espiga e peso de espiga do que a aplicação de 0,40 e 80 Kg de N por ha.

Tyagi *et al.* (1998) efectuaram um ensaio com milho em Hisar, Haryana, em 1995 e 1996. Os dados mostraram que as espigas por planta, o comprimento da espiga, os grãos por espiga, o peso do grão por espiga, o peso de ensaio, o rendimento do grão, em ambos os anos, o rendimento do caule, em 1996, e o índice de colheita, em 1995, foram significativamente superiores com 225 kg N/ha em relação a 150, 75 e 0 kg N/ha.

Gawade (1998) registou, a partir de um ensaio de campo realizado na Fundação ASPEE, na exploração agrícola de Tansa (Thane), em milho doce, que o comprimento e a circunferência da espiga, o peso médio da espiga, o número de fileiras de grãos por espiga, o número de grãos por espiga, o peso dos grãos por espiga e o peso de 1000 grãos foram significativamente mais elevados com 100 kg de N + 50 kg de P O_{25} + 50 kg de K_2 0/ha do que com os restantes níveis de fertilizante e com o controlo

Pandey *et al.* (2000[b]) efectuaram um ensaio de campo com milho em Almora, Uttar Pradesh, em 1993 e 1994. Os dados revelaram que o comprimento da espiga, a circunferência da espiga, o peso de 1000 grãos, o número de espigas por hectare e o rendimento de grãos foram significativamente superiores com 80 kg N/ha em relação a 40 e 0 kg N/ha, durante os dois anos de estudo. O índice de colheita apresentou o valor máximo com 80 kg N/ha, durante ambos os anos.

Singh *et al.* (2000[a]) efectuaram um ensaio com milho em Udaipur, Rajasthan, durante a estação *Kharif* de 1995. Observaram que as espigas por planta, as filas de grão por espiga, o peso por espiga, o peso do grão por espiga, o peso de ensaio, o rendimento do grão e do caule eram significativamente superiores com 120 kg N/ha em relação a 80, 40 e 0 kg N/ha. O rendimento biológico foi máximo com 120 kg N/ha. O índice de colheita registou um aumento significativo até 80 kg N/ha.

Kumar e Puri (2001) efectuaram um ensaio com milho em Salooni, Himachal Pradesh. Os resultados mostraram que o comprimento da espiga, os grãos por espiga, o rendimento de palha, em 1996 e 1997, o peso de 100 grãos, em 1997, e o rendimento de grãos, em 1996, foram significativamente superiores com 90 kg N/ha em relação a 45 e 0 kg N/ha. O índice de colheita mostrou a mesma tendência, durante os dois anos. O peso de 100 grãos, em 1996, e o rendimento de grãos, em 1997, foram máximos com 90 kg N/ha, que foi igual a 45 kg N/ha, ambos os tratamentos foram significativamente superiores ao controlo.

Raja (2001) referiu que todos os caracteres que atribuem rendimento, como o comprimento da espiga, o peso da espiga e o rendimento do grão verde do milho super doce, foram significativamente superiores com 120 kg de N por ha em relação a 80,40 kg de N por ha e ao controlo durante 1994 e 1995.

Abdul Kadir et al. (2002[a]) realizaram uma experiência de campo com milho em Bangalore, durante 1998-99. Observaram que o peso de 1000 grãos, os grãos por espiga e o índice de colheita foram registados ao máximo com 100% FTR (150 : 75 : 50 kg NPK/ha), que foi igual a 75% FTR e ambos os tratamentos foram significativamente superiores a 50% FTR e ao controlo.

Singh et al. (2003) efectuaram um ensaio com milho em Varanasi, Uttar Pradesh. Os dados revelaram que o comprimento da espiga, a circunferência da espiga, o número de grãos por espiga, o peso de 1000 grãos e o rendimento de grãos registaram um aumento significativo até 180 kg de N/ha e o rendimento de palha até 150 kg de N/ha em relação a 120, 150, 180 e 210 kg de N/ha. No caso do potássio, registou-se um aumento significativo até 50 kg de $K_2 O$ /ha, no caso do comprimento da espiga e do peso do grão por espiga e até 60 kg de $K_2 O$ /ha, no caso do número de grãos por espiga, rendimento do grão e rendimento do caule, em comparação com 40, 50, 60 e 70 kg de $K_2 O$/ha.

Gzazia et al (2003) relataram, após a realização de um ensaio de campo em Catede Horticulture and Agriculture, Argentina, em milho doce, que o diâmetro da espiga, o peso da espiga com e sem casca foram significativamente maiores sob a combinação de 200 kg de N/ha, juntamente com 80 kg de $P O_{25}$ /ha do que o resto das combinações de tratamento.

Kumar e Ahlawat (2004) efectuaram uma experiência com milho em Nova Deli, durante as estações das monções de 1998 e 1999. O comprimento da espiga, a circunferência da espiga, o rendimento de grãos e o rendimento de palha, em ambos os anos, e o peso de 1000 grãos, em 1999, foram significativamente superiores com 120 kg N/ha em relação a 60 kg N/ha e ao controlo. O peso de 1000 grãos, durante 1998, mostrou um aumento significativo até 60 kg N/ha.

Kunjir (2004) conduziu um ensaio de campo na Faculdade de Agricultura, Dapoli, com milho doce e referiu que o peso da espiga, o número de grãos por espiga e o peso dos grãos por espiga eram significativamente mais elevados com 225Kg N/ha do que com os restantes níveis de azoto.

Sahoo e Mahapatra (2005) realizaram um estudo no campo de milho doce da Universidade de Agricultura e Tecnologia de Orissa, Jashinpur, e referiram que o número de espigas por hectare e o peso das espigas (g) foram significativamente mais elevados com 120:26,5:50 N, P O_{25} e K_2 O kg/ha do que com o controlo e os restantes níveis de fertilizante.

Gosavi (2006), depois de realizar um ensaio de campo na fundação Aspee, Thane, com milho doce, revelou que o peso da espiga com e sem casca, o comprimento da espiga, o número de filas de grãos por espiga, o número de grãos por espiga, o número de espigas por planta e o peso dos grãos por espiga apresentavam valores significativamente mais elevados devido à aplicação da dose recomendada de fertilizante do que o controlo.

Os diferentes atributos de rendimento, *nomeadamente o* comprimento da espiga, a circunferência da espiga, o número de grãos por espiga, o peso dos grãos por espiga e o número de espigas por planta durante 2004-05 e a média de dois anos e o peso por espiga durante ambos os anos e a média de dois anos foram registados como significativamente superiores com 150% de FTR em relação aos restantes níveis de fertilizante (Zende 2006).

2.1.3. Rendimento de fertilizantes químicos

Singh e Singh (1981) revelaram que o rendimento de grãos de milho foi significativamente aumentado por um nível de fertilidade mais elevado. A aplicação de 180:90:90 N, P O_{25} e K_2 O kg/ha registou o rendimento máximo de grãos de milho, que foi significativamente mais elevado do que os níveis inferiores.

Parthasarathy *et al.* (1984) referiram que os diferentes níveis de fertilidade influenciaram significativamente o rendimento de grãos do milho. O rendimento de grãos mais elevado, de 44,15 q/ha, foi registado sob um nível de fertilidade mais elevado de 120 N, 60 P O_{25} e 30 K_2 O kg/ha, que foi significativamente superior aos níveis mais baixos. O aumento foi de 170 por cento em relação ao controlo.

Prasad *et al.* (1987) efectuaram uma experiência com milho de inverno em Pusa, Bihar, durante 1982-83 a 1984-85. Os resultados revelaram que o rendimento do grão e do caule do milho foi significativamente superior com 150 kg N/ha em relação a 100, 50 kg N/ha e ao controlo, durante os três anos de estudo.

Cserni *et al.* (1989) referiram que a produção de espiga e de palha de milho doce foi a mais elevada com 240 kg de N, 90 kg de P_2O_5, 120 ou 240 K_2O por ha, respetivamente. Foi significativamente superior às restantes combinações.

Thaware *et al.* (1989) efectuaram um ensaio de campo com milho forrageiro, durante 1981 e 1982, em Dapoli. Os resultados mostraram que o rendimento de forragem verde foi registado ao máximo com 200 kg N/ha, que foi igual a 250 kg N/ha e significativamente superior a 150 e 100 kg N/ha, durante 1981. O rendimento forrageiro, em 1982, e o rendimento forrageiro médio agrupado foram significativamente superiores com 200 kg N/ha em relação aos restantes tratamentos.

Subbian *et al.* (1991) realizaram uma experiência com milho para estudar o efeito do azoto, fósforo e potássio em Coimbatore, Tamil Nadu, de 1980-81 a 198586. Os dados revelaram que a aplicação de azoto a 120 kg/ha produziu um rendimento de grãos significativamente superior a 80 e 40 kg N/ha, durante todos os anos do estudo. A aplicação de fósforo produziu um rendimento de grãos significativamente superior até 80 kg/ha, durante 1984-85 e até 40 kg/ha, durante 1985-86. A aplicação de 40 kg de K_2O/ha produziu um rendimento de grão significativamente superior ao controlo, durante 1983-84 a 1985-86.

Nandal e Agarwal (1991) efectuaram uma experiência com milho em Hisar, durante 1983-84 e 1984-85. Os dados de rendimento mostraram que o rendimento de grãos de milho foi significativamente superior com 200 kg N/ha em relação a 150, 100, 50 kg N/ha e controlo, durante ambos os anos de estudo.

Bali *et al.* (1991) observaram que as diferentes combinações de NPK influenciaram significativamente o rendimento do grão e da palha de milho. A aplicação de N_{135} + P_{90} +K_{45} kg/ha aumentou significativamente o rendimento do grão e do caule em relação às restantes combinações.

Srivastava e Sinha (1992) verificaram que a aplicação de 80 kg N/ha aumentou o rendimento médio de grãos de milho em relação ao controlo em mais de 6 q/ha. A aplicação de N_{80} + $P_{}O_{25\ 40}$ + $K_{}O_{240}$ kg/ha produziu um rendimento de grãos significativamente mais elevado do que o NorP sozinho ou NP.

Sridher *et al.* (1992) realizaram uma experiência de campo no Instituto de Ciências Agrícolas da Universidade Hindu de Banaras, Varanasi, para descobrir o efeito de diferentes níveis de fertilidade no desempenho do milho. Verificaram que o aumento dos níveis de fertilidade resultava num aumento significativo do rendimento do milho em grão e em palha. Os níveis de fertilidade mais elevados de 180, 90, 60 N, $P_{}O_{25}$, K_2O kg/ha registaram os rendimentos mais elevados de grão e de palha.

Singh *et al.* (1992) efectuaram uma experiência de campo com milho em Udaipur, Rajasthan, em 1989. O rendimento de grãos e de palha foi significativamente superior com 90 kg

N/ha, mas o índice de colheita foi registado como significativamente superior com 60 kg N/ha.

Chen *et. al.* (1993) estudaram o efeito de N, P, K em relação à sua taxa de aplicação e rácios no rendimento do milho doce. Verificaram que o rendimento comercial de espigas frescas de milho doce era significativamente mais elevado (9,6 toneladas/ha) com a aplicação de 273 kg N + 94,5 kg P_2O5 + 270 Kg K_2O por ha do que com os níveis mais baixos.

Nu *et al.* (1993) observaram que quando o milho doce foi tratado com 5 permutações de 0 ou 150 Kg N por ha e 0 ou 65 Kg cada de P O_{25} e K_2O a aplicação de N, P, K nos níveis mais elevados produziu significativamente o maior rendimento de grãos de 12,32 ton/ha em comparação com o controlo e outras contribuições.

Mishra (1993) efectuou uma experiência com milho em Sidhi, Madhya Pradesh, durante as estações chuvosas de 1987 e 1988. Os dados mostraram que o rendimento de grãos, durante 1987, 1988 e a média combinada, foi significativamente superior com 100 : 60 : 40 kg NPK/ha em relação a 75:45: 30; 50:30: 20 kg NPK/ha e controlo.

Kaul *et al.* (1994) realizaram uma experiência de campo em Ludhiana e observaram que o rendimento de grãos de milho aumentou até 4,5 q por ha a 125 Kg de N, em comparação com 125 Kg de N por ha, o que causou um aumento no rendimento de grãos de 1,18 q por ha em relação a 175 Kg de N por ha.

Paradkar e Sharma (1994) relataram que o maior rendimento foi obtido no milho quando fornecido com 150:75:60 Kg N, P O_{25} e K_2O, respetivamente, o que foi significativamente maior do que os outros níveis mais baixos.

Gill *et al.* (1994) registaram que o nível de fertilizante 150 por cento RDF foi significativamente superior na obtenção do maior rendimento de grãos seguido de 125 por cento de RDF independentemente das variedades e locais para o milho.

Ghosh e Singh (1995) efectuaram um estudo de campo sobre o milho em Pantnagar, Uttar Pradesh, em 1991 e 1992. O rendimento biológico foi registado ao máximo com 90 kg de N/ha, que foi igual a 60 kg de N/ha e significativamente superior a 30 e 0 kg de N/ha, em 1991. Durante o ano de 1992, foi significativamente superior com 90 kg N/ha em relação aos restantes níveis de azoto.

Adetunji (1996) referiu que o rendimento de grãos de milho foi máximo com 120 kg N/ha, que foi igual a 100 kg N/ha e ambos os tratamentos foram significativamente superiores com 75, 45 e 0 kg N/ha, durante 1990 em Abeokuta, Nigéria.

Patel *et al.* (1997) verificaram que o rendimento de forragem verde e o rendimento de matéria seca foram significativamente superiores com 200 kg N/ha em relação a 140 e 80 kg N/ha, durante 1993-94 e 1994-95. As médias agrupadas também mostraram a mesma tendência em Anand, Gujarat.

Gawade (1998), depois de realizar um ensaio de campo na ASPEE Foundation, Tansa farm (Thane) com milho doce, referiu que o rendimento em espiga verde, o rendimento em biomassa e o rendimento total em biomassa foram significativamente mais elevados com 100 kg de N + 50 kg de P O_{25} + 50 kg de K_2 0/ha do que com os restantes níveis de fertilizante e com o controlo.

Thakur *et al.* (1998) relataram que a aplicação de 200 Kg N por ha deu o rendimento máximo de milho bebé (20,35q por ha), que foi significativamente maior do que o controlo (9,15 q por ha), 50 Kg N por ha (12,8 q por ha) e 100 Kg N (16,35 q por ha). No entanto, as diferenças de rendimento obtidas com 150 (19,5 q por ha) e 200 Kg N por ha não foram significativas.

Krishna *et al.* (1998) efectuaram um ensaio com milho forrageiro em Rudrur, Andhra Pradesh. Verificaram que o rendimento de grãos e de forragem seca era significativamente superior com 180 kg N/ha em relação a 120, 60 e 0 kg N/ha.

Singh *et al.* (1999) mostraram que os testes de solo baseados em 100% da dose óptima recomendada de 120:60:40 Kg N, P O_{25} e K_2 O por ha, respetivamente, aumentaram significativamente o rendimento de grãos e de palha de milho em comparação com os níveis mais baixos.

Thakur e Sharma (1999) realizaram um ensaio com milho para bebé em Bajaura, Himachal Pradesh, durante as estações húmidas de 1995 e 1996. Os dados revelaram que o rendimento da espiga com casca, em ambos os anos, o rendimento comercializável do baby corn, em 1995, e o rendimento forrageiro, em 1996, foram significativamente superiores com 200 kg N/ha em relação a 150 e 100 kg N/ha. O rendimento comercializável do baby corn, em 1996, e o rendimento forrageiro, em 1995, registaram um aumento significativo até 150 kg N/ha.

Roongtanakiat *et al.* (2000) relataram que o híbrido de milho super doce deu o máximo de rendimento de grãos e rendimento de palha quando fertilizado com 75:75:75 Kg N, P O_{25} e K_2 O por ha, que foi significativamente maior do que os níveis mais baixos de combinação.

Sarma *et al.* (2000) realizaram uma experiência de campo com milho para estudar os efeitos do azoto e do fósforo em Diphu, Assam, durante 1994 a 1996. O rendimento de grãos, durante 1994, foi significativamente superior com 120 kg N/ha sobre 90, 60 e 30 kg N/ha e com 60 kg P_2O_5/ha sobre 40 e 20 kg P_2O_5/ha. O rendimento de grãos, durante 1995 e a média combinada foram registados no máximo com 120 kg N/ha, que foi a par com 90 kg N/ha e significativamente superior com 60 e 30 kg N/ha.

Singh *et al.* (2000[b]) efectuaram um ensaio com milho em Lakhaoti, Uttar Pradesh, durante 1992-93 e 1993-94. Os dados revelaram que o rendimento de grãos foi registado ao máximo com 200 kg N/ha, que foi igual a 150 kg N/ha e ambos os tratamentos foram significativamente superiores a 100, 50 kg N/ha e controlo, durante ambos os anos de estudo.

Kumaresan *et al.* (2001) efectuaram um estudo de campo sobre o milho em Coimbatore, Tamil Nadu, durante 1997-98 e 1998-99. Os dados revelaram que o rendimento médio do grão e o rendimento do grão, durante ambos os anos, o rendimento médio do caule e o rendimento do caule, durante 1998-99, foram registados como mais elevados com 100% da dose recomendada de $P O_{25}$ (ou seja, 62,5 kg $P O_{25}$ /ha), que estava a par com 75% RDF de $P O_{25}$ e ambos os níveis foram significativamente superiores a 50% RDF de $P O_{25}$. O rendimento da palha, durante 1997-98, foi registado significativamente superior com 100% RDF de $P O_{25}$ em relação aos restantes níveis de $P O_{25}$.

Brar *et al* (2001) efectuaram uma experiência de campo com milho em Ludhiana, Punjab. Afirmaram que o rendimento do grão e da palha aumentou significativamente com a aplicação de N @ 100 kg/ha em vez de 0, 50 e 150 kg N/ha. A cultura do milho também respondeu significativamente à aplicação de P @ 43,6 kg/ha em relação a 21,8 kg de $P O_{25}$ /ha. As respostas à aplicação de K não foram significativas.

Mohamoud e Sharanappa (2002) referiram que 100 por cento de FTR (100:75:50 NPK/ha) registou o maior rendimento de grãos e de palha.

Hussaini *et al.* (2002) efectuaram uma experiência com milho em Zaria, na Nigéria. Afirmaram que o rendimento de grãos do milho mostrou um aumento significativo até 180 kg N/ha em relação a 120, 60 kg N/ha e controlo. O rendimento de grãos apresentou um aumento significativo até 20 kg de $P O_{25}$ /ha em relação a 40 kg de $P O_{25}$ /ha e ao controlo.

Gzazia *et al.* (2003) relataram, num ensaio de campo realizado em Catede Horticulture and Agriculture, Argentina, sobre o milho doce, que o rendimento com e sem casca, a produção total de biomassa, o rendimento de palha e o índice de colheita foram significativamente mais elevados com a combinação de 200 kg de N/ha e 80 kg de $P\,O_{25}$ /ha do que com as restantes combinações de tratamentos.

Kumar e Singh (2003) realizaram um ensaio com milho para estudar o efeito do azoto e do fósforo em condições de sequeiro em Medziphema, Nagaland, durante o ano 2000 e afirmaram que o rendimento de grão foi máximo com 150 kg N/ha, que foi igual a 100 kg N/ha e ambos os tratamentos foram significativamente superiores a 50 kg N/ha e ao controlo. O rendimento do caule foi significativamente superior com 150 kg N/ha em relação aos restantes níveis de azoto. O rendimento do grão e do caule foi significativamente superior com 80 kg de $P\,O_{25}$/ha em relação a 40 kg de $P\,O_{25}$/ha e ao controlo.

Kunjir (2004) conduziu um ensaio de campo na Faculdade de Agricultura, Dapoli, com milho doce e relatou que o rendimento da espiga verde, o rendimento da biomassa e o rendimento total da biomassa foram significativamente mais elevados com 225Kg N/ha do que com os restantes níveis de azoto.

Tiwari *et al.* (2004) efectuaram um ensaio de campo com milho em Udaipur, Rajasthan, durante 1998-99 e 1999-2000. Os dados reunidos mostraram que o rendimento do grão de milho foi mais elevado com 120 kg N/ha, que foi igual a 90 kg N/ha e ambos os níveis de azoto foram significativamente superiores a 60, 30 kg N/ha e ao controlo.

Sahoo e Mahapatra (2005) realizaram um estudo no campo de milho doce da Universidade de Agricultura e Tecnologia de Orissa, Jashinpur, e referiram que o rendimento em espiga verde foi significativamente mais elevado com 120:26,5:50 N, P O_{25} e K_2 O kg/ha do que com o controlo e os restantes níveis de fertilizante.

Reddy et al (2005) referiram que, entre os tratamentos de fertilidade direta, a dose recomendada de fertilizante registou um maior rendimento de grãos.

Gosavi (2006), depois de realizar um ensaio de campo em Aspee Foundation, Thane, com milho doce, revelou que o rendimento em espigas verdes, o rendimento em palha verde e o rendimento em biomassa total foram significativamente mais elevados com a aplicação de FTR do que com o controlo.

O número de espigas por hectare, o rendimento da palha e o índice de colheita durante 2004-05 e a média de dois anos e o rendimento da espiga e o rendimento biológico durante ambos os anos e a média de dois anos foram registados significativamente superiores com 150% FTR em relação aos restantes níveis de fertilizante (Zende 2006).

2.1.4. Absorção de nutrientes fertilizantes químicos

Srinivas *et al.* (1986) descobriram que a absorção de N, P e K aumentou significativamente com o aumento dos níveis de fertilidade. A absorção máxima foi obtida a um nível de fertilidade mais elevado de 120:60:30Kg N, P O_{25} e K_2 O por ha.

Prasad *et al.* (1987) realizaram um ensaio de campo com milho em Pusa, Bihar, num solo franco-arenoso com 120,6, 17,8 e 211,6 kg/ha de N, P2O5 e K2O disponíveis, respetivamente, durante 1982-83, 1983-84 e 1984-85. Os dados relativos à absorção de azoto revelaram que a absorção total média de azoto (kg/ha) registou um valor máximo de 89,7 kg/ha com 150 kg N/ha, que foi significativamente superior a 100, 50 kg N/ha e à testemunha.

Hunshal *et al.* (1989) efectuaram uma experiência com milho em Dharwad, num solo médio de argila preta com um nível de nutrientes baixo em N e P e médio em K, durante a estação *Kharif* de 1986. Os dados revelaram que a % de N no milho na colheita registou o valor máximo de 1,073% com 200 kg N/ha em vez de 150 e 100 kg N/ha. Os teores de % P e K foram máximos com 100 kg N/ha. No caso dos níveis de fósforo, a % de N e a % de K foram máximas com 80 kg de P O_{25} /ha em vez de 40 e 60 kg de P O_{25} /ha, mas a % de P registou valores máximos de 0,145 % com 40 kg de P O_{25} /ha e diminuiu com o aumento dos níveis de P O_{25} .

Patel e Patil (1990) efectuaram um ensaio de campo com milho em Junagadh, Gujarat, num solo calcário e argiloso com 7,8 kg de P O_{25} /ha. Verificaram que a aplicação de 25, 50 e 75 kg de P O_{25} /ha aumenta significativamente a absorção de N, P e K na forragem de milho em relação ao controlo. Os valores mais elevados de 126 kg, 13,5 kg e 209 kg de absorção de N, P e K/ha, respetivamente, foram registados com 75 kg de P O_{25} /ha de tratamento.

Roy e Kumar (1990) referiram que a absorção total de K (kg/ha) foi significativamente superior com 67 kg de K_2 O/ha em relação a 51, 34, 17 e 0 kg de K_2 O/ha, durante 1986 e 1987 em Kanke, Bihar, num solo com 270, 9,4 e 111,6 kg de N disponível, P O_{25} e K O/ha.$_2$

Duraisamey *et al.* (1990) observaram que a absorção de azoto aumentou de 73,04 para 144,22 Kg por ha com o aumento do nível de azoto de 0 para 150 Kg N por ha, respetivamente. A absorção de P aumentou de 12,75 para 14 Kg por ha com o aumento do nível de fósforo de 0 para 90 Kg P O_{25} por ha respetivamente e a absorção de K aumentou de 184,75 para 120,25 Kg por ha com o aumento do nível de K_2 O de 0 para 80 Kg K_2 O por ha respetivamente.

Sairam *et al.* (1991) efectuaram ensaios com milho forrageiro em Karnal, Haryana, durante as estações *Kharif* de 1982 e 1983. Os resultados mostraram que a absorção de azoto pela cultura do milho registou um valor máximo de 160,45 e 182,33 kg/ha, em 1982 e 1983, respetivamente, com 120 kg N/ha, que foi significativamente superior a 60 kg N/ha e ao controlo.

Singh *et al.* (1991) relataram que a absorção de NPK foi significativamente influenciada pelas várias proporções de aplicação de NPK. A aplicação de 150% da dose recomendada de NPK, ou seja, 100:25,8:33,2 Kg N, P2O5 e K_2 O por ha registou a maior absorção de NPK do que os restantes níveis inferiores.

Singh *et al.* (1992) realizaram um ensaio com milho para estudar o efeito da fertilização azotada em Udaipur, Rajasthan, num solo argiloso com 180,4, 40,5 e 435,3 kg/ha de N disponível, P O_{25} e K_2 O, durante a estação *da Quaresma* de 1989. Os dados sobre a absorção de azoto e fósforo mostraram que a absorção de N e P pelo grão e pela palha de milho foi significativamente superior com 90 kg N/ha em relação a 60 e 30 kg N/ha.

Roy e Kumar (1993) efectuaram um ensaio de campo com milho para avaliar o efeito dos níveis de potássio em Kanke, Ranchi, Bihar, num solo argiloso com baixo teor de N disponível, P O_{25} e K_2 O kg/ha, durante 1990-91. Os dados mostraram que a absorção máxima de K de 69 kg/ha foi registada com tratamentos de 67 e 51 kg K_2 O/ha, que foram significativamente superiores a 34,17 e 0 kg K_2 O/ha.

Dhillon *et al.* (1994) efectuaram uma experiência com milho para estudar o efeito dos níveis de fósforo em Ludhiana, Punjab, num solo franco-arenoso, com baixo teor de N disponível, P O_{25} e K_2 O kg/ha, durante 1980 e 1981. A absorção total de P durante 1980 foi registada ao máximo com 180 kg de P O_{25} /ha, que foi igual aos níveis de 90 e 45 kg de P O_{25} /ha. Os níveis de 180 e 45 kg de P O_{25} /ha foram significativamente superiores aos níveis de 22,5 e 0 kg de P O_{25} /ha. Durante o ano de 1981, a absorção total de P registou o valor mais elevado com 90 kg de P O_{25} /ha, que estava a par com 180 kg de P O_{25} /ha e ambos os níveis de P O_{25} foram significativamente superiores aos restantes níveis de fósforo. A absorção total de P em dois anos registou um valor máximo de 26,4 kg/ha com 180 kg de P O_{25} /ha em relação a outros níveis de P O_{25} .

Dev e Bhardwaj (1995) realizaram uma experiência com milho em Palampur, Himachal Pradesh, para estudar o efeito dos níveis de azoto. A absorção de azoto foi estudada periodicamente na fase de crescimento do joelho, na fase de silagem e na colheita, durante 1985-86. A absorção de azoto em todas as fases de crescimento, durante os dois anos, foi significativamente superior com 120 kg N/ha em relação a 60 kg N/ha e à testemunha.

Iruthayaraju e Selvaraju (1995) realizaram uma experiência de campo em Coimbatore e relataram que a aplicação de 175 kg de N por ha relatou uma absorção significativamente maior de nutrientes de N, P e K pelo milho do que 125 kg de N por ha e 75 kg de N por ha. A taxa de aumento na absorção de nutrientes foi baixa na dose mais alta em comparação com 75 kg a 125 kg de N por ha.

Adetunji (1996) realizou uma experiência de campo com milho em Abeokuta, Nigéria, num solo de areia argilosa, pobre em azoto e médio em fósforo e potássio, durante 1990. A absorção de azoto pelo milho registou um valor máximo de 74,8 kg/ha com 100 kg N/ha, que foi igual a 120 kg N/ha e ambos os níveis de azoto foram significativamente superiores a 75, 45 kg N/ha e ao controlo.

Thakur *et al.* (1998) realizaram um estudo de campo sobre o milho bebé para estudar a resposta dos níveis de azoto em Bajaura, Himachal Pradesh, num solo franco-arenoso, médio em N e P disponíveis O_{25} e elevado em K disponível$_2$ O/ha. O estudo de absorção de nitrogênio, durante 1993, mostrou que a absorção de N na planta de milho (palha) registrou o valor máximo de 106,9kg/ha com 200 kg N/ha, que estava a par com 150 kg N/ha e ambos os níveis de nitrogênio foram significativamente superiores a 100, 50 e 0 kg N/ha. A absorção de azoto no milho bebé registou valores significativamente mais elevados de 27,8 kg/ha com 200 kg N/ha em relação aos restantes níveis de azoto.

Arya e Singh (2000) realizaram uma experiência de campo com milho em Nova Deli, num solo franco-arenoso, com baixo teor de N disponível, P disponível O_{25} e teor médio de K disponível$_2$ O/ha, durante as estações das chuvas de 1994 e 1995. Os dados sobre a absorção de N, P e K pelo grão e pelo caule mostraram que a absorção total de N, P e K pelo grão e pelo caule foi significativamente superior com 90 kg de P O_{25} /ha em relação a 60, 30 e 0 kg de P O_{25} /ha, durante os dois anos de estudo.

Shivay e Singh (2000) realizaram um ensaio com milho para estudar o efeito dos níveis de azoto em Pantnagar, Uttar Pradesh, num solo franco-argiloso siltoso com 310 e 316,5 kg de N disponível/ha, 15,8 e 15,0 kg de P disponível O_{25} /ha e 321,3 e 325,6 kg de K disponível$_2$ O/ha, durante 1992-93 e 1993-94, respetivamente. Observaram que a absorção de azoto pelos grãos, o caule e a absorção total de azoto foram significativamente superiores com 120 kg N/ha em relação a 80, 40 e 0 kg N/ha, durante ambos os anos de estudo.

Brar *et al.* (2001) efectuaram um ensaio de campo com milho em Ludhiana, Punjab, na estação das chuvas de 1996, para avaliar a resposta do milho à aplicação de N, P e K. Referiram que a absorção total de N, P e K pelo milho aumentou significativamente até à aplicação de N @ 100 kg/ha em relação a 150, 50 e 0 kg N/ha. A aplicação de P e K também aumentou significativamente a absorção de nutrientes em relação ao controlo. A absorção total de N aumentou de 77 para 95 kg/ha com a aplicação de P @ 43,6 kg $_{P2O5/ha}$ e de 79 para 96 kg/ha com a aplicação de K @ 41,3 kg $_{P2O5/ha}$. Da mesma forma, a absorção de P aumentou de 9,7 para 16,1 kg/ha com a aplicação de P @ 43,6 kg $_{P2O5/ha}$ e de 13,5 para 15 kg/ha com a aplicação de K@ 82,6 kg/ha.

Singh e Sarkar (2001) realizaram uma experiência com milho na Universidade Agrícola de Birsa, Ranchi, e relataram que a aplicação de 210 kg de N, 90 kg de P O_{25} e 150 kg de K_2 O foi significativamente mais elevada do que os outros níveis de fertilizantes, com uma absorção de nutrientes de 158 kg de azoto por ha, 15,7 kg de fósforo por ha e 160,7 kg de potássio por ha.

Kumar e Singh (2003) realizaram uma experiência de campo com milho em Medziphema, Nagaland, durante o ano 2000 em solo franco-arenoso com 188, 21 e 86 kg de N disponível, P O_{25} e K_2 O/ha, respetivamente. A absorção de N, P e K pelo grão e pelo caule do milho foi significativamente superior com 150 kg de N/ha em relação a 100, 50 e 0 kg de N/ha e com 80 kg de P O_{25} /ha em relação a 40 e 0 kg de P O_{25} /ha.

Kumaresan *et al.* (2003) efectuaram um ensaio de campo com milho em Coimbatore para estudar o efeito dos níveis de fósforo, durante 1997-98 e 1998-99, em solo negro, com baixo teor de N disponível, médio teor de P disponível O_{25} e alto teor de K disponível$_2$ O. A absorção de azoto, durante 1998-99, a absorção de fósforo e potássio, durante ambos os anos na colheita, foram registadas significativamente superiores com um nível de 100% de P O_{25} (ou seja, 62,5 kg P O_{25} /ha) em relação aos níveis de 75% e 50% de P O_{25} . A absorção de azoto, durante 1997-98, aumentou significativamente até ao nível de 75% de P O_{25} .

Kaledhondkar (2003) estudou o teor e a absorção de azoto, fósforo e potássio pelo rendimento do grão e do caule do milho e afirmou que todos os valores acima referidos foram significativamente mais elevados com 225 kg de azoto do que com outros níveis de azoto (0,60,120 e 140 kg de azoto por ha).

Tiwari *et al.* (2004) realizaram um ensaio de campo com milho em Udaipur, Rajasthan, para estudar o efeito dos níveis de azoto num solo franco-arenoso, com baixo teor de azoto disponível. Os resultados mostraram que a absorção máxima de azoto foi registada com 120 kg N/ha, que foi igual a 90 kg N/ha e ambos os tratamentos foram significativamente superiores a 60, 30 e 0 kg N/ha.

Kunjir (2004), depois de realizar um ensaio de campo na Faculdade de Agricultura de Dapoli com milho doce, referiu que a absorção de NPK kg/ha pelo milho doce era significativamente mais elevada com 225 kg de N/ha do que com os restantes níveis de azoto.

Verma *et al.* (2005) realizaram uma experiência em Kanpur com milho e relataram que a aplicação de 120 kg de N, 60 kg de P O_{25} e 60 kg de K_2 O por ha (100% RDF) foi significativamente maior na absorção total de nutrientes de 87,12 kg de nitrogénio, 34,55 kg de fósforo e 142,86 kg de potássio do que outros 75% e 50% da dose recomendada de fertilizante.

Gosavi (2006), depois de realizar um ensaio de campo em Aspee Foundation, Thane, com milho doce, revelou que o teor e a absorção de azoto, fósforo e potássio eram significativamente mais elevados com a aplicação de FTR do que com o controlo.

Zende (2006) conduziu uma experiência de campo no Departamento de Agronomia, Dr. B.S.K.K.V. Dapoli durante 2004-05 e 2005-06 e relatou que a absorção de azoto, fósforo e potássio pelo caule, grãos e absorção total de azoto durante ambos os anos e a média dos dois anos foram registados significativamente superiores com 150% de FTR em relação aos restantes níveis de fertilizante.

2.1.5. caracteres de qualidade do adubo químico

Bagal e Shingte (1986) realizaram uma experiência de campo com milho em Pune, Maharashtra, e verificaram que o teor de proteínas brutas do milho foi significativamente superior com a aplicação de 200 kg de N/ha no solo, em comparação com 100 kg de N/ha e o controlo durante dois anos de estudo.

Pandey e Tomer (1989) realizaram um ensaio com milho forrageiro para estudar o efeito dos níveis de azoto em Jhansi, Uttar Pradesh, durante a estação *Kharif* de 1986 e verificaram que a percentagem de proteína bruta melhorava com a aplicação de azoto a 40, 80 e 120 kg N/ha em relação à testemunha e o máximo com 120 kg N/ha.

Brecht (1990) efectuou uma experiência com as variedades bicolor e amarela de milho doce e verificou que o teor de açúcar era mais elevado na palha doce (9,8%) entre a variedade bicolor e na Sweetie-82 entre a variedade amarela (11,5%).

Dahiphale *et al.* (1992) efectuaram uma experiência de campo com milho forrageiro em Parbhani, Maharashtra, durante o verão de 1984, tendo observado que

O teor médio de proteína bruta no milho foi significativamente superior com 180 kg N/ha em relação a 120, 60 e 0 kg N/ha.

Chen *et al.* (1993) estudaram o efeito de N, P e K em relação às suas taxas de aplicação e rácios na qualidade do milho doce. Verificaram que o teor de açúcar solúvel em água do grão fresco aumentava com o aumento da aplicação de K.

Kamalkumari e Sigaram (1996) revelaram que o aumento do nível de fertilizante (150 por cento NPK) melhorou os parâmetros de qualidade, como o açúcar redutor, o açúcar total, a proteína bruta e os fenóis, em comparação com o FTR (100 por cento NPK), embora o aumento não tenha sido significativo.

Patel *et al.* (1997) realizaram um ensaio com milho para estudar o efeito dos níveis de azoto e fósforo em Anand, Gujarat, durante as estações *rabi* de 1993-94 e 1994-95. Verificaram que a aplicação de azoto a 80, 140 e 200 kg/ha aumentava a percentagem de proteína bruta e o rendimento proteico (q/ha) com níveis crescentes, sendo o máximo com 200 kg N/ha. No caso do fósforo, a aplicação de 40 kg de $P O_{25}$/ha diminuiu a % do conteúdo de proteína bruta e o rendimento de proteína bruta (q/ha) em relação ao controlo, durante ambos os anos de estudo. A mesma tendência foi observada no caso das médias agrupadas.

Shanti *et al.* (1997), numa experiência realizada em Hyderabad, verificaram que a proteína no milho aumentou significativamente de 9,65 para 11,78 por cento com o aumento do nível de azoto de 0 para 160 Kg N por ha.

Gawade (1998) conduziu um ensaio de campo na ASPEE Foundation, Tansa farm Thane em milho doce e relatou que o conteúdo de proteína no grão foi significativamente maior no tratamento 100kg N + 50 kgP O_{25} + 50 kg K_2 O/ha do que o resto dos níveis de fertilizantes e controlo. No entanto, o maior teor de açúcar no grão na fase verde foi encontrado sob 50 kgP O_{25} + 50 kg K_2 O/ha, que foi significativamente maior do que o resto da combinação de fertilizantes.

Arya e Singh (2000) descobriram que uma aplicação de 90 Kg P O_{25} por ha resultou num aumento significativo do rendimento proteico do milho em comparação com 60, 30 e 0 Kg P O_{25} por ha.

Raja (2001) realizou uma experiência de campo em Amberpet (Hyderabad) e referiu que os parâmetros de qualidade dos grãos de milho super doce, *nomeadamente o* açúcar total, os açúcares redutores, os açúcares não redutores e as proteínas, melhoraram significativamente com o aumento da aplicação de azoto de 0 para 120 kg por ha.

Gosavi (2006), depois de efetuar um ensaio de campo com milho doce na fundação Aspee, Thane, revelou que os parâmetros de qualidade, como o teor de proteínas e de açúcar no grão de milho doce, eram significativamente mais elevados com a dose recomendada de fertilizante do que sem fertilizante.

Zende (2006) realizou uma experiência de campo no Departamento de Agronomia, Dr. B.S.K.K.V. Dapoli durante 2004-05 e 2005-06 e relatou que o teor de açúcar % mostrou tendência crescente com níveis crescentes de fertilizantes e registou significativamente superior com 150% RDF durante ambos os anos e média de dois anos. A percentagem de proteína nos grãos mostrou uma tendência crescente com o aumento dos níveis de fertilizante até 100% FTR, que foi igual a 150% FTR durante os dois anos e a média dos dois anos.

2.2   Efeito do adubo orgânico :

2.2.1. Carácter de crescimento

Gianello e Ernani (1983) verificaram que o rendimento em matéria de duas culturas sucessivas de milho foi aumentado pela aplicação de cama de aves de capoeira até 144 t/ha num solo argiloso e até 72 t/ha num solo argilo-arenoso numa experiência em estufa.

Sahota *et al.* (1984) referiram que a aplicação de 25 t de FYM ao milho aumentou a matéria seca por planta e a altura da planta em relação ao controlo.

Mehta *et al.* (1994) realizaram uma experiência de cultura de milho em vaso em Hissar e referiram que a acumulação de matéria seca por vaso foi mais elevada com um nível de 2,5% de FYM (com base no peso seco), que foi significativamente superior aos níveis de 10%, 5%, 1% e 0% de FYM.

Madhavi *et al.* (1995) realizaram um ensaio de gestão integrada de nutrientes para o milho e observaram que a altura máxima das plantas foi registada com 4,5 t/ha de estrume de aves e foi significativamente superior a 3,0, 1,5 e 0 t de estrume de aves/ha. Além disso, observou-se que a matéria seca na colheita com PM_4 (3,5, 4,94, 2,10) e PM_3 (3,36, 4,83, 2,07), compostos e 100% RDF foram significativamente superiores.

Rammurthy e Shivshankar (1996), num ensaio de campo realizado em Banglore com milho, referiram que a altura das plantas e a produção total de matéria seca eram significativamente mais elevadas com 10 t de FYM por ha do que com 5 t de FYM por ha e com o controlo.

Rameshwar e Singh (1998) estudaram o desempenho do milho com a utilização complementar de FYM e fertilizantes em Palampur. O estudo revelou que a aplicação de FYM ao milho resultou numa melhoria da altura das plantas e da acumulação de matéria seca do milho em relação à não aplicação de FYM.

Kumar e Puri (2001) realizaram um ensaio com milho para estudar o efeito do azoto e da FYM em Salooni, Himachal Pradesh. Afirmaram que a altura das plantas era significativamente superior com 15 t/ha de FYM em relação ao controlo, em ambos os anos da experiência.

Vadivel *et al.* (2001) realizaram um ensaio com milho de inverno e os resultados mostraram que a aplicação de estrume de quinta enriquecido aumentou significativamente a altura das plantas, o LAI e a matéria seca em relação à não aplicação de azoto orgânico.

Abdulkadir *et al.* (2002[b]) conduziram a experiência de campo durante a estação chuvosa de 1999 em margas arenosas vermelhas em Hebbal, Banglore e observaram que a aplicação do composto PM_4 (palha de milho e casca de ragi com resíduos de aves de capoeira na proporção de 1 : 1) a 5 t/ha produziu um aumento significativo na matéria seca (263.30 g por planta), altura da planta (169,8 cm) sobre o composto PM1 (palha de milho e casca de ragi com resíduos de aves de capoeira na proporção de 1: 0,25) e aumento significativo no índice de área foliar aos 60 DAS. No entanto, foi igual à aplicação do composto PM_3 (palha de milho e casca de ragi com resíduos de aves de capoeira na proporção de 1: 0,75).

Materechera e Salagae (2002) relataram que a adição de estrume de galinha produziu maior altura de planta, diâmetro de caule, folhas por planta e rendimento de matéria seca do que o estrume de gado.

Yan-Wang *et al.* (2002) investigaram a aplicação de pilhas de composto de resíduos animais (composto de resíduos de gado leiteiro, de suínos e de aves) e referiram que as pilhas de composto de resíduos de aves conduziram ao maior teor de matéria seca no milho doce nesta experiência.

Mohamoud e Sharanappa (2002) relataram que os estrumes de aves de capoeira com diferentes teores de nutrientes afectaram significativamente a altura da planta, a área foliar, a duração e a matéria seca por planta. O estrume de aves com maior teor de nutrientes (3,50, 4,94 e 2,10 N: P: K por cento) @ 5 toneladas/ha mostrou a maior influência.

Jayaprakash *et al.* (2004[a]) efectuaram um ensaio de campo com milho para estudar a influência dos produtos orgânicos e inorgânicos em Raichur, Karnataka. Os resultados revelaram que a acumulação total de matéria seca por planta aos 30, 60, 90 DAS e na colheita e a acumulação de matéria seca nas folhas, caule e partes reprodutoras (g) por planta foram significativamente superiores com FYM @10 t/ha em relação à ausência de adubos orgânicos.

Kudtarkar (2005) referiu que o número de folhas funcionais e a produção de matéria seca aumentaram significativamente com a aplicação de 20t de FYM por ha do que com 10t de FYM por ha e o controlo.

Gosavi (2006), após ter efectuado um ensaio de campo em Aspee Foundation, Thane, com milho doce, referiu que a altura das plantas e a matéria seca aumentaram significativamente com o aumento subsequente dos níveis de FYM. A planta mais alta e a matéria seca foram observadas com 20 t de FYM ha^{-1} (F3) do que com 10 e 15 t de FYM ha^{-1} . No que respeita ao número de folhas funcionais, os diferentes níveis de FYM não diferiram significativamente.

2.2.2. Atributos de rendimento do estrume orgânico

Sahota *et al.* (1984) referiram que os caracteres que atribuem rendimento ao milho eram altamente significativos quando este era fornecido com 25 toneladas por ha de FYM do que o controlo.

Negi *et al.* (1988) descobriram que o efeito benéfico consistente da aplicação de FYM @10 ton por ha foi observado no rendimento atribuindo caracteres de milho em comparação com o controlo.

Khanday e Thakur (1990) realizaram um ensaio com milho de sequeiro em Palampur, Himachal Pradesh. Verificaram que os tratamentos de FYM, comprimento da espiga, perímetro da espiga e grãos por linha eram máximos com FYM 20 *t*/ha, que estava a par com FYM 10 t/ha e significativamente superior ao controlo. As linhas por espiga, os grãos por espiga, o peso de 1000 grãos, o rendimento de grãos e de palha mostraram um aumento significativo até 201 FYM/ha em relação a 10 e 01 FYM/ha.

Rammurthy e Shivshankar (1996), num ensaio de campo realizado em Bangalore com milho, referiram que a espiga por planta, o peso da espiga com e sem casca, os grãos por espiga, o peso do grão e o peso de 100 grãos eram significativamente mais elevados com 10 t de FYM por ha do que com 5 t de FYM por ha e com o controlo.

Kumar e Puri (2001) realizaram uma experiência de campo com milho em Salooni, durante a estação *kharif* de 1996 e 1997, e observaram que o comprimento da espiga, os grãos por espiga e o peso de 100 grãos eram significativamente mais elevados com 15 t de FYM por ha do que com o controlo.

Vadivel *et al.* (2001) realizaram um ensaio com milho de inverno e os resultados mostraram que a aplicação de estrume de quinta enriquecido aumentou significativamente o comprimento da espiga, a circunferência da espiga, o peso da espiga e o peso de 100 grãos, em comparação com a não aplicação de azoto orgânico.

Kumar e Puri (2001) efectuaram um ensaio com milho em Salooni, Himachal Pradesh. Os resultados mostraram que, no caso da FYM, o comprimento da espiga, os grãos por espiga, o peso de 100 grãos, o rendimento de grãos, o rendimento de palha e o índice de colheita foram significativamente superiores com FYM @15 t/ha em relação ao controlo.

Abdulkadir *et al.* (2002[b]) conduziram a experiência de campo durante a estação chuvosa de 1999 em margas arenosas vermelhas em Hebbal, Banglore e observaram que a aplicação do composto PM4 (palha de milho e casca de ragi com resíduos de aves de capoeira em proporção de 1 : 1) a 5 t/ha produziu mais espigas por planta e, além disso, os grãos por espiga e o peso de 1000 grãos foram significativamente mais elevados, o que foi igual à aplicação do composto PM3 (palha de milho e casca de ragi com resíduos de aves de capoeira em proporção de 1 : 0.75).

Gill *et al.* (2002) realizaram uma experiência durante a época rabi 2000-01 na quinta do instituto, Allahabad, e revelaram que a aplicação de 50 % de NPK com estrume de aves produziu um peso de espiga significativamente mais elevado (142,9 g) do que 100 % de NPK (140,2 g) e um maior número de espigas por planta.

Mohamoud e Sharanappa (2002) referiram que os estrumes de aves de capoeira com diferentes teores de nutrientes tinham afetado significativamente o peso de 1000 grãos, os grãos por espiga, o rendimento de grãos e de palha. O estrume de aves de capoeira com maior teor de nutrientes (3,50, 4,94 e 2,10 N: P: K por cento) @ 5 toneladas/ha mostrou a maior influência.

Pattanashetti *et al.* (2002), a partir de uma experiência de campo realizada na principal estação de investigação da Universidade de Ciências Agrícolas de Dharwad, relataram que a aplicação de 5 t de FYM por ha produziu atributos de rendimento significativamente mais elevados, *nomeadamente* o comprimento da espiga, o número de grãos, a fileira por espiga, o número de grãos por fileira, o peso dos grãos por planta e o peso de 100 grãos, em comparação com o vermicomposto e o controlo, e foi equivalente ao estrume de aves de capoeira.

Verma *et al.* (2003) referiram, num ensaio de campo realizado em Kanpur com milho, que o número de espigas por planta, o comprimento da espiga, a circunferência da espiga, o peso de 100 grãos, o peso de grãos por espiga e os grãos por planta eram significativamente mais elevados com 5 t de FYM por ha do que com o controlo.

Singh e Sumeria (2003) referiram que a aplicação de 10 t de FYM/ha registou um número mínimo de dias até à floração e um peso máximo de 1000 grãos, rendimento de grãos e de forragem em comparação com a ausência de FYM.

Mahala e Shaktawat (2004), a partir de um ensaio de campo realizado em Udaipur com milho, referiram que a aplicação de FYM à taxa de 10 toneladas por ha teve um efeito significativo e positivo nas espigas por planta, grãos por espiga e peso de 100 grãos em relação ao controlo.

Kataraki *et al.* (2004) efectuaram um ensaio com milho em Raichur, Karnataka, durante a estação *Kharif* de 1999. Os dados revelaram que o número de espigas por planta, o número de linhas de sementes por espiga, o número de sementes por linha, o comprimento da espiga, o peso de teste e o rendimento de grãos foram significativamente superiores com FYM @10 t/ha em relação ao controlo.

Gosavi (2006), depois de ter efectuado um ensaio de campo com milho doce na fundação Aspee, Thane, referiu que o rendimento significativamente superior atribuía caracteres como o peso da espiga com e sem casca, o comprimento da espiga, o número de grãos por espiga, o número de filas de grãos por espiga e o peso do grão por espiga com o aumento subsequente da aplicação de FYM.

2.2.3. Produção de adubo orgânico

Scherer *et al.* (1988) realizaram ensaios de campo em 1980-83 em Chapecó, 0-12 t de esterco de aves e 0-120 kg de P_2O_5/ha como super fosfato triplo foram incorporados ao solo antes da semeadura do milho e relataram que a aplicação de esterco de aves deu maiores rendimentos do que o super fosfato.

Negi *et al.*, (1988) descobriram que o efeito benéfico consistente da aplicação de FYM @ 10 toneladas por ha foi observado na cultura do milho em comparação com o controlo. Houve um aumento de 6,2 por cento no rendimento com a aplicação de 10t de FYM por ha em relação ao controlo.

Sharma e Saxena (1990) observaram que a incorporação de estrume de aves de capoeira, torta de rícino e FYM no solo resultou num rendimento de milho significativamente mais elevado, para além de provocar alterações favoráveis nos índices de 'P' do solo. A adição de fertilizante com 'P' provocou um aumento significativo no rendimento de grãos e na utilização de 'P' pelo milho.

Verma (1991) efectuou um ensaio de campo com milho para estudar o efeito da FYM em Palampur, Himachal Pradesh, e concluiu que a aplicação de FYM @ 10 t/ha produziu um rendimento de grão e de palha significativamente superior ao da FYM @ 5 t/ha.

Minhas e Sood (1994) realizaram uma experiência de campo em Palampur com milho para estudar o efeito de inorgânicos e orgânicos, durante 1989-90. Os dados revelaram que a aplicação de FYM @ 20 t/ha produziu um rendimento de grão e de palha de milho significativamente superior ao de nenhuma aplicação.

A aplicação de estrume de aves de capoeira melhorou significativamente a altura das plantas e o rendimento de grãos do milho (Obi e Ebo, 1995). Madhavi *et al.* (1995) realizaram uma experiência com milho para estudar o efeito da gestão integrada de nutrientes utilizando estrume de aves e fertilizantes em Rajendranagar, Hyderabad, durante 1991-92. Observaram que o rendimento de grão e de palha foi registado com 4,5 t de estrume de aves/ha, o que foi significativamente superior a 3, 1,5 e 0 t de estrume de aves/ha.

Barevadia e Patel (1996) realizaram uma experiência de campo com milho para avaliar a resposta da FYM, azotobacter em conjunto com níveis de azoto em Anand, Gujarat, durante 1990. Os dados revelaram que o comprimento da espiga, o número de grãos por espiga, o peso de teste e o rendimento de grãos foram significativamente superiores com FYM @ 5 t/ha em relação ao controlo e também significativamente superiores com 60 kg N/ha em relação a 45 e 30 kg N/ha.

Rammurthy e Shivashankar (1996), num ensaio de campo realizado em Banglore com milho, referiram que a produção de espigas e de palha (q por ha) foi significativamente mais elevada com a aplicação de 10 t de FYM por ha do que com 5 t de FYM por ha e com o controlo.

Suri e Puri (1997) observaram que a aplicação de FYM @ 10 t por ha na estação chuvosa de 1990 aumentou o rendimento do grão de milho em 837 Kg por ha em relação ao controlo.

Rameshwer e Singh (1998) realizaram um ensaio de campo em Palmpur com milho e relataram que o rendimento de grãos (q por ha) de milho foi significativamente maior sob 10 t de FYM por ha em relação ao controlo.

Reddy e Reddy (1999) referiram que o rendimento do grão, o rendimento do caule e a disponibilidade de nutrientes eram mais elevados nos tratamentos com vermicomposto, seguidos de perto pelo estrume de aves de capoeira, chorume de biogás e FYM.

A melhoria da saúde do solo e do rendimento das culturas de milho e soja entre os diferentes tratamentos foi da ordem de vermicomposto > estrume de aves > BGS > FYM > NPK recomendado > controlo (Gopal Reddy e Suryananarayan Reddy, 2000). A aplicação de estrume de aves de capoeira (10 t ha[-1]) aumentou o rendimento do milho em comparação com o controlo (Novelo *et al.*, 2000).

Kumar e Puri (2001) concluíram, a partir de uma experiência de campo com milho realizada durante a estação *kharif* de 1996 e 1997 em Salooni, que o rendimento de grãos, o rendimento de palha e o índice de colheita foram significativamente superiores com 15 t de FYM por ha, em comparação com o controlo.

Abdulkadir *et al.* (2002[b]) realizaram uma experiência de campo durante a estação chuvosa de 1999 em margas arenosas vermelhas em Hebbal, Banglore e observaram que a aplicação de composto PM$_4$ (palha de milho e casca de ragi com resíduos de aves de capoeira em profundidade na proporção de 1 : 1) a 5 t/ha produziu um rendimento significativamente mais elevado de grãos e de palha (58,57 e 85,3 q/ha, respetivamente).

Rubina *et al.* (2002) realizaram uma experiência durante a estação rabi 2000-01 na quinta do instituto, Allahabad, e revelaram que a aplicação de 50 % de NPK com estrume de aves produziu um rendimento significativamente mais elevado de grãos (9,24 t/ha) e de palha (12,51 t/ha) do que 100 % de NPK (8,33 t/ha de grãos e 11,50 t/ha de palha).

Channabasavanna *et al.* (2002) efectuaram uma experiência de campo em Karnataka, Índia, em 2000, para estudar o efeito do estrume de aves de capoeira e da FYM. Os tratamentos incluíram: 5 taxas de estrume de aves de capoeira (0, 1, 2, 3 e 4 t/ha), 10 t de FYM/ha e relataram que a aplicação de estrume de aves de capoeira a 1 t/ha registou um rendimento de sementes significativamente mais elevado (5046 kg/ha) do que o controlo (sem aplicação; 4117 kg/ha). Após o tratamento com estrume de aves de capoeira (1 t/ha) e FYM (10 t/ha), o rendimento foi 22,6 e 15,3 por cento superior, respetivamente, ao controlo.

Cooperband *et al.* (2002) estudaram o valor nutritivo (N, P) de compostos de cama de aves de capoeira de diferentes idades em relação à cama de aves de capoeira em bruto e revelaram que os rendimentos nas parcelas com composto eram superiores aos das parcelas de controlo sem composto.

Pattanashetti *et al.* (2002) realizaram uma experiência de campo na principal estação de investigação da Universidade de Ciências Agrícolas, Dharwad, com milho e referiram que a aplicação de FYM apresentou rendimentos significativamente mais elevados de grãos e de palha (q por ha) em comparação com o vermicomposto e o controlo, e foi igual ao estrume de aves de capoeira.

Mohamoud e Sharanappa (2002) referiram que os estrumes de aves de capoeira com diferentes teores de nutrientes tinham afetado significativamente o rendimento do grão e do caule. O estrume de aves de capoeira com maior teor de nutrientes (3,50, 4,94 e 2,10 N: P: K por cento) @ 5 toneladas/ha mostrou a maior influência.

Poongothai e Mathan (2002) referiram que a aplicação de estrume orgânico aumentou o rendimento de grãos de milho e a magnitude do aumento foi maior com estrume de aves (5915 kg/ha) do que com FYM (5742 kg/ha).

Verma *et al.* (2003) referiram, num ensaio de campo realizado em Kanpur com milho, que o rendimento de grão e de palha (q por ha) foi significativamente mais elevado com 5 t de FYM por ha do que com o controlo.

Thomas e Singh (2003) estudaram que a incorporação de estrume de aves de capoeira a 3, 5 e 7 toneladas/ha. O milho tinha mostrado a resposta a 7 toneladas de estrume de aves de capoeira em termos de rendimento e atributos de rendimento.

Mahala e Shaktawat (2004), a partir de um ensaio de campo realizado em Udaipur com milho, referiram que a aplicação de FYM à taxa de 10 t por ha também teve um efeito significativo e positivo no rendimento de espiga verde e no rendimento de palha (q por ha) da cultura em relação ao controlo.

Recentemente, Reddy et al (2005) referiram que, entre os tratamentos de fertilidade residual, o estrume de aves de capoeira composto registou um maior rendimento de grãos, absorção de nutrientes, eficiência agronómica e recuperação aparente de azoto, tendo sido equiparado às lamas de depuração e ao composto de lixo urbano enriquecido.

Verma *et al.* (2005) efectuaram ensaios com milho em Kanpur, Uttar Pradesh, durante 2000-01 e 2001-02. O rendimento total de grãos de milho foi significativamente superior com FYM @ 5 t/ha em relação ao controlo.

Gosavi (2006), depois de ter efectuado um ensaio de campo com milho doce na fundação Aspee, Thane, revelou que o rendimento em espiga verde, o rendimento em palha verde e o rendimento em biomassa total eram significativamente mais elevados com o aumento subsequente do nível de FYM e, por conseguinte, 20 t de FYM ha[-1] registaram valores de rendimento significativamente mais elevados, seguidos de 15 t de FYM ha[-1] e 10 t de FYM ha[-1] , por ordem de significância.

Zende (2006) conduziu uma experiência de campo no Departamento de Agronomia, Dr. B.S.K.K.V. Dapoli durante 2004-05 e 2005-06 e referiu que a produção de espigas durante a média dos dois anos foi registada ao máximo com FYM @10 t/ha, que foi igual a FYM @ 20 t/ha e ambos foram significativamente superiores ao controlo.

2.2.4. Absorção de nutrientes do estrume orgânico

Gianello e Ernani (1983) verificaram que a absorção de N, P e K de duas culturas sucessivas de milho foi aumentada pela aplicação de cama de aves de capoeira até 144 t/ha num solo argiloso e até 72 t/ha num solo argilo-arenoso numa experiência em estufa.

Sahota (1984) relatou uma resposta altamente significativa do milho a 25 t de FYM por ha em comparação com o controlo no que diz respeito à eficiência da utilização do azoto.

Singh *et al.* (1991) realizaram uma experiência com milho para estudar a resposta da FYM e os níveis de fertilizante em Dholi, Bihar, durante as estações de inverno de 1985-86 e 1986-87 em solo calcário arenoso contendo 176,2, 9,2 e 11,3 kg de N disponível, $P O_{25}$ e $K_2 O$/ha. A absorção de N, P e K, durante ambos os anos, foi significativamente superior com FYM 1,5 t/ha em relação ao controlo.

Verma (1991) efectuou um ensaio com milho para avaliar o efeito dos níveis de FYM em Palampur, Himachal Pradesh, num solo argiloso com 378,8, 15,6 e 246,4 kg de N disponível, $P O_{25}$ e $K_2 O$/ha. Os resultados mostraram que o teor de % N, P e K no grão e na palha do milho foi significativamente superior com 101 FYM/ha em relação a 5 t FYM/ha.

Minhas e Sood (1994) realizaram um ensaio de campo com milho para estudar o efeito de fertilizantes e níveis de FYM em Palampur, Himachal Pradesh, num solo argiloso com 113, 7 e 100 N, P e K mg/kg disponíveis, respetivamente, durante 1989-90. O estudo de absorção mostrou que a absorção total de N e K foi significativamente superior com 20 t FYM/ha sobre o controlo.

Rammurthy e Shivashankar (1996), num ensaio de campo realizado em Banglore com milho, referiram que a absorção de NPK (kg por ha) foi significativamente maior com 10 t de FYM por ha do que com 5 t de FYM por ha e com o controlo.

Brar *et al.* (2001) referiram que a aplicação de FYM ao milho aumentou a absorção de azoto e também reduziu a perda de nutrientes por lixiviação.

Materechera e Salagae (2002) relataram que a adição de estrume de galinha produziu uma maior concentração de proteínas, azoto (N) e fósforo (P) nos tecidos do que o estrume de gado.

Cooperband *et al.* (2002) estudaram o valor nutritivo (N, P) de compostos de cama de aves de capoeira de diferentes idades relativamente à cama de aves de capoeira em bruto e revelaram que a absorção de P pelo milho era mais elevada em parcelas com composto com 15 meses de idade e com cama de aves de capoeira em bruto, apesar de outro composto conter 1,5-2 vezes mais P total do que a cama de aves de capoeira em bruto.

Sharma *et al.* (2003) realizaram uma experiência de campo com milho em Rakh Dhiansar, Jammu, para estudar o efeito dos níveis de potássio e de FYM. Os dados revelaram que, no caso dos níveis de FYM, a absorção máxima de K por grão, palha e absorção total de K foi registada com FYM @10 t/ha sobre o controlo.

Siddhu e Narwal (2003) referiram que o teor de N no milho aumentou com a aplicação de FYM, lama de prensa, estrume de porco e lamas de depuração. Também se observou uma tendência semelhante no que respeita ao teor de P.

Mahala e Shaktawat (2004) concluíram, a partir de um ensaio de campo realizado em Udaipur com milho, que a aplicação de FYM à taxa de 10t por ha também teve um efeito significativo e positivo na absorção de azoto e fósforo pela cultura em relação ao controlo.

Prasad *et al.* (2005) conduziram uma experiência com milho em Kanpur, Uttar Pradesh, durante 2000-02 e 2001-02 para estudar o efeito da FYM e dos níveis de fertilizante num solo franco-arenoso com 182, 19,50 e 126,31 kg/ha de N disponível, P O_{25} e K_2O, respetivamente. A aplicação de FYM @ 5 t/ha influenciou significativamente a absorção de N, P e K por grãos, palha e planta inteira, durante os dois anos.

Recentemente, Reddy et al (2005) referiram que, entre os tratamentos de fertilidade residual, o estrume de aves de capoeira composto registou uma maior absorção de nutrientes, eficiência agronómica e recuperação aparente de azoto, tendo sido equiparado às lamas de depuração e ao composto de lixo urbano enriquecido.

Gosavi (2006), depois de realizar um ensaio de campo em Aspee foundation, Thane, com milho doce, revelou que a absorção de azoto nos grãos, folhas e caule e a absorção total de azoto pela cultura aumentavam significativamente com o aumento subsequente do nível de FYM. No entanto, no caso de 20 e 15 t de FYM ha[-1] , a absorção de azoto, fósforo e potássio pelas plantas foi significativamente superior à de 10 t de FYM ha[-1] e foi equivalente.

2.2.5. . caracteres de   qualidadeestrume orgânico

Buchner (1993) relatou que a cultura do trigo, que foi administrada com estrume de gado à taxa de 18 m^3 ha[-1] duas vezes por ano, produziu 5,6 t de grãos ha[-1] e apresentou um teor médio de proteínas de 11%.

Rammurthy e Shivashankar (1996) concluíram, a partir de um ensaio de campo realizado em Banglore com milho, que a percentagem de proteínas, o rendimento proteico e a percentagem de açúcar nos grãos eram significativamente mais elevados com 10 t de FYM por ha do que com 5 t de FYM por ha e com o controlo.

Barevadia e Patel (1996) realizaram uma experiência de campo com milho em Anand, Gujarat, durante a estação *Kharif* de 1990. Os dados mostraram que a percentagem de proteína dos grãos de milho registou um valor significativamente superior de 6,76% com FYM @ 5 t/ha em relação ao controlo.

Senthil Kumaran e Vadivel (2001) referiram que os agricultores estavam profundamente convencidos de que os alimentos produzidos segundo o modo de produção biológico possuíam uma melhor qualidade de conservação e propriedades organolépticas do que os alimentos produzidos convencionalmente. Os adubos orgânicos e as preparações biodinâmicas melhoraram as propriedades organolépticas dos grãos alimentares (Pathak, 2002).

Para produzir arroz de boa qualidade alimentar, era importante restringir a absorção de azoto dos fertilizantes orgânicos no período de maturação (Saitoh *et al.*, 2002).

Prabakaran e James Pichai, (2003) revelaram que a aplicação da dose recomendada de azoto sob a forma de estrume de aves de capoeira registou o pH mais elevado, os sólidos solúveis totais, a acidez titulável, o açúcar redutor, o açúcar não redutor, a proteína bruta e o teor de ácido ascórbico no fruto do tomate.

Khadtare *et al.* (2006) realizaram o trabalho de pesquisa na fazenda da faculdade da Universidade Agrícola de Anand, Anand, durante a estação rabi de 2005-06 e relataram que o tratamento T4 (75 % RDN + 25 % N através de VC preparado a partir de *Parthenium hysterophorous* L.) teve efeito proeminente no conteúdo de açúcar solúvel total do milho doce (22,0 %), que foi estatisticamente igual ao tratamento T_6 (21,7 %) (75 % RDN + 25 % N através de VC preparado a partir de *Amaranthus spinosus* Linn.). No caso do teor de proteína bruta, o tratamento T_{10} (RDF 150:50:0 NPK/ha) registou um teor de proteína bruta significativamente mais elevado no milho doce (12,1 %), enquanto os tratamentos T_4 e T_6 foram estatisticamente iguais ao tratamento T_{10} . Os valores correspondentes registados por estes dois tratamentos foram 11,8 e 11,4 por cento, respetivamente.

Gosavi (2006), depois de realizar um ensaio de campo em Aspee foundation, Thane, com milho doce, revelou que os níveis de FYM não diferiram significativamente no que respeita ao teor de proteínas nos grãos de milho doce. No entanto, a FYM @ 20 t ha^{-1}

mostrou um teor de proteína numericamente mais elevado nos grãos do que o resto do tratamento viz., 10 e 15 t FYM ha^{-1} . No entanto, no caso do teor de açúcar no grão, 20 t FYM ha^{-1} foi significativamente superior a 10 t FYM ha^{-1} e 15 t FYM ha^{-1} . Além disso, 15 t FYM ha^{-1} foi significativamente superior a 10 t FYM ha^{-1} .

Zende (2006) conduziu uma experiência de campo no Departamento de Agronomia, Dr. B.S.K.K.V. Dapoli durante 2004-05 e 2005-06 e relatou que a % de açúcar nos grãos de milho doce aumentou com níveis crescentes de FYM durante ambos os anos e a média de dois anos e registou significativamente superior com FYM @ 20 t/ha. A % de proteína nos grãos não atingiu o nível de significância durante os dois anos, mas apresentou resultados significativos durante a média dos dois anos. Foi registado o máximo com FYM @ 20 t/ha, que foi igual ao controlo e significativamente superior ao FYM @ 10 t/ha.

2.3   Efeito da cobertura morta de polietileno :

2.3.1.   Carácter de crescimento

Werminghausen *et al.* (1981) efectuaram 21 ensaios com milho de silagem em 1980, a 35-710 m de altitude, e relataram que a emergência da cultura foi 4-19 (média de 9,3) dias mais cedo e a emergência da folha bandeira 7-21 (média de 12,5) dias mais cedo do que sem cobertura de polietileno. A cobertura morta aumentou o teor de MS de plantas inteiras, espigas e o resto da planta em 7, 9 e 2 por cento e o rendimento de matéria seca em 39, 46 e 54 por cento, respetivamente.

Wells *et al.,* (1988) relataram, após a realização de uma experiência de campo na Universidade de New Hampshore, nos EUA, sobre milho doce, que a germinação precoce, a produção de matéria seca e o aumento da copa das plantas foram significativamente mais elevados sob o mulch de polietileno transparente, em comparação com o mulch de polietileno preto e os tratamentos com solo nu.

Brar e Khehra (1988) referiram que a emergência das plântulas foi mais precoce em 9 e 7 dias e que também foi completada mais cedo em 8 e 3 dias e que se verificou um aumento significativo da altura das plantas sob coberto de polietileno branco e preto em relação ao controlo.

Kalaghatagi et al (1990) relataram que a irrigação na proporção de 0,8 IW/CPE com cobertura de polietileno preto espalhado entre as linhas aumentou significativamente a matéria seca na colheita, a área foliar aos 60 dias após a semeadura.

Nakui *et al.* (1995) realizaram uma experiência de campo com milho no distrito de Tokachi e revelaram que a cobertura morta com película de plástico transparente aumentou a temperatura do solo em cerca de 4,5 graus centígrados, o que antecipou a maturidade da cultura em 1-2 semanas. A matéria seca total da planta e a matéria seca da espiga foram 28-32 % e 52-55 % mais elevadas com a cobertura morta.

Kulkarni *et al.* (1998) relataram, com base numa experiência de campo realizada na Faculdade de Ciências Agrícolas de Dharwad com milho, que a altura das plantas na colheita, a produção de matéria seca e o LAI aos 60 dias melhoraram consideravelmente e de forma significativa com a cobertura morta de polietileno preto, em comparação com a cobertura morta de palha de arroz e sem cobertura morta.

Pramanik (1999), após ter efectuado uma experiência de campo com milho no Central Agricultural Research Institute, em Port Blair, referiu que a altura das plantas e a taxa de crescimento das culturas melhoraram consideravelmente e de forma significativa com a cobertura morta de palha de arroz, em comparação com os tratamentos com pó de serra, pó de coco, casca de arroz e sem cobertura morta.

Aguyoh *et al.* (1999) relataram que o milho doce cultivado sob cobertura plástica transparente encurtou o tempo de maturação em 10 dias no sítio silt loam do meio-oeste dos EUA.

Bhatt *et al.* (2004) realizaram uma experiência de campo na Universidade de Agricultura de Punjab, Ludhiana, com milho e referiram que a produção de matéria seca com cobertura morta de palha de arroz foi superior em 138% à produção de matéria seca em parcelas nuas.

Kwabiah (2004) relatou, a partir de uma experiência de campo conduzida no Centro de Investigação de Culturas de Clima Frio de Alantic para a Agricultura e Agro-alimentação do Canadá, sobre o milho doce, que houve um aumento da temperatura do solo e do ar (20^0 C), pelo que se verificou uma germinação precoce de 3-5 dias e, correspondentemente, um atraso na silagem de 8-17 dias e na maturidade de 7-13 dias, bem como um maior crescimento das plantas sob cobertura de plástico transparente do que sem tratamento de cobertura.

Miura e Watanabe (2004) realizaram uma experiência de campo no Centro Nacional de Investigação Agrícola da região de Tohoku, no Japão, com milho doce e referiram que a taxa de crescimento e o controlo efetivo das ervas daninhas eram significativamente mais elevados com o mulch de polietileno branco do que com o mulch de polietileno vermelho e os tratamentos com mulch de leguminosas vivas.

Gosavi (2006), depois de realizar um ensaio de campo na fundação Aspee, Thane, com milho doce, revelou que a altura da planta era significativamente maior e que o número de folhas funcionais por planta e a matéria seca aumentavam numericamente aos 30 e 60 DAS do milho doce cultivado sob coberturas de polietileno do que sem cobertura e com cobertura de palha de arroz.

2.3.2. Atributos de rendimento da cobertura de polietileno

Well *et al.* (1988) efectuaram um ensaio de campo com milho doce na Universidade de New Hampshire, nos EUA, e referiram que o número de espigas por planta e de grãos de espiga era significativamente maior no tratamento com mulch de polietileno transparente do que no tratamento com mulch de polietileno preto e sem mulch.

Kalaghatagi et al (1990) referiram que a irrigação com um rácio de 0,8 IW/CPE com mulch de polietileno preto espalhado entre as linhas aumentou significativamente o número de grãos/caroço, peso de grão/caroço, peso de 1000 grãos de milho.

Mohapatra et al (1998) concluíram que a cobertura morta com polietileno aumentava a intensidade da formação de espigas. A cobertura morta com PEBDL de 50 microns com irrigação de 50 por cento da humidade disponível no solo aumentou as espigas/planta, o comprimento das espigas, o diâmetro das espigas, o peso/espiga, as filas de grãos/espiga, os grãos/espiga e o rendimento de grãos/ha.

Kulkarni *et al.* (1998) relataram, numa experiência de campo com milho realizada na Universidade de Ciências Agrícolas de Dharwad, que o número de grãos por espiga, o peso dos grãos por espiga e o peso de 1000 grãos melhoraram consideravelmente e de forma significativa com a cobertura morta de polietileno preto, em comparação com a cobertura morta de palha de arroz e sem cobertura morta.

Naik *et al.* (1998) realizaram um ensaio de campo na Faculdade de Agricultura de Bhubaneswar, Orissa, com milho e relataram que a espiga, as linhas por espiga e os grãos por espiga melhoraram significativamente com a cobertura morta com PEBD de 50 mícrones e irrigação a 50% da MSF do que com a cobertura morta com PEBD de 15 mícrones e irrigação a 50% e 75% da MSF e sem cobertura morta com irrigação a 50% e 75% da MSF.

J-econ (2002) conduziu uma experiência de campo na Endomolgical Society of

America com milho doce e relatou que o peso da espiga, o comprimento da espiga e o número de espigas por planta eram significativamente maiores no tratamento com mulch de polietileno transparente do que no tratamento sem mulch.

Gosavi (2006), depois de realizar um ensaio de campo com milho doce na fundação Aspee, Thane, revelou que os dados relativos aos atributos de rendimento indicavam que alguns deles eram influenciados significativamente, nomeadamente o peso da espiga, o comprimento da espiga e os grãos por espiga, pelos tratamentos com cobertura vegetal do que pelos tratamentos sem cobertura vegetal. No entanto, o número de linhas por espiga e o número de espigas por planta não foram influenciados de forma significativa

2.3.3. Produção de mulch de polietileno

Werminghausen *et al.* (1981) realizaram 9 ensaios onde os rendimentos de milho sem mulching eram inferiores a 5 t de grãos/ha, o mulching de polietileno aumentou os rendimentos médios de 3,82 para 8,37t/ha

Khatibu *et al.* (1984) estudaram uma vasta gama de tratamentos de superfície, seleccionados para criar diversas condições de regime hidrotérmico e de exposição do solo em Zanzibar, na Tanzânia, para o milho, e referiram que a cobertura morta de polietileno branco produziu rendimentos significativamente mais elevados do que os outros tratamentos

Wells *et al.* (1988) referiram, num ensaio de campo realizado no departamento de Ciências Vegetais da Universidade de New Hampshire, nos Estados Unidos, que o milho doce produziu espigas significativamente mais elevadas com cobertura de polietileno transparente do que com cobertura de polietileno preto e sem cobertura.

Brar e Khehra (1988) referiram que o nível de rendimento foi significativamente mais elevado e o período de maturação reduzido sob polietileno branco do que sob mulch de polietileno preto, o que pode ser atribuído à temperatura mais elevada do solo mantida sob polietileno branco devido à sua transparência.

Kalaghatagi et al (1990) relataram que a irrigação com um rácio de 0,8 IW/CPE com mulch de polietileno preto espalhado entre as linhas aumentou significativamente o rendimento do grão e o rendimento forrageiro.

Sawant e Dayanand (1994) relataram que, entre as práticas de conservação de humidade, o uso de cobertura de tecido de juta foi o melhor tratamento, pois deu maior rendimento de grãos (30,2 qu/ha) e teve efeito favorável na maioria dos caracteres que contribuem para o rendimento, seguido de cobertura de polietileno, caulino, agrostemin, jalshakti são significativamente superiores ao controlo.

Chen Xue Jun (1996) referiu que o rendimento do milho no tratamento com mulch de polietileno era 127,5% superior ao do milho semeado diretamente.

Mohapatra et al (1998) concluíram que a cobertura morta com polietileno aumentava a intensidade da formação de espigas. A cobertura morta com PEBDL de 50 microns com irrigação de 50 por cento da humidade disponível no solo aumentou o rendimento do grão (5,7 t/ha) do que o controlo sem cobertura morta (4,4 t/ha).

Kulkarni *et al.* (1998) efectuaram um ensaio de campo com milho na Universidade de Ciências Agrícolas de Dharwad e referiram que o rendimento em espiga e o rendimento em palha eram significativamente mais elevados com cobertura morta do que com cobertura morta de palha de arroz e sem tratamento com cobertura morta.

Pramanik (1999) realizou uma experiência de campo com milho no Central Agriculture Research Institute, em Andaman, e verificou que o rendimento médio das espigas e o rendimento do caule eram significativamente mais elevados com a cobertura morta de palha de arroz do que com o pó de serra, a serradura, a casca de arroz e o tratamento de controlo.

Easson e Fearnehough (2000) estudaram o efeito do cultivo de milho forrageiro com ou sem tratamentos de cobertura morta de plástico no rendimento de matéria seca (DM), rendimento de espiga, conteúdo de matéria seca foi investigado na Irlanda do Norte em 1996-97 e relataram que a cobertura morta de plástico, quando comparada com o controlo sem cobertura morta, aumentou o rendimento do milho de 12,014,7 t DM/ha, o rendimento de espiga de 3,7-6,6 t DM/ha, o conteúdo de matéria seca de 230-270 g/kg.

Jaikumaran e Nandini (2001) estudaram o quiabo CV. Arka Anamika com cobertura de plástico preto durante 1996-97 e 1997-98. A data combinada indicou que a produtividade da cultura aumentou em 18 por cento com a irrigação por gotejamento sozinha e 54 por cento com a irrigação por gotejamento com cobertura plástica.

Kalyan *et al.* (2002) realizaram uma experiência de campo com milho na Universidade Hindu de Banarus, Varanasi, e relataram que o rendimento de espiga verde, o rendimento de palha e a relação custo-benefício foram significativamente maiores com a cobertura morta de palha do que com a cobertura morta do solo e os tratamentos de controlo.

J- econ (2002) conduziu uma experiência de campo na Sociedade Entomológica da América sobre milho doce e relatou que a produção de espigas de milho doce era 1,5 a 2 vezes maior em parcelas de mulch de polietileno transparente do que em parcelas de pousio.

Sannigrahi e Borah (2002) realizaram uma experiência de campo em Assam para avaliar a eficácia de diferentes coberturas orgânicas juntamente com polietileno preto na produção de tomate e quiabo em condições de sequeiro. A produção máxima de quiabo foi registada com a cobertura de polietileno preto (121,2 q por ha) seguida de jacinto de água (107,1 q por ha) e resíduos de aves de capoeira (101,3 q por ha). O polietileno preto aumentou o rendimento do quiabo em 88% em relação ao controlo. Também o mulch de polietileno preto foi o tratamento mais eficaz para o controlo de ervas daninhas (83,5 por cento).

Summers e Stapleton (2002) referiram que a produção de espigas comercializáveis de milho doce era 1,5-2,0 vezes superior nas parcelas com cobertura vegetal reflectora de plástico do que nas parcelas em pousio. Isto deveu-se ao facto de as espigas serem maiores (peso e comprimento individual da espiga) e não a um aumento do número de espigas.

Bhatt *et al.* (2004) referiram que, num ensaio de campo realizado na Universidade de Agricultura de Punjab, Ludhiana, com milho, a cobertura morta de palha aumentou o rendimento das espigas em 60,5% em comparação com o tratamento sem cobertura morta.

Kwabiah (2004), depois de realizar uma experiência de campo no Atlantic Cool Climate Crop Research Centre, Agriculture and Agri-food Canada, com milho doce, referiu que o mulch de plástico aumentou a produção total de biomassa e a produção de espigas em 8-17% e 3-6% em relação ao mulch de plástico, respetivamente.

Gosavi (2006), depois de realizar um ensaio de campo em Aspee foundation, Thane, com milho doce, referiu que a produção de espiga verde e de palha (246,69 e 303,61 q/ha, respetivamente) foi significativamente mais elevada sob cobertura de polietileno do que sob controlo (194,38 e 235,11 q/ha, respetivamente).

2.3.4. Absorção de nutrientes cobertura morta de polietileno

Kalyan *et al.* (2002) realizaram uma experiência de campo na Universidade Banaras Hindu, em Varanasi, com milho e referiram que a absorção total de nutrientes de azoto, fósforo e potássio foi significativamente mais elevada sob a cobertura morta de palha do que sob a cobertura morta do solo e sem tratamento de cobertura morta.

Singh *et al.* (2004) realizaram uma experiência de campo para estudar o efeito de diferentes tipos de coberturas vegetais [folha de polietileno (M_2), palha de arroz (M_1) e sem cobertura vegetal (M_0)] sem e com diferentes níveis de irrigação[1.2 (I_3), 0,9 (I_2) e 0,6 (I_1) rácio IW/CPE] sobre o teor de fósforo no milho de inverno e observou que o efeito de diferentes coberturas e níveis de irrigação sobre o teor de fósforo foi na ordem : $M_2 > M_1 > M_0$ e $I_3 > I_2 > I_1$ respetivamente.

Zagade (2004), depois de realizar um ensaio de campo em Dapoli sobre o amendoim, relatou que o azoto total, o fósforo e o potássio eram significativamente mais elevados sob o mulch de polietileno do que sem mulch.

Kudtarkar (2005), depois de realizar um ensaio de campo em Thane sobre o amendoim, referiu que o azoto total, o fósforo e o potássio eram significativamente mais elevados sob a cobertura morta de polietileno do que sem cobertura morta.

Gosavi (2006), após ter efectuado um ensaio de campo em Aspee foundation, Thane, com milho doce, referiu que

2.3.5. caracteres de qualidade cobertura morta de polietileno

Nakui *et al.* (1995) realizaram uma experiência de campo no distrito de Tokachi com milho forrageiro e revelaram que os rendimentos totais de nutrientes digeríveis aumentaram em 2,5-4,0 t/ha com a aplicação de uma cobertura plástica transparente.

Easson e Fearnehough (2000) estudaram o efeito do cultivo de milho forrageiro com ou sem tratamentos de cobertura plástica sobre o teor de amido na Irlanda do Norte em 1996-97 e referiram que a cobertura plástica, quando comparada com o controlo sem cobertura, aumentou o teor de amido de 198-272 g/kg.

Gosavi (2006), após ter efectuado um ensaio de campo em Aspee foundation, Thane, com milho doce, referiu que o teor de açúcar do milho doce era significativamente mais elevado com a cobertura morta de polietileno do que sem cobertura morta e com tratamentos de palha de arroz. No entanto, o teor de proteínas não foi significativamente influenciado pelas coberturas vegetais. O teor de açúcar mais elevado, de 12,26%, foi registado com o mulch de polietileno transparente, que foi significativamente superior aos restantes tratamentos.

2.4 Efeito de panchagavya e amrutpani

Panchagavya

2.4.1. Significado e historial

Em sânscrito, Panchagavya significa a mistura de cinco produtos obtidos da vaca (estes cinco produtos são individualmente chamados "gavya" e coletivamente designados por "Panchagavya"). Contém ghee, leite, coalhada, estrume e urina obtidos da vaca. Quando misturadas e utilizadas corretamente, estas substâncias têm uma influência positiva nos organismos vivos. A depressão formada durante a agitação no sentido dos ponteiros do relógio e no sentido contrário ao dos ponteiros do relógio da solução de reserva de Panchagavya pode ter facilitado a ligação dos raios cósmicos (Sundararaman *et al.*, 2001). A energia cósmica, ao passar por um sistema vivo, elimina os desequilíbrios em termos de aspectos físicos, químicos, biológicos e fisiológicos e harmoniza os elementos básicos, o que revitaliza o processo de crescimento.

O Rural Community Action Centre, Kodumudi, Tamil Nadu experimentou o Panchagavya enriquecendo-o com mais quinze materiais orgânicos e, finalmente, recomendou a adição de água de coco tenra, sumo de cana de açúcar e frutos de banana para aumentar a potência (Natarajan, 2002).

Em 1950, James F. Martin, dos EUA, fabricou um catalisador líquido (água viva) a partir de vaca leiteira, utilizando estrume, água do mar e levedura, e foi afirmado que era capaz de tornar verdes as terras degradadas (Vivekanandan, 1999) e actuava como fertilizante e biopesticida.

O Panchagavya tinha referências nas escrituras dos *Vedas* (escrituras divinas da sabedoria indiana) e do *Vrkshayurveda (Vrksha* significa planta e *Ayurveda* significa sistema de saúde). Os textos sobre *Vrkshayurveda* são sistematizações das práticas que os agricultores seguiam no terreno, colocadas num quadro teórico e definiam certos estimulantes do crescimento das plantas; entre eles, o Panchagavya era um importante estimulante da eficiência biológica das plantas cultivadas e da qualidade dos frutos e legumes (Natarajan, 2002).

2.4.2. Propriedades de gavya

Nene (1999) referiu que o estrume de vaca tinha sido utilizado por Kautilya (321-296 a.C.), Varahamihira (505-587 d.C.), Surapala (1000 d.C.) e Someshwara Deva (1126 d.C.) na história antiga. Continha fibras não digeridas, células epiteliais, pigmentos e sais, ricos em N, P, K, S e outros micronutrientes, bactérias intestinais e muco. O esterco de vaca (*Gomay*) também era rico em bactérias, fungos e outros microorganismos. Singh (1996) descobriu que o estrume de vaca tinha 82 por cento de água e 18 por cento de matéria sólida (minerais 0,1, cinzas 2,4, estrume orgânico 14,6, Ca e Mg 0,4, SO3 0,05, Sílica 1,5, N 0,5, P 0,2 e K 0,5 %).

Reddy (1998) observou que a urina de vaca (*Gomootra*) era rica em ureia e actuava tanto como nutriente como hormona. A urina da vaca tinha 91% de água, 9% de matéria sólida (minerais 1.4, cinzas 2.0, estrume orgânico 6.0, Ca e Mg 0.15, SO$_3$ 0.15, sílica 0.01, N 1.0, traços de P e K 1.35%). A urina também continha ácido úrico e ácido hipúrico em grandes quantidades juntamente com outras matérias minerais como cloreto de sódio, sulfatos de Ca e Mg, hippurato de potássio, etc. (Singh, 1996).

O leite de vaca também tinha sido utilizado pelos agricultores em tempos antigos e foi relatado como sendo um excelente adesivo e espalhador (Caseína), um bom meio para bactérias saprófitas e inibidor de vírus (Nene, 1999). De acordo com Varahamihira (Brahat Samhita, 505-587 d.C.), a prática geral de semear as sementes envolvia a sua imersão em leite durante dez dias, retirando-as diariamente com a mão, untando-as com ghee, rolando muitas vezes em estrume de vaca antes de as sementes serem semeadas num solo. As sementes cresciam e floresciam quando eram regadas com leite e água (Deshpande e Menon, 1995).

O leite contém proteínas, gordura, hidratos de carbono, aminoácidos, cálcio, hidrogénio, ácido lático e também a bactéria *Lactobacillus*. Muitos microrganismos podem fermentar açúcares de cinco ou seis carbonos, mas a bactéria *Lactobacillus* pode fermentar ambos (Linda, 1999).

Vrikshayurveda de Chavundaraya (Lokopakarum 1025 d.C.) em Kannada, que trata de agricultura e botânica, descreveu o uso de leite que mudava a cor da flor e melhorava o sabor da fruta (Shenoy *et al.*, 2000).

Nene (1999) referiu que o ghee de vaca tinha sido utilizado nos tempos antigos e medievais (Kautilya 321-296 BC e Someshwara Deve 1126-AD) para gerir a saúde das plântulas. O ghee continha vitamina A, vitamina B, cálcio, gordura, etc., e também é rico em glicosídeos, que protegiam as feridas cortadas da infeção. A coalhada de vaca é rica em micróbios (*Lactobacillus*) que são responsáveis pela fermentação (Chandha, 1996).

2.4.3. Carácter de crescimento panchagavya e amrutpani

Ramachandra Reddy e Bhaskara Padmodaya (1996) relataram que a aplicação da forma modificada de Panchagavya 3 por cento juntamente com bolo de neem @ 250 g por metro quadrado em tomate registou o comprimento máximo de rebentos e raízes e o peso seco máximo. *O Panchagavya* pulverizado aos 25 DAS e 40 DAS adiantou a colheita do arroz em 10 dias (Vivekanandan, 1999a)

Subhashini Sridhar *et al.,* (2001) referiram que *a* pulverização de *Panchagavya* na cultura da malagueta produziu uma cor verde escura nas folhas e um novo crescimento em 10 dias.

Dias para a primeira floração e 50 % de floração em moringa anual também foram mais cedo com a pulverização de *Panchagavya* (Beaulah, 2001).

Thamaraiselvi, (2001) observou que as cultivares de rosa Edouard (*Rosa bourboniana* Desp.) e rosa vermelha (*Rosa centifolia* L.), uma combinação de tratamento de acetato de cálcio 0,5 % + Panchakavya 5 % provou ser eficaz na melhoria do crescimento do arbusto (48,88 e 84,86 cm) em ambas as cultivares em 30th e 60th dias após a plantação, respetivamente. A aplicação de acetato de cálcio 0,5 % + Panchakavya 5 % adiantou a floração em 45 dias e 53 dias na *cv* Edouard rose e *cv* red rose, respetivamente.

Jayashankar *et al.* (2002) referiram que uma pulverização foliar de 3 % de Panchakavya no feijão de campo aumentou substancialmente a floração e a frutificação após um período de uma semana.

Em *Panchagavya*, foram encontrados biofertilizantes comprovados, tais como *Azospirillum* (10^{10}), *Azotobacter* (10^9), *Phosphobacterium* (10^7) e *Pseudomonas* (10^6), para além de *Lactobacillus, tal* como referido por Solaiappan (2002).

Somasundaram *et al.,* (2003[b]) relataram que o greengram *com* spray foliar *Panchagavya* @ 3 % teve maior número de vagens por planta (79,25) e peso de 100 grãos (3,99 g) do que a dose recomendada de fertilizantes (76,75 e 3,87 respetivamente).

Cynthia Starlyn Emily (2003) observou que em *Withania somnifera* (L.) Dunal. A altura da planta, a dispersão da planta, o número de laterais, o número de folhas da planta[1], o peso fresco e seco do rebento, a área da folha, o índice da área da folha, o teor relativo de água, o teor total de clorofila, a maior produção de matéria seca e o teor total de alcalóides aumentaram devido a 4 por cento de panchagavya.

Kanimozhi (2003) efectuou uma experiência para normalizar o pacote de produção biológica de *Coleus forskohlii* Briq. Os resultados indicaram que a altura da planta, a dispersão da planta, o número de laterais, o número de folhas da planta^{-1} , o peso fresco e seco do rebento, a área foliar, o índice de área foliar, o teor relativo de água, o teor total de clorofila, a produção mais elevada de matéria seca aumentaram devido a 4 por cento de panchagavya.

Sridhar (2003) efectuou uma experiência para estudar o efeito dos bio-reguladores na erva-moura negra (*Solanum nigrum.*L.). A partir dos resultados, foi evidente que Panchagavya a quatro por cento registou o maior crescimento da planta, número de folhas, área foliar, peso seco da folha e do caule, produção de matéria seca, LAI, SLW, NAR e CGR, peso fresco e seco da folha, peso fresco e seco do fruto, produção de uma única planta.

O tratamento orgânico, incluindo a aplicação de FYM 25 t ha^{-1} , composto biodinâmico 5.0t ha^{-1} , bolo de neem 5.0 t ha^{-1} , *Azospirillum* e *Phosphobacteria* @ 2.0 kg ha^{-1} e pulverização foliar de panchagavya 3.0 por cento em intervalos mensais deu um crescimento vigoroso em tomilho e alecrim (Selvaraj *et al.*, 2003a).

Saraswathy (2003) também confirmou que, entre todas as combinações de tratamento, a pulverização foliar de Panchagavya a 3 por cento registou os parâmetros de crescimento e rendimento mais elevados.

Balkrishnamurthy et al (2006) procuraram descobrir o efeito de diferentes bio-reguladores na variedade de açafrão BSR-2 e revelaram que a aplicação de ácido húmico 0,05 % por pulverização em intervalos mensais de 30-180 dias após a sementeira aumentou significativamente os parâmetros de crescimento como a altura da planta (141.99 cm), número de perfilhos (3.67), comprimento da folha (60.55 cm), largura da folha (17.54 cm) e perímetro do caule (10.04 cm) seguido de panchagavya 3 % pulverizado sobre o controlo (110.83 cm, 2.67, 39.51 cm, 12.87 cm, 8.32 cm respetivamente).

Entre os diferentes bio-reguladores, a altura máxima da planta foi observada com a pulverização foliar de panchagavya 4 %, que aumentou o número de ramos primários, o número de ramos secundários, o maior número de folhas por planta, a propagação da planta, a área foliar e o índice da área foliar (Ganesh et al. 2006).

O estudo do efeito do espaçamento, orgânicos e bio-reguladores em caracteres morfológicos viz., propagação da planta, número de ramos, número de folhas, área foliar e comprimento da raiz para a luz de lima espaçamento mais largo + panchagavya 3 por cento foram em geral eficazes favorecendo todos os caracteres morfológicos ao lado de espaçamento mais largo e RDF (Sivakumar *et al.* 2006).

Anburani *et al.* (2006) relataram que a aplicação de vermicomposto @ 5 t/ha juntamente com a aplicação foliar de panchagavya 3 por cento e ácido húmico 0,2 por cento registou o maior número de ramos, folhas, peso fresco da folha, peso seco da folha e comprimento da raiz.

2.4.4. Atributos de rendimento panchagavya e amrutpani

Os microrganismos eficazes (EMO) eram a cultura mista de micróbios benéficos naturais (predominantemente bactérias do ácido lático (*Lactobacillus*), leveduras (*Saccharomyces*), actinomicetos (*Streptomyces*), bactérias fotossintéticas

(*Rhodopsuedomonas*) e certos fungos (*Aspergillus*)) melhoraram a qualidade do solo e o crescimento e rendimento do milho doce, que foi igual ou superior ao dos fertilizantes químicos (Xu e Xu, 2000).

Quando se passa de meios inorgânicos para meios orgânicos de fornecimento de nutrientes às plantas, verifica-se geralmente uma queda da produtividade durante o período transitório, até que a fertilidade, a estrutura e a atividade microbiana do solo tenham sido restauradas e melhoradas através de insumos contendo matéria orgânica (Sharma, 2002). A principal caraterística do *Panchagavya* era a sua eficácia para restaurar o nível de rendimento de todas as culturas durante o período transitório desde o primeiro ano (Natarajan, 2002).

Somasundaram *et al.,* (2003[b]) relataram que o greengram *com* spray foliar *Panchagavya* @ 3 % teve maior altura de planta na floração (80,3 cm) e índice de área foliar (8,65) do que a dose recomendada de fertilizantes (77,7 cm e 8,17 respetivamente).

Cynthia Starlyn Emily (2003) observou que, em *Withania somnifera* (L.) Dunal, o número de tubérculos plantados[-1] , o peso fresco e seco dos tubérculos e o índice de colheita aumentaram devido à aplicação de 4 por cento de panchagavya.

Kanimozhi (2003) efectuou uma experiência para normalizar o pacote de produção biológica de *Coleus forskohlii* Briq. Os resultados indicaram que o número de tubérculos plantados[-1] , o peso fresco e seco dos tubérculos e o índice de colheita aumentaram com 4 por cento de panchagavya.

Sridhar (2003) efectuou uma experiência para estudar o efeito de bio-reguladores na erva-moura negra (*Solanum nigrum.*L.). A partir dos resultados, foi evidente que Panchagavya a quatro por cento registou o maior peso fresco e seco do fruto e o maior rendimento de uma única planta.

Somsundaram *et al.* (2004) realizaram uma experiência de campo durante 2001-2003 na Universidade Agrícola de Tamilnadu, em Coimbatore, para avaliar as fontes orgânicas de nutrientes e a pulverização de panchagavya no rendimento do milho e referiram que o comprimento da espiga (23,9 cm e 26,1 cm), a circunferência da espiga (17,1 e 18,03 cm), o número de filas de grãos por espiga (15.2 e 16,3), número de grãos por espiga (687,6 e 600,3), peso de 100 grãos (34,42 e 33,30 g) e percentagem de descasque (77,6 e 83,0) durante 2001 e 2002, respetivamente, no tratamento Bio'gas slurry e panchagavya spray em relação ao controlo (16,7 e 19,6, 11,3 e 11,40 cm, 10,3 e 11,7, 317,5 e 285,7, 28,1 e 25,92 g, 52,1 e 66,4 %, respetivamente).

Sebastian *et al.* (2005) estudaram o efeito da pulverização foliar orgânica no rendimento do girassol irrigado e revelaram que a pulverização de 3 por cento de panchagavya resultou num número significativamente mais elevado de sementes (545), percentagem de fixação de sementes (86,84), diâmetro da cabeça (12.3 cm) e peso de 100 sementes (5,88 g) sobre o controlo (497,6, 78,9, 10 cm, 5,22 g respetivamente) o resto das pulverizações foliares orgânicas (extrato de folha de Moringa, Amudhakaraisal e vermiwash) foi encontrado a par com 3 por cento de pulverização panchagavya.

Yadav e Christopher (2006) realizaram uma experiência na Universidade Agrícola de Tamilnadu, Coimbatore, em 2004, com arroz cultivado organicamente, e relataram que a pulverização de 3 % de panchagavya aumentou significativamente a produtividade de perfilhos[1] (10,06), o comprimento da panícula (19,89 cm), a panícula de grãos cheios[1] (97,18) e o peso do teste de sementes (16,55 g) em comparação com a pulverização sem panchagavya (8,54, 18,66 cm, 83,53 e 15,59 g, respetivamente).

Balkrishnamurthy et al (2006) procuraram descobrir o efeito de diferentes bio-reguladores na variedade de açafrão BSR'2 e revelaram que a aplicação de ácido húmico a 0,05 % por pulverização em intervalos mensais de 30 a 180 dias após a sementeira aumentou significativamente os parâmetros de rendimento como o peso do rizoma-mãe (0.155 kg), peso do rizoma primário (0.473 kg), peso do rizoma secundário (0.19 kg) e rendimento por planta (0.818 kg) seguido de panchagavya 3 % pulverizado sobre o controlo (0.101 kg, 0.293 kg 0.133 kg, 0.527 kg respetivamente).

Entre os diferentes bio reguladores, a pulverização foliar de panchagavya 4 % registou o maior número de flores, frutos por planta, frutificação, comprimento do fruto, perímetro do fruto e peso do fruto (Ganesh et al. 2006).

2.4.5. Rendimentopanchagavya   e amrutpani

Ramachandra Reddy e Bhaskara Padmodaya (1996) relataram que a aplicação da forma modificada de Panchagavya 3 por cento juntamente com bolo de neem @ 250 g por metro quadrado em tomate registou um rendimento máximo de frutos de 16,7 t ha[-1] sobre o controlo (14,11 ha[-1]).

Govindaswamy (1999) inferiu que uma pulverização de 3 % de Panchakavya no açafrão-da-terra em 70, 120 e 150th dias de plantação registou um rendimento mais elevado de 33 quintais por acre.

Vivekanandan (1999 b) observou que a pulverização de 2 % de Panchakavya era eficaz para aumentar o crescimento e o rendimento do arroz e que a pulverização de Panchakavya aos 25 DAS e aos 40 DAS adiantava a colheita em 10 dias.

No jasmim, a pulverização de duas rodadas de *Panchagavya*, uma antes da iniciação da flor e outra durante a fase de formação do botão, garantiu a floração contínua e, na moringa anual, a pulverização duplicou o rendimento da vagem, além de dar resistência a pragas e doenças (Vivekanandan, 1999a).

A aplicação de uma solução de estrume de vaca a 25th dias após a transplantação e de 1% de solução de urina de vaca a 30th dias após a transplantação, seguida de uma pulverização de 3% de Panchakavya a 40th dias, registou um rendimento mais elevado de 1400 kg ac[-1] em Kitchadi Samba, uma variedade de arroz indígena (Gomathinayagam, 2001).

A concentração de 3 % de Panchakavya pulverizada na fase vegetativa e de floração aumentou o rendimento do limão (Natarajan, 2002).

O Rishi Krishi, um sistema de agricultura praticado em Maharashtra, utiliza *o Amrit pani* (preparado misturando 20 kg de estrume de vaca, 0,125 kg de manteiga, ½ kg de mel, ¼ kg de ghee) e mantido durante a noite para tratar as sementes e para pulverizar as culturas de campo para manter a fertilidade do solo e o rendimento das culturas (Pathak e Ram, 2002).

Greengram com a dose recomendada de fertilizantes registou o maior rendimento de grãos de 17,87 q ha[-1] e foi a par com *Panchagavya pulverização* foliar @ 3 % (17,71q ha[-1]). Pulverização foliar de *Panchagavya* @ 3 % em 15, 25, 40 e 50 DAS sem fertilizantes foi a tecnologia de baixo custo mais eficaz em termos de rendimento de grãos de greengram (Somasundaram *et al.,* 2003b).

A combinação de *Panchagavya* e vermicomposto deu o maior rendimento de vagens da variedade de feijão francês Ooty 2, que foi 36% maior do que o método convencional (Selvaraj, 2003).

Sridhar (2003) efectuou uma experiência para estudar o efeito de bio-reguladores na beladona (*Solanum nigrum*.L.). A partir dos resultados, foi evidente que Panchagavya a quatro por cento registou o maior rendimento por hectare.

Somsundaram *et al.* (2004) realizaram uma experiência de campo durante 2001-03 na Universidade Agrícola de Tamilnadu, coimbatore, para avaliar as fontes orgânicas de nutrientes e a pulverização de panchagavya no rendimento do milho e relataram que o rendimento máximo de grãos (8,34 e 8,25 t/ha) e o rendimento de palha (13,15 e 13,4 t/ha) durante 2001 e 2002, e mais índice de colheita no tratamento de chorume de bio-gás e pulverização de panchagavya.

Kanimozhi (2004) também relatou que em brahmi (*Bacopa monnieri* L.), o maior rendimento de ervas foi observado quando Panchagavya 3 por cento aplicado como spray foliar junto com FYM 10t.

Sebastian *et al.* (2005) estudaram o efeito da pulverização foliar orgânica no rendimento do girassol irrigado e revelaram que 3 por cento da pulverização panchagavya resultou num rendimento significativamente mais elevado (1452 kg/ha) sobre o resto das pulverizações foliares orgânicas (extrato de folha de Moringa, Amudhakaraisal e vermiwash) e controlo (1354, 1327, 1311 e 1160 kg/ha respetivamente).

Yadav e Christopher (2006) realizaram uma experiência na Universidade Agrícola de Tamilnadu, Coimbatore, em 2004, com uma cultura de arroz biológico e relataram que a pulverização de 3 % de panchagavya registou um rendimento de grãos significativamente mais elevado (5433 kg/ha) e rendimento de palha (7325 kg/ha) em comparação com a pulverização sem panchagavya (5002 e 6781 kg/ha, respetivamente).

Balkrishnamurthy et al (2006) procuraram descobrir o efeito de diferentes bio-reguladores na variedade de açafrão BSR-2 e revelaram que a aplicação de ácido húmico 0,05 % por pulverização em intervalos mensais de 30-180 dias após a sementeira aumentou significativamente o rendimento (6,27 t/ha) seguido de panchagavya 3 % por pulverização sobre o controlo (3,95 t/ha).

Entre os diferentes bio-reguladores, a pulverização foliar de panchagavya 4 % registou os maiores rendimentos de frutos frescos e secos (Ganesh et al. 2006).

2.4.6. Absorção de nutrientes

Os conteúdos secundários e micronutrientes (Ca, S e Fe) e macronutrientes (NPK) das folhas e vagens foram superiores sob tratamentos com estrume de aves de capoeira + bolo de neem + *Panchagavya*. Também se observou uma maior absorção de nutrientes e uma maior eficiência de utilização de nutrientes nas culturas principais e de soca da moringa anual (Beaulah, 2001).

Kanimozhi (2004) também relatou que em brahmi (*Bacopa monnieri* L.), os maiores teores foliares de nutrientes N, P e K foram observados quando Panchagavya 3 por cento foi aplicado como spray foliar junto com FYM 10 t.

2.4.7. carácter de qualidadepanchagavya   e amrutpani

A pulverização de Panchagavya @ 1 por cento reduziu a queda de flores, aumentou o tamanho dos frutos, manteve a frescura e melhorou o sabor, preveniu a queda de frutos em pessegueiros devido ao ataque de vermes verdes na aldeia de Hosakere em Karnataka (http://www.greenconserve.com).

Beaulah *et al.,* (2002b) referiram que os parâmetros de qualidade, *nomeadamente*, fibras brutas, proteínas, ácido ascórbico, teor de caroteno e prazo de validade, também eram mais elevados quando o estrume orgânico era aplicado com pulverização *Panchagavya*.

Sridhar (2003) efectuou uma experiência para estudar o efeito de bio-reguladores na erva-moura negra (*Solanum nigrum*.L.). A partir dos resultados, foi evidente que Panchagavya a quatro por cento registou os teores mais elevados de solasodina nas folhas e nos frutos, ácido ascórbico e TSS.

Cynthia Starlyn Emily (2003) observou que, em *Withania somnifera* (L.) Dunal, o teor de alcalóides totais aumentou devido à utilização de 4 por cento de panchagavya.

Selvaraj *et al.*, (2003b) relataram que o tratamento orgânico incluindo a aplicação de FYM 25 t ha^{-1}, composto biodinâmico 5.0 t ha^{-1}, bolo de neem 5.0 t ha^{-1}, *Azospirillum* e *Phosphobacteria* @ 2.0 kg ha^{-1} e pulverização foliar de panchagavya 3.0 por cento a intervalos mensais registou um aumento do conteúdo de óleo nas culturas de tomilho e alecrim.

Saraswathy (2003) também confirmou que entre todas as combinações de tratamento, a pulverização foliar de Panchagavya 3 por cento registou o maior conteúdo de alcalóides (withaferin - A e withanolide - A) em ashwagandha.

A solasodina da folha e do fruto, o ácido ascórbico e o teor de TSS também aumentaram. A aplicação de Panchagavya como pulverização foliar e a aplicação no solo a 3 por cento melhoraram o crescimento, o rendimento e o teor de óleo do alecrim e do tomilho (Devarajan *et al.*, 2004).

Kanimozhi (2004) também referiu que em brahmi (*Bacopa monnieri* L.), os teores mais elevados de alcalóides (2,17 e 1,92 % nas culturas principal e de soca, respetivamente) foram observados quando Panchagavya 3 por cento foi aplicado como pulverização foliar juntamente com FYM 10t.

De acordo com Sivakumar (2004), a combinação de tratamento de espaçamento mais largo + aplicação foliar de Panchagavya a 3 por cento registou resultados significativamente mais elevados nos parâmetros morfológicos, fisiológicos e de rendimento, juntamente com um aumento do teor de alcalóides em *Solanum nigrum* L., a seguir apenas à combinação de espaçamento mais largo + FTR (NPK 90:50:60 kg ha).[-1]

Asangla et al. (2005) relataram que a qualidade e a doçura da banana foram melhoradas quando a fruta foi pulverizada com Panchagavya a 3 por cento.

Yadav e Christopher (2006) realizaram uma experiência na Universidade Agrícola de Tamilnadu, em Coimbatore, durante 2004, para avaliar os efeitos da pulverização de 3 % de panchagavya nos parâmetros de qualidade do arroz e registaram que as características físicas, nomeadamente o comprimento e a largura do grão de arroz, bem como a qualidade da moagem, nomeadamente a percentagem de peso do arroz cru e a percentagem de peso da casca, e os caracteres sensoriais (cor, textura, sabor e aceitabilidade geral) foram significativamente mais elevados com a pulverização de panchagavya do que sem pulverização de panchagavya.

Entre os diferentes bio-reguladores, a pulverização foliar de panchagavya 4 % mostrou a maior produção de ácido ascórbico (96,14 mg/100 g), TSS (11,15 %), oleorresina (14,17 %) e capsantina (136,64 unidades ASTA) no pimentão (Ganesh et al. 2006).

Saraswathi *et al.* (2006) referiram que, em condições de stress hídrico, o teor mais elevado de prolina foi observado na irrigação das raízes com panchagavya e o teor relativo de água mais elevado foi registado na aplicação foliar de panchagavya, que foi igual à aplicação foliar de ácido salicílico (100 ppm), indicando a eficácia do panchagavya na indução da tolerância à seca em *Bacopa*.

Sritharan e Manian (2006) relataram que os parâmetros de qualidade como o teor de ácido ascórbico, sólidos solúveis totais, fenólicos totais e teor de solasodina foram significativamente melhorados devido à aplicação de vários bioreguladores, particularmente panchagavya, quando comparados com o controlo.

2.5   Efeito da gestão integrada de nutrientes

2.5.1.   Carácter de   crescimentoINM

Madhavi *et al.* (1995) realizaram um ensaio sobre a gestão integrada de nutrientes para o milho e observaram que a altura máxima das plantas foi registada com a combinação de 4,5 t de estrume de aves de capoeira e 100% de FTR, que estava a par com a combinação de 3,0 t de estrume de aves de capoeira e 100% de FTR, ambas as combinações de tratamento foram significativamente superiores às restantes combinações de tratamento.

Kumar *et al.* (2002[a]) observaram que a aplicação de 150% de FTR e 100% de FTR + 10 t de FYM/ha mostrou uma altura de planta quase igual, que foi mais alta do que 50% de FTR + 10 t de FYM e tratamentos só com FTR.

Wagh (2002), a partir de um ensaio de campo conduzido na Faculdade de Agricultura, Pune, em milho doce, relatou que todos os caracteres de crescimento, *a saber,* altura da planta, número de folhas funcionais, área foliar e produção total de matéria seca foram encontrados significativamente mais com a aplicação de 100% de RDF (225:50:50 Kg NPK por ha) + 5 toneladas de FYM por ha + Azatobactor + PSB do que outros níveis de fertilizante e FYM.

Luikham *et al.* (2003) realizaram um ensaio com milho para bebé para estudar o efeito do azoto orgânico e inorgânico em Coimbatore e os dados mostraram que a altura máxima das plantas foi registada com uma dose de 100% de N + 10 t de FYM/ha, que foi igual à dose de 75% de N + 10 t de FYM/ha e ambos os tratamentos foram significativamente superiores ao controlo. A produção máxima de matéria seca (g/m^2) foi registada com 100% N + 10 t FYM/ha, que foi significativamente superior aos restantes tratamentos, que incluíram FYM.

Rana e Shivran (2003) relataram, a partir de um ensaio de campo realizado com milho no Indian Agriculture Research Institute, Nova Deli, que a produção de matéria seca e o índice de área foliar melhoraram significativamente sob FYM @ 5 tons por ha com cobertura morta de poeira ou palha, em comparação com nenhuma cobertura morta,

FYM @ 5 tons por ha, cobertura morta de poeira, cobertura morta de palha, kavoline + cobertura morta de poeira e cobertura morta de palha apenas.

Karki *et al.* (2005) realizaram uma experiência no Indian Agricultural Research Institute, em Nova Deli, com milho e relataram que a aplicação de 120 kg de N + 10 t de FYM por ha foi significativamente maior em altura de planta e produção de matéria seca por planta do que o resto da combinação de tratamentos.

Kumar *et al.* (2005) realizaram uma experiência no Indian Agricultural Research Institute, Nova Deli, com milho e relataram que a aplicação de 120 kg de N + 26,2 kg de P O_{25} + 33,2 kg de K_2 O por ha, combinada com 10 t de FYM por ha, aumentou significativamente a altura das plantas e o índice de área foliar em relação ao resto da combinação de tratamentos.

Gosavi (2006), após ter efectuado um ensaio de campo em Aspee foundation, Thane, com milho doce, referiu que a altura e o crescimento das plantas em todas as fases de crescimento foram significativamente influenciados pelas coberturas de polietileno com a combinação de 20 t de FYM ha^{-1} em relação às restantes combinações de tratamentos.

Gosavi (2006), após ter efectuado um ensaio de campo em Aspee foundation, Thane, com milho doce, referiu que a altura das plantas era significativamente mais elevada com a combinação de CDR e 20 t de FYM ha^{-1} . Além disso, o maior número de folhas funcionais sob a combinação de FTR e 20 t de FYM estava em posição de produzir mais fotossintatos por planta e, portanto, a produção de matéria seca foi significativamente maior sob esta combinação.

2.5.2. Atributos de rendimento INM

Chandrashekara *et al.* (2000) realizaram uma experiência de campo em Arabhavi, Karnataka, durante a estação kharif de 1996, e relataram que a aplicação de estrume de aves de capoeira (10 t/ha) com a taxa recomendada de fertilizantes (RRF 150 kg N/ha em três doses divididas) produziu plantas mais altas (187,5 cm), espigas mais compridas (14,35 cm) com maior diâmetro (15,6 cm) e maior peso de espiga (170,5 g/espiga) do que a aplicação com controlo. O aumento percentual do comprimento da espiga, da circunferência da espiga e do peso do grão por planta com a aplicação de estrume de aves foi de 13,1, 23,8 e 53,2 %, respetivamente, em comparação com a testemunha.

Nanjappa *et al.* (2001) efectuaram uma experiência com milho para estudar o efeito da gestão integrada de nutrientes no milho em Bangalore, Karnataka. Os grãos por linha foram registados ao máximo com 75% FTR + FYM 6 t/ha, o que foi igual ao FTR (150 : 75 : 40 kg NPK/ha) sozinho e significativamente superior a 50% FTR + 12 t

tratamentos FYM/ha e FYM 24 t/ha. O peso do grão por planta foi registado ao máximo com 75% RDF + FYM 6 t/ha, que foi igual ao RDF sozinho e ambos os tratamentos foram significativamente superiores aos restantes tratamentos.

Wagh (2002) concluiu, após um ensaio de campo conduzido na Faculdade de Agricultura de Pune com milho doce, que o número de espigas, o comprimento da espiga, a circunferência da espiga, o peso da espiga, o número de grãos por espiga e o peso de teste (g) foram significativamente maiores com a aplicação de 100% de FTR (225:50:50 Kg NPK por ha) + 5 t de FYM por ha + Azatobactor + PSB do que com outros níveis de fertilizante e FYM.

Rana e Shivran (2003) realizaram um ensaio de campo com milho no Indian Agriculture Research Institute, em Nova Deli, e relataram que a espiga por planta, o comprimento da espiga, os grãos por espiga, o peso dos grãos por espiga, o peso das espigas por parcela foram significativamente mais elevados sob FYM @ 5t por ha e cobertura morta de pó ou palha, em comparação com a ausência de cobertura morta, FYM @5 t por ha, cobertura morta de pó, cobertura morta de palha e kavolina + cobertura morta de pó ou cobertura morta de palha.

Tripathi *et al.* (2004) realizaram um ensaio de campo em Raipur (Chhatthisagad) durante a estação do verão com milho e referiram que o diâmetro da espiga, o comprimento da espiga, os grãos por espiga e o peso dos grãos por espiga eram significativamente mais elevados sob 60 Kg N por ha + 30 Kg P O_{25} juntamente com 121 FYM por ha do que as restantes combinações de tratamento.

Waheeduzzama (2004) relatou que a combinação de tratamento de Panchagavya 4 por cento + 50 por cento RDF influenciou favoravelmente a altura da planta (32,40cm), número de folhas por planta (6,20), área foliar total (336,96cm), rebentos por planta (4,20) e produção de flores por planta (5,90) em antúrio.

Yadav e Christopher (2006) realizaram uma experiência na Universidade Agrícola de Tamilnadu, Coimbatore, em 2004, com uma cultura de arroz biológico e referiram que o NPK recomendado através de fertilizantes, juntamente com 3 % de pulverização de panchagavya, registou o máximo de perfilhos produtivos hill[1] (12.03), comprimento de panícula (20,78 cm), panícula de grãos cheios[1] (110,07) e peso de teste de sementes (17,30 g) em comparação com a pulverização sem panchagavya (9,97, 19,39 cm, 91,53 e 16,19 g, respetivamente).

Khadtare *et al.* (2006) realizaram o trabalho de pesquisa na fazenda da faculdade da Universidade Agrícola de Anand, Anand, durante a estação rabi de 2005'06 e relataram que valores significativamente mais altos foram registrados em relação à circunferência da espiga, comprimento da espiga e peso verde da espiga no tratamento T_{10} (RDF 150: 50: 0 NPK / ha) seguido por T_4 (75 % RDN + 25 % N através de VC preparado a partir de *Parthenium hysterophorous* L.) e T_6 (21,7 %) (75 % RDN + 25%N através de VC preparado a partir de *Amaranthus spinosus* Linn.).

Gosavi (2006), após ter efectuado um ensaio de campo em Aspee foundation, Thane, com milho doce, referiu que os atributos de rendimento foram significativamente influenciados pela cobertura morta de polietileno com a combinação de 201 FYM ha^{-1} em relação ao resto da combinação de tratamentos.

2.5.3. . Rendimento INM

Kachapur e Duragannavar (1991) realizaram uma experiência durante 1990 em Dharwad em condições de sequeiro. Eles revelaram que uma aplicação de 80:40:40 Kg NPK por ha junto com FYM @ 1 tonelada por ha deu o maior rendimento de grãos (2,95 toneladas por ha) e rendimento de biomassa (4,49 toneladas por ha) do que outras combinações.

Suri *et al.* (1995) efectuaram um ensaio com milho para avaliar o efeito da FYM e dos fertilizantes em Akrat, Himachal Pradesh, durante 1991-92 e 1992-93 e referiram que o rendimento do grão foi significativamente superior com FYM @10 t/ha + 90 : 45 : 20 kg NPK/ha em relação ao resto das combinações de tratamento, durante ambos os anos.

Kamalakumari e Singaram (1996a) relataram, a partir de um ensaio de campo sobre milho conduzido em Coimbatore, na estação *kharif,* que o rendimento de grãos (t/ha) foi significativamente mais elevado sob 100 kg N : 40 kg P O_{25} : 40 kg K_2 O juntamente com 10 t FYM por ha do que o resto das combinações de tratamento.

Chandrashekara *et al.* (2000) realizaram uma experiência de campo em Arabhavi, Karnataka, durante a estação kharif de 1996, e relataram que a aplicação de estrume de aves de capoeira (10 t/ha) com a taxa recomendada de fertilizantes (RRF 150 kg N/ha em três doses divididas) deu maior rendimento de grãos (50,8 q/ha) e de forragem (74,4 q/ha) do que o vermicomposto com RRF, FYM com RRF e tratamento de controlo (apenas RRF). O aumento percentual do rendimento de grãos com a aplicação de estrume de aves, vermicomposto e FYM foi de 33, 16 e 14%, respetivamente, em comparação com o controlo.

Sahoo e Panda (2000) revelaram, a partir de um ensaio de campo realizado em Jashipur, Orissa, com milho durante dois anos consecutivos, 1996 e 1997, na estação Kharif, que a aplicação de 80 kg N + 40kgP O_{25} + 40kg K_2 O juntamente com 5 t FYM por ha aumentou o rendimento do grão para 3269 kg por ha em 1996 e 3661 kg por ha em 1997, que foram significativamente mais elevados do que a aplicação de fertilizantes químicos isoladamente e o controlo.

Vasanthi e Kumaraswamy (2000) realizaram uma experiência de campo em 1993-94, em Tamilnadu, num solo argiloso, e referiram que os rendimentos de forragem verde e seca das forragens de cereais foram significativamente mais elevados nos tratamentos que receberam estrume de aves de capoeira ou estrume de ovinos-caprinos a 10 t/ha com 50 % do calendário NPK recomendado do que os rendimentos no tratamento que recebeu apenas NPK.

Brar *et al.* (2001) relataram, a partir de um ensaio de campo sobre milho realizado em Ludhiana na estação *kharif,* que o rendimento do grão e o rendimento do caule (t por ha) foram significativamente mais elevados sob 150 Kg N + 41,3 Kg P O_{25} juntamente com 10 t FYM por ha do que o resto das combinações de tratamento.

Nanjappa *et al.* (2001) efectuaram uma experiência com milho para estudar o efeito da gestão integrada de nutrientes no milho em Bangalore, Karnataka. O rendimento do grão e da palha do milho foi máximo com 75% de FTR + FYM 6 t/ha, que foi igual aos tratamentos com apenas FTR e 50% de FTR + FYM 12 t/ha e todos estes tratamentos foram significativamente superiores aos tratamentos com apenas FYM 24 t/ha, durante 1998.

Channabasavanna *et al.* (2002) realizaram uma experiência de campo em Karnataka, na Índia, em 2000, e revelaram que o potencial de produção do milho foi aumentado pela utilização de estrume orgânico em conjunto com fertilizantes químicos, em comparação com a utilização apenas de fertilizantes inorgânicos. O estrume de aves de capoeira a 4 t/ha com 75 % de NPK registou o maior rendimento de sementes (5583 kg/ha), seguido de estrume de aves de capoeira a 1 t/ha e 100 % de NPK (5573 kg/ha).

As combinações de tratamento de estrume de aves de capoeira + bagaço de neem

+ Panchagavya juntamente com o aumento da dose de fertilizantes aumentaram a produção de vagens de moringa (Beaulah et al., 2002a).

Wagh (2002) afirmou, após um ensaio de campo conduzido na Faculdade de Agricultura de Pune com milho doce, que a produção de espiga verde e de palha verde (q por ha) foi significativamente maior com a aplicação de 100% de FTR (225:50:50 Kg NPK por ha) + 5 t de FYM por ha + Azatobactor + PSB do que com outros níveis de fertilizante e FYM.

Vanaja e Sreenivasa Raju (2003) referiram que a aplicação de estrume de aves de capoeira (2 t ha^{-1})+ 75% da dose recomendada de fertilizante azotado registou o máximo rendimento de sementes e caules, seguido da aplicação de 10 t ha^{-1} FYM + 75% da dose recomendada de fertilizante azotado no sistema de cultivo arroz-girassol.

Yadav e Christopher (2006) realizaram uma experiência na Universidade Agrícola de Tamilnadu, Coimbatore, em 2004, com uma cultura de arroz biológico e referiram que o NPK recomendado através de fertilizantes, juntamente com 3 % de pulverização de panchagavya, registou um rendimento máximo de grãos (5946 kg/ha) e de palha (8215 kg/ha) significativamente maior do que sem pulverização de panchagavya (5591 e 7409 kg/ha, respetivamente).

Khadtare *et al.* (2006) realizaram o trabalho de investigação na quinta universitária da Universidade Agrícola de Anand, Anand, durante a estação rabi de 2005-06 e referiram que foram registados valores significativamente mais elevados no que diz respeito à produção de espiga verde e à produção de forragem verde no tratamento T_{10} (112,5 q/ha e 246.3 q/ha, respetivamente) (FTR 150:50:0 NPK/ha), seguido por T_4 (108,1 e 235,6 q/ha, respetivamente) (75 % RDN + 25 % N através de VC preparado a partir de *Parthenium hysterophorous* L.) e T_6 (107,3 e 229,6 q/ha, respetivamente) (75 % RDN + 25 % N através de VC preparado a partir de *Amaranthus spinosus* Linn.).

Gosavi (2006), após ter efectuado um ensaio de campo em Aspee foundation, Thane, com milho doce, referiu que a produção de espiga verde e de palha aumentou significativamente devido à utilização de coberturas de polietileno com a combinação de 20 t de FYM ha^{-1} em relação às restantes combinações de tratamento.

Gosavi (2006), após ter efectuado um ensaio de campo com milho doce na fundação Aspee, em Thane, verificou que a produção de espigas e de palha era significativamente mais elevada com a combinação de FTR e 20 t de FYM ha^{-1} do que com as outras combinações.

2.5.4. Absorção de nutrientes INM

Kamalakumari e Singaram (1996) verificaram que a aplicação de FYM (10 t ha^{-1}) juntamente com a dose recomendada de fertilizantes NPK ao milho aumentou significativamente a absorção de N para 93,1 kg ha^{-1} e 77,2 kg ha^{-1} , a absorção de P para 19,0 e 14,9 kg ha^{-1} e a absorção de K para 233,8 e 186 kg ha^{-1} respetivamente, no grão e na palha de milho.

Parmar e Sharma (1998) relataram, após a realização de uma experiência de campo em Palampur com trigo, que entre as combinações de níveis de fósforo (0,26,52,78 kg/ha) e coberturas (sem cobertura, agulhas de pinheiro, ghaneri e cobertura de polietileno), foi registada uma absorção total de fósforo significativamente mais elevada com a combinação de 75 kg de P O$_{25}$ juntamente com cobertura de polietileno transparente.

Vasanthi e Kumaraswamy (2000) realizaram uma experiência de campo durante 1993-94 em Tamilnadu, num solo argiloso, e referiram que o teor e a absorção de N, P e K eram significativamente mais elevados nos tratamentos que receberam estrume de aves de capoeira ou estrume de ovinos-caprinos a 10 t/ha com 50 % do calendário NPK recomendado do que os rendimentos no tratamento que tinha recebido apenas NPK.

Brar *et al.* (2001), a partir de um ensaio de campo realizado em Ludhiana na estação *Kharif* em milho, relataram que a absorção de NPK foi significativamente maior sob 150 Kg N + 41,3 Kg P O$_{25}$ juntamente com 10t FYM por ha do que o resto das combinações de tratamento.

Nanjappa *et al.* (2001) efectuaram um ensaio com milho para estudar o efeito da gestão integrada de nutrientes em Hebbal, Karnataka, num solo franco-arenoso, com baixo teor de N e K disponíveis$_2$ O e médio teor de P disponível O$_{25}$. Os dados de absorção de N, P e K mostraram que a absorção de nutrientes de N, P e K foi significativamente superior com 75 % FTR + FYM @ 6 t/ha em relação a 100 % FTR (150 : 75 : 40 kg NPK/ha), 50 % FTR + FYM @ 12 t/ha, FYM @ 24 t/ha tratamentos de gestão de fertilidade, durante 1998.

Parmar e Sharma (2001) realizaram uma experiência de campo na Estação Regional de Investigação, Bajaura, com milho híbrido. Os resultados indicaram que a absorção total de azoto pelo milho híbrido aumentava com o aumento do nível de azoto e da farinha de aveia, devido a uma melhor proliferação do sistema radicular, o que resultava numa melhor absorção de água e nutrientes.

Wagh (2002) concluiu, a partir de um ensaio de campo realizado na Faculdade de Agricultura de Pune com milho doce, que a absorção de nutrientes (NPK Kg por ha) foi significativamente maior com a aplicação de 100% de FTR (225:50:50 Kg NPK por ha) + 5 t de FYM por ha + Azatobactor + PSB do que com outros níveis de fertilizante e FYM.

Raje mahadik (2003), depois de realizar um ensaio de campo em Dapoli sobre o amendoim, relatou que o azoto total, o fósforo e o potássio eram significativamente mais elevados sob as combinações de cobertura morta de polietileno juntamente com 10 t de FYM por ha e a dose recomendada de azoto 50 kg/ha, fósforo 10 kg/ha e 50 kg/ha de potássio do que sem tratamento de cobertura morta.

Reddy *et al.* (2005) efectuaram um ensaio com milho em Bangalore, durante as estações *rabi* de 2001-02 e 2002-03. Os dados sobre o rendimento proteico revelaram que o rendimento proteico máximo foi registado com FYM @ equivalente ao N recomendado (25 kg) + 75 : 40 kg P O_{25} : K_2 O/ha, que foi igual ao FYM @ N recomendado sozinho, 25 : 45 : 40 kg N : P O_{25} : $K2O/ha$ + 10 t FYM/ha e todos estes tratamentos foram significativamente superiores ao controlo, durante ambos os anos de estudo. A mesma tendência foi observada no caso da média agrupada.

Karki *et al.* (2005) realizaram uma experiência no Indian Agricultural Research Institute, em Nova Deli, com milho e relataram que a aplicação de 120 kg de N + 10 t de FYM por ha foi significativamente mais elevada na absorção de nutrientes de 111,54 kg de azoto, 37,35 kg de fósforo e 87,51 kg de potássio por ha do que a outra combinação de tratamentos.

Singh e Agarwal (2005) concluíram, a partir de um ensaio de campo realizado em Hisar com trigo, que a absorção total de NPK (kg por ha) foi significativamente maior com 30 t de FYM por ha + 180 kg de N em relação ao resto da combinação de tratamentos.

Aplicação de FYM @ 15 t/ha + NPK @ 75:75:50 kg/ha + panchagavya @ 3 por cento aplicação foliar (T_{10}) registou o maior teor de nutrientes de 2,88, 0,32 e 3,12 por cento N, P e K respetivamente e absorção de 80,47, 8,94 e 87,18 kg/ha de N, P e K respetivamente (Sanjutha *et al.* 2006).

Gosavi (2006), após ter efectuado um ensaio de campo em Aspee Foundation, Thane, com milho doce, referiu que a absorção de N, P e K pela cultura no grão, caule e folhas era significativamente mais elevada com a combinação de coberturas de polietileno e FTR do que com as restantes combinações de tratamentos.

Gosavi (2006), após ter efectuado um ensaio de campo em Aspee Foundation, Thane, com milho doce, referiu que a combinação de FTR e 20 t FYM ha[1] a absorção de nutrientes, ou seja, N, P e K, foi significativamente mais elevada com esta combinação do que com as outras combinações.

2.5.5. . Caracteres de qualidade INM

Kamalakumari e Singaram (1996b) relataram, após um ensaio de campo realizado em Coimbatore com milho, que o açúcar redutor, os açúcares totais, a proteína bruta, o amido, os hidratos de carbono totais e a percentagem de fenol melhoraram com a aplicação de 100 kg de N : 40 kg de P O_{25} : 40 kg de K_2 O juntamente com 10t de FYM por ha do que as restantes combinações de tratamento.

Wagh (2002) relatou, após um ensaio de campo realizado na Faculdade de Agricultura de Pune com milho doce, que o teor de proteínas no grão e na forragem verde, o teor de sacarose no grão e a leitura Brix do grão não foram afectados significativamente, mas melhoraram ligeiramente com a aplicação de 100% de FTR (225:50:50 Kg NPK por ha) + 5t FYM por ha + Azatobactor + PSB do que com outros níveis de fertilizante e FYM.

A aplicação de FYM @ 15 t/ha + NPK @ 75:75:50 kg/ha + panchagavya @ 3 por cento de aplicação foliar (T_{10}) registou o maior conteúdo de andrographolide 1,31 por cento e rendimento 8,11 kg/ha seguido de FYM @15 t/ha + panchagavya @ 3 por cento de aplicação foliar (Sanjutha *et al.* 2006).

Economia

Gawade (1998) depois de fazer uma análise económica de um ensaio de campo foi conduzido na Fundação ASPEE, fazenda Tansa (Thane) em milho doce relatou que a aplicação de 100kg N + 50 kgP O_{25} + 50 kg K_2 0/ha deu o maior lucro líquido (Rs.7249.45/ha) e também a maior relação B:C (1:1.30) do que o resto das combinações NPK e controle.

Thakur *et al.* (1998) relataram, após um ensaio de campo realizado em Bajaura (H.P.) com milho para bebé, que o rendimento líquido máximo de Rs. 59.938 por ha e a relação B : C de 2,82 sob 200 kg de N do que os restantes níveis de azoto.

Chandrashekara *et al.* (2000) realizaram uma experiência de campo em Arabhavi, Karnataka, durante a estação kharif de 1996 e relataram que a aplicação de estrume de aves de capoeira (10 t/ha) com a taxa recomendada de fertilizantes (RRF 150 kg N/ha em três doses divididas) resultou em retornos líquidos mais elevados (Rs. 8875/ha) e rácio custo-benefício (11,51). Os retornos líquidos e benefícios obtidos foram mais baixos no vermicomposto devido ao alto custo do vermicomposto (Rs. 2000/t).

Sahoo e Panda (2000) efectuaram ensaios em campos de agricultores durante dois anos consecutivos, 1996 e 1997, em Joshipur, Orissa. Os resultados mostraram que os rendimentos líquidos de Rs.10100 por ha foram registados ao máximo com FYM @ 5 t/ha + 80 : 40 : 40 kg NPK/ha em comparação com 80:40: 40 kg NPK/ha sozinho e controlo, durante ambos os anos de estudo.

Sarma *et al.* (2000) relataram, após um ensaio de campo conduzido na Universidade Agrícola de Assam, Diphu, sobre o milho, que o retorno líquido de Rs. 8.266 por ha e o rácio B : C de 2,66 e o retorno líquido de Rs. 4.511 por ha e o rácio B : C de 2,49 sob 120 kg de N e 60 kg de P O_{25} por ha do que os restantes níveis de N e P O_{25} .

Singh e Sarkar (2001) relataram, após um ensaio de campo conduzido na Universidade Agrícola de Birsa, Ranchi, sobre o milho, que o lucro líquido de Rs. 20.000 por ha e a relação B: C de 2,55 sob 210 kg de N, 90 kg de P O_{25} e 150 kg de K_2 0 por ha do que os restantes níveis de fertilizantes.

A maior relação custo-benefício foi registada sob *Panchagavya* pulverizado juntamente com a aplicação basal de estrume de aves de capoeira e torta de neem com e sem fertilizantes, tanto na cultura principal como na soca de moringa anual (Beaulah, 2001).

Ao reduzir os dispendiosos factores de produção químicos, *o Panchagavya* assegurou ganhos económicos (Natarajan, 2002).

Somsundaram (2003) relatou que a receita adicional de Rs. 1.027 /- por ha. Foi obtido através de Panchagavya spray @ 3 por cento sobre o controle (com RDF sozinho). Foi observada uma relação B:C mais alta (3,73) sob a pulverização de Panchagavya @ 3 por cento pulverizada em grama verde aos 15, 25, 40 e 50 dias após a semeadura.

Verma *et al.* (2003) relataram, após a realização de um ensaio de campo com milho em Kanpur, que o rendimento bruto e o lucro líquido eram mais elevados com a aplicação de FYM @ 5 t por ha, o que era significativamente superior ao controlo.

Kunjir (2004) realizou um ensaio de campo na Faculdade de Agricultura, Dapoli, com milho doce e registou um lucro líquido significativamente mais elevado de Rs

24061,64 por ha e o rácio B: C mais elevado de 1,41 com 225 kg de azoto por ha do que com os restantes níveis de azoto.

Kanimozhi (2004) também observou que os maiores retornos líquidos de Rs. 1,06,124 ha^{-1} e BCR de 3.64 foram registados na combinação de tratamento de FYM 10 t ha^{-1} + Panchagavya 3 por cento pulverização foliar em brahmi.

Na beladona, o maior retorno líquido com um BCR de 4,22 foi observado com a combinação de tratamento de espaçamento mais próximo + RDF (NPK @ 90:50:60 Kg ha^{-1}). No entanto, foi igual à combinação de tratamento espaçamento mais próximo + Panchagavya 3 por cento que registou um BCR de 4,20 de acordo com Sivakumar (2004).

Sahoo e Mahapatra (2005) relataram, após um ensaio de campo conduzido em Jashipur com milho doce, que o lucro líquido máximo de Rs. 11.500 por ha e a relação B : C de 2,05 sob 120 kg de N, 26,2 kg de P O_{25} e 50 kg de K_2 O por ha em relação ao controlo e aos níveis de fertilizantes.

Khadtare *et al.* (2006) realizaram o trabalho de pesquisa na fazenda da faculdade da Universidade Agrícola de Anand, Anand, durante a temporada de rabi de 2005-06 e relataram que valores significativamente mais altos foram registrados em relação à espiga verde e ao rendimento de forragem verde, indicando o retorno líquido máximo no tratamento T_{10} (Rs. 68.565/ha) (RDF 150:50:0 NPK/ha) seguido por T_4 (Rs. 65.833/ha) (75 % RDN + 25 % N através de VC preparado a partir de *Parthenium hysterophorous* L.) e T_6 (Rs. 63.310/ha) (75 % RDN + 25 % N através de VC preparado a partir de *Amaranthus spinosus* Linn.).

Yadav e Christopher (2006) realizaram uma experiência na Universidade Agrícola de Tamilnadu, Coimbatore, em 2004, com uma cultura de arroz biológico e relataram que a pulverização de 3 % de panchagavya registou rendimentos brutos significativamente mais elevados (Rs. 37.608 /ha), retorno líquido (Rs. 17.822 /ha) e relação custo-benefício (1,91) em comparação com a pulverização sem panchagavya (Rs. 34.612/ha, Rs. 15.586/ha e 1,80, respetivamente).

Entre os diferentes bio-reguladores, a pulverização foliar de panchagavya 4 % registou os maiores retornos líquidos de Rs. 52.880 e Rs. 54.680 com a relação custo-benefício de 2,61 e 2,66 nas estações kharif e rabi, respetivamente, o que é economicamente viável (Ganesh et al. 2006).

Gosavi (2006), após ter efectuado um ensaio de campo com milho doce na fundação Aspee, Thane, observou que o rendimento bruto, o lucro líquido e o rácio B:C eram mais elevados com a cobertura morta de polietileno, o FTR e 20 t/ha de FYM do que com os restantes tratamentos.

Zende (2006) conduziu uma experiência de campo no Departamento de Agronomia, Dr. B.S.K.K.V. Dapoli durante 2004-05 e 2005-06 e relatou que o custo de cultivo, os retornos brutos, os retornos líquidos e a relação B: C foram registados no máximo com o nível de 150% de FTR, seguido de 100% de FTR, 50% de FTR e o menor com o controlo durante ambos os anos.

O custo de cultivo foi máximo com o FYM @ 20 t/ha em comparação com outros níveis de FYM, devido ao maior custo de FYM. Os retornos brutos foram máximos com FYM @ 10 t/ha durante ambos os anos. Os retornos líquidos foram máximos com FYM @ 10 t/ha durante 2004-05 e com controlo durante 2005-06. A relação B: C foi registrada no máximo com o controle durante os dois anos de experimentação.

Propriedades químicas do solo

Fertilizante:

Bajwa e Paul (1978) conduziram uma experiência de fertilização a longo prazo no milho em Ludhiana, Punjab, durante 1972-73 e 1973-74 em areia argilosa com 289, 8,9 e 160 kg de N disponível, $P O_{25}$ e $K_2 O$/ha no início da experiência. Depois de 1973-74 o conteúdo de nutrientes no solo foi registado o máximo de azoto com N @ 200 kg/ha, Fósforo e potássio com 200 :100 : 100 kg NPK/ha, que foram significativamente superiores ao estado inicial e controlo.

Singh *et al.* (1980) conduziram um ensaio em Hissar, Haryana, para estudar o efeito do uso contínuo de FYM e fósforo nas propriedades químicas do solo. No caso dos níveis de fósforo, o conteúdo de N disponível foi máximo com 120 kg de $P O_{25}$/ha e foi igual a 60 e 30 kg de $P O_{25}$/ha e significativamente superior ao controlo e ao estado inicial, mas o conteúdo de P disponível O_{25} foi registado no máximo com 120 kg de P O_{25}/ha,

que estava a par com 60 kg P_2O_5/ha e significativamente superior a 30 kg P_2O_5/ha, controlo e estado inicial.

Minhas e Mehta (1984) conduziram uma experiência de campo de longo prazo para estudar o efeito dos níveis de fertilizante em solo argiloso, médio em N disponível e $K_2 O$ e alto em P_2O_5 disponível. O N disponível foi registado no máximo com 50% RDF sobre 100% (120: 60: 60 kg NPK/ha), 75% e 25% RDF e controlo. O P disponível O_{25} foi registado no máximo com 100% RDF sobre os restantes níveis de fertilizante e conteúdo inicial no início da experiência. No caso do K disponível$_2$ O, observou-se a mesma tendência que a do azoto. A aplicação de fertilizantes com doses crescentes diminuiu o N disponível, o P O_{25} e o K_2 O em relação aos valores iniciais, exceto no caso do P O_{25} , que foi registado no máximo com 100% de FTR, o que foi superior aos valores iniciais.

Roy e Kumar (1990) realizaram uma experiência de campo com milho para estudar o efeito dos níveis de potássio em Kanke, Bihar, durante 1986-87 e 1987-88. A aplicação de K em taxas crescentes de 17, 34, 51, 67 kg K_2 O/ha, aumentou o K disponível$_2$ O com tendência crescente, máximo com 76 kg K_2 O/ha. A aplicação de K_2 O aumentou o K disponível$_2$ O em relação ao conteúdo inicial. O controlo diminuiu o teor de potássio no solo, após 2 anos de cultivo.

Singaram e Kothandaraman (1993) realizaram uma experiência de campo com milho para estudar a resposta dos níveis de fósforo em Coimbatore, Karnataka, num solo argiloso com 59,2, 4,2 e 290 mg/kg de N, P e K, respetivamente. O P disponível (mg/kg) foi registado significativamente superior com 90 kg P O_{25}/ha sobre 60 e 30 kg P O_{25}/ha.

Dev e Bhardwaj (1994) realizaram um ensaio de campo com milho em Palampur, Himachal Pradesh, num solo de textura pesada, deficiente em P e K. A percentagem de azoto total nas camadas de solo de 0 - 7,5 cm e 7,5 -15 cm foi significativamente superior com 120 kg N/ha em relação a 60 kg N/ha e ao controlo após a colheita do milho, durante 1984-85 e 1985-86. O P e K disponíveis foram registrados no máximo com o controle e diminuíram com o aumento dos níveis de nitrogênio, durante os dois anos após a colheita do milho.

Suri *et al.* (1995) conduziram uma experiência de campo sobre a gestão de fertilizantes para o milho em Akrat, Himachal Pradesh, durante o *kharif* 1991, num solo arenoso, médio em azoto e potássio disponíveis e baixo em fósforo disponível. O nitrogênio e o fósforo disponíveis na colheita da cultura do milho foram registrados significativamente superiores com 90: 45: 20 kg NPK/ha sobre 60: 30: 20 kg NPK/ha, 60: 30 kg NP/ha, 80, 60 e 40 kg N/ha sozinho e controle. No caso do FYM, eles foram registrados significativamente superiores com FYM @ 10 t / ha sobre o controle.

Krishnan e Lourduraj (1997) realizaram uma experiência de campo em Coimbatore, Tamil Nadu, em dois tipos de solo: solo vermelho e solo preto, de textura franco-arenosa e franco-argilosa, respetivamente. O teor inicial de N disponível, P2O5 e

K2O foi de 142 e 104, 9,0 e 5,8 e 514 e 296 kg/ha em solo vermelho e preto, respetivamente. Os teores de N disponível e P disponível O25 no solo vermelho foram significativamente superiores com 150 kg N/ha em relação a 100, 50 e 0 kg N/ha. O teor de N disponível no solo preto foi registado no máximo com 100 kg N/ha, que foi igual a 50 e 150 kg N/ha e significativamente superior ao controlo. O teor de K disponível2 O no solo vermelho foi máximo com 150 kg de N/ha, que foi igual a 100 kg de N/ha e ambos os tratamentos foram significativamente superiores ao controlo e a 50 kg de N/ha. O K disponível2 O no solo preto foi registado no máximo com 150 kg N/ha, que foi igual a 100 kg N/ha e significativamente superior a 50 kg N/ha e ao controlo.

Hazra e Tripathi (1999) realizaram uma experiência de campo com milho em Jhansi, Uttar Pradesh, durante as estações *rabi* de 1992-93 e 1993-94 num solo calcário vermelho arenoso com 186, 7,5 e 115 kg/ha de N disponível, P O25 e K2 O, respetivamente. Os dados sobre o estado de fertilidade do solo após dois anos mostraram que o N disponível, o P O25 e o K2 O foram registados no máximo com 120 kg de N/ha de aplicação, o que foi igual a 90 kg de N/ha. A aplicação de 60 kg N/ha ou mais aumentou o estado nutricional do solo em relação ao estado inicial, mas a aplicação de 30 kg N/ha e o controlo reduziram o teor de nutrientes em relação ao valor inicial.

Parmar e Sharma (2001) realizaram um ensaio com milho em Bajaura, Himachal Pradesh, durante a estação *da colheita* de 1997, num solo franco-arenoso, com baixo teor de azoto disponível, teor médio de fósforo disponível e elevado teor de potássio. Os dados sobre o estado nutricional do solo revelaram que o azoto disponível e o potássio foram significativamente superiores com 120 kg N/ha em relação a 90, 60 e 30 kg N/ha. O teor de fósforo disponível no solo foi registado como máximo com 120 kg N/ha.

Jayaprakash *et al.* (2004[b]) efectuaram um ensaio com milho para estudar o efeito dos produtos orgânicos e inorgânicos no estado dos nutrientes disponíveis no solo após a colheita do milho em Raichur, Karnataka, durante a estação *da colheita de* 2000-01, num solo argiloso com 235,6, 30,40 e 299,60 kg/ha de N disponível, P O25 e K2 O, respetivamente. No caso dos níveis de fertilizantes, o azoto disponível foi significativamente superior com 200% de FTR em relação a 175%, 150% 125% e 100% (150 : 75 : 37,5 kg NPK/ha) de FTR. O fósforo e o potássio disponíveis foram registados ao máximo com 200% FTR, que foi igual a 175% FTR e significativamente superior aos restantes níveis de fertilizante.

Tiwari *et al.* (2004) realizaram uma experiência em Udaipur, Rajasthan, durante

1998-99 e 1999-2000 num solo franco-arenoso, com baixo teor de azoto disponível, com 1998 kg de azoto total, 13,6 kg de P disponível O_{25} e 181 kg de K disponível$_2$ O/ha. O azoto total do solo após dois anos de ciclo de milho e trigo, foi registado no máximo com 120 kg N/ha, que foi a par com 90 kg N/ha e ambos os níveis de azoto foram significativamente superiores a 60, 30 e 0 kg N/ha.

Kathuria *et al.* (2005) realizaram uma experiência de campo em Hisar, durante 1994-95 e 1995-96, num solo franco-arenoso, com baixo teor de azoto disponível, médio teor de fósforo disponível e elevado teor de potássio disponível. No caso dos níveis de fertilizantes, o máximo de azoto disponível foi registado com 160 kg N/ha, que foi igual a 100% NPK com base no teste do solo e significativamente superior a 90 kg N/ha + inoculação de sementes de azotobacter, 120 kg N/ha, 60 kg N/ha e controlo. A aplicação de azoto por si só diminuiu o P disponível O_{25} em relação ao controlo.

Fertilizante orgânico:

Sarkar *et al.* (1973) efectuaram uma experiência de gestão em Hisar, Haryana. Estudaram diferentes propriedades físicas do solo após 3 anos de experimentação e concluíram que a densidade aparente do solo não foi afetada pela aplicação de FYM @ 0, 15, 30 e 45 t/ha, durante 1970-71.

Singh *et al.* (1980) efectuaram um ensaio em Hissar, Haryana, para estudar o efeito da utilização contínua de FYM e fósforo nas propriedades químicas do solo. Os dados sobre os nutrientes disponíveis após 4 anos de estudo mostraram que o estado disponível de N e P O_{25} foi registado no máximo com FYM @30 t/ha, que foi igual a 15 t FYM/ha e ambos os níveis de FYM foram significativamente superiores ao controlo e ao estado inicial do solo. O K disponível$_2$ O foi registado no máximo com 30 t de FYM/ha, que foi igual a 15 t de FYM/ha e significativamente superior ao controlo e ao estado inicial.

Pawar *et al.* (1991) realizaram um ensaio com milho em Pune, Maharashtra, para avaliar o efeito do chorume de biogás e dos níveis de azoto, durante a estação *Kharif* de 1987, num solo de textura franco-argilosa, com baixo teor de azoto total, teor médio de P disponível O_{25} e bastante rico em

K_2 O. A % de azoto total e o $K_{2}O$ disponível (kg/ha) foram significativamente superiores com 10 t de chorume de biogás/ha em relação a 7,5, 5,0 e 0 t de chorume de biogás/ha. A aplicação de chorume de biogás aumentou significativamente o P2O disponível$_5$ (kg/ha) em relação ao controlo. A % de azoto total, P2O disponível$_5$ e K_2 O registaram o máximo com 100 kg N/ha em relação a 50 kg N/ha e ao controlo. A densidade aparente diminuiu com o aumento dos níveis de azoto, mas não atingiu o nível de significância.

Ramamurthy e Shivashankar (1996) efectuaram uma experiência de campo com milho em Hebbal, Karnataka, num solo franco-arenoso, com um teor médio de N e P disponíveis O_{25} e um teor elevado de K disponível$_2$ O. Os dados sobre o estado dos nutrientes do solo após a colheita do milho mostraram que o N disponível, o P O_{25} e o K_2 O registaram os valores mais elevados com matéria orgânica @10 t/ha, que eram inferiores aos valores iniciais do solo. No caso dos níveis de fósforo, o N disponível no solo diminuiu com o aumento dos níveis de fósforo. O P disponível O_{25} e o K_2 O após a colheita da cultura do milho foram significativamente superiores, com 56,25 kg de P O_{25} /ha acima de 37,5 kg de P O_{25} , estes valores também foram superiores ao estado inicial no caso do fósforo, mas inferiores no caso do azoto e do potássio.

Nanjappa *et al.* (2001) efectuaram um estudo sobre o milho para estudar o efeito da gestão integrada de nutrientes em Bangalore, Karnataka, durante as épocas de *colheita* de 1997 e 1998, num solo franco-arenoso, com baixo teor de N e K disponíveis$_2$ O e médio teor de P disponível O_{25} . Os resultados mostraram que o N disponível, P O_{25} e K_2 O foram encontrados no máximo com FYM @ 24 t/ha sobre RDF (150 : 75 : 40 kg NPK/ha), 75% RDF + FYM @ 6 t/ha, 50% RDF + FYM @12 t/ha tratamentos.

Parmar e Sharma (2001) realizaram um ensaio com milho em Bajaura, Himachal Pradesh, durante a época *da colheita* de 1997, num solo franco-arenoso, com baixo teor de azoto disponível, teor médio de fósforo disponível e elevado teor de potássio. No caso dos níveis de FYM, o N disponível, o P O_{25} e o K_2 O foram registados como significativamente superiores com FYM @ 20 t/ha em relação a 15 e 10 FYM/ha.

Jayaprakash *et al.* (2004[b]) realizaram um ensaio com milho para estudar o efeito dos produtos orgânicos e inorgânicos no estado dos nutrientes disponíveis no solo após a colheita do milho em Raichur, Karnataka, durante a estação *da colheita* de 2000-01 num solo argiloso com 235,6, 30,40 e 299,60 kg/ha de N disponível, P O_{25} e K_2 O, respetivamente. O N disponível, o P O_{25} e o K_2 O após a colheita da cultura do milho foram significativamente superiores com FYM @10 t/ha em relação ao controlo.

Kathuria *et al.* (2005) realizaram uma experiência de campo em Hisar, durante 1994-95 e 1995-96, num solo franco-arenoso, com baixo teor de azoto disponível, médio teor de fósforo disponível e elevado teor de potássio disponível. O N disponível e o P O_{25} foram registados como significativamente superiores com FYM @ equivalente a 60 kg

N/ha. A densidade aparente do solo diminuiu com a aplicação de FYM @ equivalente a 60 kg N/ha em relação ao controlo e ao estado inicial.

Singh *et al.* (2005) efectuaram uma experiência de campo com milho em Nova Deli, durante 1999-2000, num solo franco-arenoso. A aplicação de chorume de biogás a 5, 10 ou 15 t/ha aumentou o N disponível, o $P O_{25}$ e o $K_2 O$ após a cultura do milho em relação ao estado inicial.

Mathan *et al.* (2000) referiram que os adubos orgânicos (estrume de aves de capoeira, estrume de quintal, palha de milho e resíduos de algodão) registaram uma maior disponibilidade de potássio do que os adubos inorgânicos, tendo-se verificado também melhorias na disponibilidade de água e uma redução da densidade aparente. Canali *et al.* (2000) referiram que a disponibilidade de azoto era a mesma nas parcelas aplicadas com estrume de aves, em comparação com os fertilizantes inorgânicos.

Os compostos de resíduos de gado leiteiro e de aves de capoeira aplicados libertaram aproximadamente 31,5 e 51,3 por cento de azoto, respetivamente, e também diminuíram a lixiviação de nitratos para a camada mais profunda do solo na zona de Kyushu (Yanwang *et al.*, 2002).

Sathesh (1998) referiu que a aplicação de FYM + bagaço de neem e FYM + estrume de aves de capoeira deixou o N disponível no solo significativamente mais elevado após a colheita da cultura do arroz, tanto na estação *rabi* como na estação *kharif*. A FYM, quando aplicada juntamente com a torta de neem, também aumentou o teor de carbono orgânico do solo. Dhiman *et al.* (1998) afirmaram que a aplicação de FYM @ 10t ha^{-1} + cent por cento da dose recomendada de N aumentou o conteúdo de carbono orgânico do solo.

A medula de coco é utilizada como material incorporado para aumentar a capacidade de retenção de água do solo, para uma melhor conservação da humidade do solo e para uma elevada capacidade de retenção de humidade do solo. Subramanian *et al.* (2001) verificaram que o teor de humidade do solo era superior ao controlo em 1,72% com a incorporação de medula de coco. A densidade aparente do solo diminuiu progressivamente com o aumento da medula de coco de 5 para 20 toneladas por hectare. A medula de coco continha 0,26 por cento de N, 0,01 por cento de P e 0,78 por cento de K. e o rácio CN era de 112:1 e também quantidades variáveis de nutrientes secundários e micro nutrientes como cálcio, magnésio, ferro, manganês, zinco e cobre (Nagarajan *et al.*, 1985). Além disso, sabe-se que o composto de fibra de coco minimiza o uso de fertilizantes potássicos (Savithri *et al.*, 1993).

Cobertura vegetal de polietileno:

Panchagavya:

INM:

Gattani *et al.* (1976) efectuaram uma experiência de fertilização a longo prazo em areia argilosa em Jaipur, Rajasthan. Após cinco anos, verificaram que a aplicação de N, P, K, N + P, N + K, N + P + K, ½ FYM + ½ NPK e tratamentos FYM (N@ 175 kg, P@ 33 kg, K @ 40 kg e FYM @ 40 t/ha) não afectou significativamente a densidade aparente do solo.

Prasad e Singh (1980) conduziram uma experiência permanente de adubação em Ranchi, Bihar, durante 20 anos, num solo franco-arenoso, com baixo teor de azoto e fósforo disponíveis e alto teor de potássio disponível. No caso dos nutrientes disponíveis, após 20 anos de estudo, mostraram que a aplicação de FYM @ 20 t/ha + P @ 80 kg/ha melhorou significativamente o P disponível O_{25}/ha em relação ao controlo, azoto @100 kg/ha sozinho e estado inicial. O nitrogênio disponível foi registrado no máximo com a aplicação de 100 kg de N / ha sozinho, que foi significativamente superior ao controle, N P, N P K, FYM, FYM + P e FYM + PK (N @ 100 kg, P @ 80 kg, K @ 60 kg e FYM @ 20 t / ha) e sobre o conteúdo inicial de nitrogênio disponível. No caso das propriedades físicas, a densidade aparente não foi afetada pela aplicação de vários fertilizantes e tratamentos de FYM durante 20 anos. O espaço poroso foi registado no máximo com o tratamento N P, que foi melhorado em relação ao estado inicial, mas a aplicação de FYM diminuiu significativamente a % de espaço poroso em relação ao controlo e ao valor inicial.

Prasad e Singh (1981) efectuaram um ensaio de campo em solo franco-arenoso, com 295, 12,6 e 110,3 kg de azoto disponível, $P\,O_{25}$ e $K_2\,O$/ha em Kanke, Bihar. O azoto e o fósforo disponíveis foram significativamente superiores com 150 % NPK em relação a 50 % NPK, 100 % NPK, 100%NP, 100%N, 100% NPK + FYM @ 15 t/ha e controlo após 6 ciclos de rotação de culturas de soja-potássio-trigo. O potássio disponível foi registado significativamente superior com o tratamento 100% NPK + FYM @15 t/ha em relação aos restantes tratamentos.

Prasad *et al.* (1983) efectuaram uma experiência de fertilização a longo prazo em Kanke, Bihar, num solo argiloso com 295, 12,8 e 110 kg de N disponível, $P\,O_{25}$ e K_2 O/ha. O N disponível foi significativamente superior com 150 % NPK em relação a 50%

NPK, 100 % NPK, 100% NP, 100% N, 100% NPK + FYM @15 t/ha e controlo e também em relação ao valor inicial. O P disponível O_{25} foi registado no máximo com 150% NPK, que foi igual a 100% NPK + FYM @15 t/ha e significativamente superior aos restantes níveis de fertilizante. O K disponível$_2$ O foi registrado no máximo com 100% NPK + FYM @15 t/ha, que foi igual a 150% NPK e significativamente superior ao resto dos tratamentos e conteúdo inicial após 6 ciclos de rotação soja-potássio-trigo. No caso da densidade aparente, a aplicação de 100% NPK, 150% NPK, 100% N e o controlo aumentam significativamente a densidade aparente em relação ao valor inicial.

Suri *et al.* (1995) realizaram uma experiência de campo sobre a gestão de fertilizantes para o milho em Akrat, Himachal Pradesh, durante a *colheita de* 1991, num solo franco-arenoso, com um teor médio de azoto e potássio disponíveis e um teor baixo de fósforo disponível. No caso do efeito de interação entre a mistura de terra arável e os níveis de fertilizante, registou-se uma disponibilidade significativamente superior de N e $P2O_5$ com a combinação de tratamento de 10 t/ha de mistura de terra arável + 90 : 45 : 20 kg de NPK/ha em relação às restantes combinações de tratamento.

Reddy e Reddy (1998) realizaram uma experiência sobre o sistema de cultivo milho-soja em Rajendranagar, Hyderabad, Andhra Pradesh, durante 1994-95 e 1995-96 em franco-arenoso com 202, 18,5 e 296,5 kg/ha de N disponível, P O_{25} e K_2 O, respetivamente. O estado dos nutrientes no solo após dois ciclos de cultivo mostrou que o N disponível, o P O_{25} e o K_2 O foram registados ao máximo com 100% de N através do tratamento FYM, que foi igual a 25% de N através de ureia + 75% de N através de FYM e 50% de N através de ureia + 50% de N através de tratamentos FYM. Todos estes três tratamentos foram significativamente superiores a 75% de N através de ureia + 25% de N através de FYM, dose recomendada de fertilizante através de fertilizantes químicos e controlo.

Vasanthi e Kumaraswamy (2000) efectuaram um ensaio de campo com milho forrageiro em Madurai, Tamil Nadu, durante 1993 e 1994 num solo argiloso vermelho com 207, 12,9 e 319 kg/ha de N disponível, P O_{25} e K_2 O, respetivamente. O estado nutricional do solo após dois anos mostrou que o N disponível foi registado ao máximo com FYM @10 t/ha + 100% NPK (60 : 40 : 20 kg NPK/ha), que estava a par com FYM @ 5 t/ha + 100% NPK, FYM @ 10 t/ha + 50% NPK, FYM @ 5 t/ha + 50% NPK e 100% NPK e significativamente superior a 50% NPK sozinho. O P disponível O_{25} foi registado no máximo com FYM @10 t/ha + 100% NPK, que estava a par com FYM @ 5 t/ha + 100% NPK e significativamente superior ao resto dos tratamentos. No caso do K disponível$_2$O, verificou-se que era significativamente superior com FYM @ 10 t/ha + 50% NPK em relação aos restantes tratamentos.

Kumar *et al.* (2002[a]) realizaram uma experiência de campo com milho híbrido em Kangra, Himachal Pradesh, durante as épocas de *colheita* de 1998 e 1999 num solo argiloso com 450, 44,8 e 128,4 kg/ha de N, P2O5 e K2O disponíveis, respetivamente. O N disponível e o K2O foram registados como significativamente superiores com FTR (120 : 60 : 40 kg NPK/ha) + FYM @ 10 t/ha em relação a 100% FTR, 50% FTR + 10 t FYM/ha e 150% FTR. O P disponível O$_{25}$ foi registado no máximo com FTR + FYM @10 t/ha, que foi igual a 50% FTR + FYM @10 t/ha e significativamente superior ao resto dos tratamentos.

Singh e Totawat (2002) realizaram uma experiência com milho para avaliar o efeito da utilização integrada de azoto através de fertilizantes, estrume orgânico e inoculação de sementes com azotobactérias em Udaipur, Rajastão, durante a época de *colheita* de 1995, num solo argiloso, com um teor médio de azoto disponível e um teor elevado de fósforo e potássio disponíveis. O azoto e o fósforo disponíveis foram significativamente superiores com estrume orgânico como fonte de azoto em relação ao azoto através de fertilizantes químicos e fertilizantes químicos + estrume orgânico. O potássio disponível foi registado no máximo com estrume orgânico, que foi igual ao fertilizante químico + estrume orgânico e significativamente superior aos fertilizantes químicos. No caso dos níveis de azoto, o azoto disponível e o fósforo foram significativamente superiores com 100% de N (90 kg/ha) em relação a 75 e 50% de N. O potássio disponível máximo foi registado com 100% de N, que foi igual a 75% de N e ambos os níveis de azoto foram significativamente superiores a 50% de N. A aplicação de azotobacter como inoculação de sementes aumentou o azoto disponível, o fósforo e o potássio em relação à não inoculação, mas não atingiu o nível de significância.

Nalatwadmath *et al.* (2003) realizaram uma experiência de fertilidade a longo prazo para estudar o efeito da utilização contínua de estrumes e fertilizantes numa rotação fixa de milho-cártamo/grama de bengala em Bellary, Karnataka, num solo argiloso, com baixo teor de azoto e fósforo disponíveis e elevado teor de potássio disponível. Os dados sobre as propriedades do solo após 15 anos de investigação mostraram que a % de N total foi significativamente superior com FTR + FYM @ 5 t/ha por ano em relação a NPK com base no teste do solo + FYM @ 5 t/ha por ano, FYM @ 15 t/ha uma vez em três anos, FYM @ 5 t/ha por ano, NPK com base no teste do solo, NP com base no teste do solo, N com base no teste do solo, FTR e controlo. O fósforo disponível foi registado ao máximo com FTR + FYM @ 5 t/ha por ano, o que foi igual ao NPK baseado no teste do solo + FYM @ 5 t/ha por ano e significativamente superior ao resto dos tratamentos. O potássio disponível foi registado ao máximo com FYM @ 5 t/ha por ano e FYM @15 t/ha uma vez em três anos em relação aos restantes tratamentos.

CAPÍTULO III

MATERIAIS E MÉTODOS

Os pormenores relativos aos materiais utilizados e aos métodos seguidos durante a presente investigação intitulada "**Efeitos da gestão integrada de nutrientes e da cobertura morta de polietileno no desempenho do milho doce (*Zea mays saceharata*) em solos lateráticos do konkan**" são explicados no capítulo seguinte.

I] Sítio experimental

A experiência foi conduzida na quinta de Agronomia, Faculdade de Agricultura, Dr. Balasaheb Sawant Konkan Krishi Vidyapeeth, Dapoli, Dist. Ratnagiri (M.S.), durante as épocas *rabi* de 2005-06 e 2006-07 na parcela n.º 69 do bloco "C".

II] Clima e condições climatéricas:-

A quinta agronómica da Faculdade de Agricultura de Dapoli está situada a $17,4^0$ N de latitude e $73,1^0$ E de longitude, com uma altitude de 250 metros acima do nível médio das águas do mar.

O clima é subtropical, caracterizado por dias quentes e húmidos. Durante o período de experimentação, os parâmetros meteorológicos registados no observatório meteorológico da quinta de Agronomia, Faculdade de Agricultura, Dapoli, foram de 49 met. semana a 12 met. semana e de 48 met. semana a 10 met. semana, durante 2005-06 e 2006-07, respetivamente. Essas observações são apresentadas no Quadro 1 e representadas na Fig.1

Quadro 1 : Observações meteorológicas durante o período de crescimento da cultura. (Rabi 2005-06 e 2006-07)

Met. Week	Date	Temperature (^{0}C)		Relative humidity (%)		Sunshine (hrs/day)	Wind speed (km/hr)	Evaporation
		Max.	Min.	Morning	Afternoon			
2005-06								
49	03/12-09/12	32.7	17.1	96	55	7.1	2.3	3.5
50	10/12-16/12	32.3	12.6	92	42	8.3	2.4	3.1
51	17/12-23/12	30.3	10.3	85	49	7.9	2.3	3.1
52	24/12-31/12	30.8	11.5	93	50	7.7	2.2	3.3
1	01/01-07/01	30.8	11.6	96	52	7.9	2.2	3.2
2	08/01-14/01	33.6	13.9	97	41	7.9	2.4	4.1

3	15/01-21/01	33.5	13.9	97	44	7.9	2.6	4.2
4	22/01-29/01	30.7	8.8	93	39	8.0	4.0	4.3
5	29/01-04/02	33.6	10.2	93	34	8.3	2.8	4.6
6	05/02-11/02	34.3	11.2	93	35	7.0	2.9	4.8
7	12/02-18/02	32.9	11.5	94	49	7.0	3.3	4.4
8	19/02-25/02	35.1	15.4	95	51	8.2	2.8	5.5
9	26/02-04/03	31.6	17.2	97	75	7.9	3.6	5.4
10	05/03-11/03	31.1	14.1	93	57	8.8	4.1	4.7
11	12/03-18/03	29.3	15.5	94	58	8.5	4.7	5.6
12	19/03-25/03	33.2	17.3	90	57	8.3	4.6	6.1
	Mean	**32.2**	**13.3**	**93.6**	**49.3**	**7.9**	**3.1**	**4.4**
	2006-07							
48	26/11-02/12	33.6	19.1	95.6	60.7	7.4	2.4	4.1
49	03/12-09/12	33.4	14.4	95.4	57.4	8.7	2.7	4.3
50	10/12-16/12	33.3	14.1	91.6	48.9	8.6	2.6	4.2
51	17/12-23/12	32.3	11.5	96.7	43.7	8.2	2.4	4.0
52	24/12-31/12	36.7	15.8	111.4	53.4	8.4	3.2	4.9
1	01/01-07/01	29.9	12.2	97	48	8	3.1	4.0
2	08/01-14/01	32.1	13.1	97.1	46	8.2	2.7	4.2
3	15/01-21/01	32.6	12.7	94.7	44.1	8.4	2.7	4.3
4	22/01-29/01	33.8	13.5	96.0	74.1	8.4	2.8	4.7
5	29/01-04/02	33.9	15.3	96.4	50.4	7.2	3.1	5.3
6	05/02-11/02	30.1	12.3	97.4	54	8.6	3.4	5.1
7	12/02-18/02	28.8	13.4	95	65	8.4	4.0	4.9
8	19/02-25/02	33.1	14.9	92.8	45.7	8.4	3.7	5.5
9	26/02-04/03	30.7	13.9	94.5	53.7	9.5	4.2	6.1
10	05/03-11/03	33.3	13.8	93.2	36.8	8.4	4.5	6.2
	Mean	**32.5**	**14.0**	**96.3**	**52..1**	**8.3**	**3.2**	**4.8**

As observações meteorológicas do Quadro 1 revelaram que o clima foi moderado durante o período de crescimento da cultura em ambos os anos. A temperatura máxima foi registada durante a semana 8th met durante 2005-06 e durante a semana 52 no ano 2006-07. A temperatura mínima foi baixa em 2005-06 em comparação com 2006-07. A temperatura mínima variou de 8,8 a 17,3^0 C durante 2005-06 e de 11,5 a 15,8^0 C durante 2006-07. Este facto tem efeitos benéficos no crescimento e no rendimento da cultura do milho doce.

A humidade relativa da manhã variou entre 85 e 97 % em 2005-06 e entre 91,6 e 97,4 % em 2006-07. A humidade relativa da tarde variou entre 34 e 75 % em 2005-06 e entre 44,1 e 74,1 % em 2006-07. A elevada humidade relativa durante a fase de floração e desenvolvimento do grão aumentou a praga bacteriana e a infestação da broca da espiga em ambos os anos.

As horas de sol foram da ordem das 8 horas por dia, o que foi ótimo para as actividades fotossintéticas do milho doce durante os dois anos. Isto reflectiu-se no crescimento e no rendimento da cultura durante os dois anos.

A velocidade do vento variou entre 2,2 e 4,7 Km/h em 2005-06 e entre 2,4 e 4,5 Km/h em 2006-07. A velocidade do vento ligeiramente mais elevada durante a fase de borla e de silagem ajudou no processo de fertilização, o que se reflectiu no rendimento do milho doce durante ambos os anos.

A evaporação aumentou à medida que a idade da cultura aumentou e variou de 3,1 a 6,1 mm/dia durante 2005-06 e de 4,0 a 6,2 mm/dia durante 2006-07. Isto aumentou a frequência de irrigação na fase posterior do crescimento da cultura.

III] Características do solo

O solo da parcela experimental foi classificado como laterítico, derivado de material de origem misto, que contém mais mg 2 permutáveis[+] do que os solos lateríticos derivados de basalto. Mineralogicamente, estes solos têm caulinite como mineral de argila predominante associado a alguma quantidade de ilite.

O campo experimental tem uma topografia plana com condições ideais para o cultivo de milho doce durante a estação *rabi*.

Foram recolhidas amostras compostas de solo da parcela experimental antes de se iniciar a experiência. As amostras foram recolhidas a uma profundidade de 0-30 cm e submetidas a análises mecânicas e químicas. Os dados relativos a estes parâmetros são apresentados no Quadro 2.

Quadro 2: Propriedades mecânicas e físico-químicas do solo do parcela experimental.

Particulars	Values obtained		Method used
	2005-06	2006-07	
Mechanical analysis			
Sand (%)	40.49	40.43	International pipette method (Piper, 1956)
Silt (%)	23.17	23.22	
Clay (%)	36.27	36.30	
Textural class	Sandy clay loam	Sandy clay loam	Triangular diagram of Preswift, Taylor and Marshall (Piper, 1956)
Chemical analysis			
Available Nitrogen (kg/ha)	156.88	197.69	Modified Kjeldahl Method (Piper, 1956)
Available P_2O_5 (kg/ha)	21.70	16.18	Brays method (Brays and Kurtz, 1945)
Available K_2O (kg/ha)	126.88	138.66	Flame photometer method (Jackson, 1973)
Organic Carbon (%)	0.92	1.23	Walkley and Black titration method (Piper, 1956)
Soil P^H	6.48	6.59	Beckman's P^H meter (Jackson, 1973)
Physical properties			
Bulk Density (g/cc)	1.65	1.66	Clod coating method (Black, 1965)
Particle Density (g/cc)	2.62	2.64	Pycnometer method (Black, 1965)
Porosity (%)	37.02	37.12	By calculation

O quadro 2 mostra claramente que o solo da parcela experimental tinha uma textura franco-argilosa arenosa, uma reação ligeiramente ácida e um baixo teor de carbono orgânico. O solo apresentava um teor médio de azoto elevado em 2005-06 e baixo em 2006-07. O solo tinha um teor médio baixo de azoto. P O_{25} e Av. K_2 O em ambos os anos.

IV] Breve historial da parcela experimental:

A sequência de culturas seguida na parcela experimental antes de dois anos de experimentação até à conclusão da investigação é apresentada no Quadro 3.

Quadro 3: Historial de culturas da parcela experimental.

Year	Season	Crop
2003- 2004	*Kharif*	Rice
	Rabi	Wal
2004-2005	*Kharif*	Rice
	Rabi	Sweet corn (Sumadhur)
2005-2006	*Kharif*	Rice
	Rabi	Sweet corn (Sugar - 75)
2006-2007	*Kharif*	Rice
	Rabi	Sweet corn (Sugar - 75)

V] Pormenores experimentais:

A experiência foi desenhada em parcelas divididas. Os tratamentos da parcela principal incluíam quatro fontes de nutrientes, enquanto os tratamentos da subparcela incluíam duas coberturas vegetais e os tratamentos da sub-subparcela incluíam dois níveis de pulverização panchagavya e amrutpani através de irrigação.

Assim, havia 16 combinações de tratamento, replicadas três vezes. Os pormenores dos tratamentos, juntamente com os símbolos utilizados na planta, são os seguintes

i) Tratamentos

A] Tratamentos da parcela principal

Fertilizante

a) F_1 - 100% RDN através de fertilizante químico

b) F2 -75% RDN através de fertilizante químico + 25 %N através de estrume de aves c) F_3 - 50% RDN através de fertilizante químico + 50 %N através de estrume de aves d) F_4 - 100%N através de estrume de aves

(FTR - 225 :60:60 kg NPK/ha)

B] Tratamentos das subparcelas

Cobertura vegetal de polietileno transparente

a) M_0 - Controlo

b) M_1 - Cobertura morta de polietileno transparente

C] Sub - tratamentos de subparcelas

a) P_0 - Controlo

b) P_1 - 3 % de pulverização panchagavya e amrutpani através de irrigação.

ii) Conceção-Divisão   - Conceção de parcelas   divididas

iii) Réplicas-Três

iv) Número total de   parcelas-48

v) Dimensão das parcelas   **Bruto:** 4,20m   X4 ,80 m

- Rede: 3.00mX4.20m

vi) Espaço-   60cmX30cm

O esquema experimental pormenorizado é apresentado na Fig. 2.

R - I

$F_1M_1P_0$	$F_1M_1P_1$	$F_1M_0P_0$	$F_1M_0P_1$
$F_3M_0P_1$	$F_3M_0P_0$	$F_3M_1P_1$	$F_3M_1P_0$
$F_2M_0P_0$	$F_2M_0P_1$	$F_2M_1P_0$	$F_2M_1P_1$
$F_4M_1P_1$	$F_4M_1P_0$	$F_4M_0P_1$	$F_4M_0P_0$

(4.2 mt.; 4.8 mt.; 1 mt.)

R - II

$F_2M_0P_1$	$F_2M_0P_0$	$F_2M_1P_0$	$F_2M_1P_1$
$F_1M_1P_1$	$F_1M_1P_0$	$F_1M_0P_0$	$F_1M_0P_1$
$F_3M_0P_0$	$F_3M_0P_1$	$F_3M_1P_1$	$F_3M_1P_0$
$F_4M_1P_0$	$F_4M_1P_1$	$F_4M_0P_0$	$F_4M_0P_1$

R - III

$F_3M_0P_1$	$F_3M_0P_0$	$F_3M_1P_0$	$F_3M_1P_1$
$F_2M_1P_0$	$F_2M_1P_1$	$F_2M_0P_1$	$F_2M_0P_0$
$F_4M_1P_0$	$F_4M_1P_1$	$F_4M_0P_1$	$F_4M_0P_0$
$F_1M_0P_1$	$F_1M_0P_0$	$F_1M_1P_0$	$F_1M_1P_1$

N

O esquema experimental pormenorizado é apresentado na Fig. 2.

A]   Main plot treatments
Fertilizer
a) F_1 - 100 % RDN through chemical fertilizer
b) F_2 - 75 % RDN through chemical fertilizer + 25 % N through poultry manure
c) F_3 - 50 % RDN through chemical fertilizer + 50 % N through poultry manure
d) F_4 - 100 % N through poultry manure
(RDF - 225 : 60 : 60 kg NPK/ha)

B]   Sub plot treatments
Transparent polythene mulch
a) M_0 - Control
b) M_1 - Transparent polythene mulch

C]   Sub - subplot treatments
a) P_0 - Control
b) P_1 - 3 % panchagavya spray and amrutpani through irrigation.

Fig. 2 Experimental Layout

VI] Aplicação de tratamentos

i)   Aplicação de fertilizantes e de estrume de aves de capoeira:

O estrume de aves de capoeira e o NPK fertilizam o milho doce de acordo com o tratamento da parcela principal, tendo em conta a seguinte dose recomendada 225: 60: 60 kg NPK/ha. O estrume de aves de capoeira, super fosfato único e muirato de potássio no momento da semeadura, super fosfato único e muirato de potássio foi aplicado comum a todos os tratamentos de acordo com a dose recomendada de fertilizante, enquanto o nitrogênio foi aplicado em três divisões. 40 % de azoto será aplicado no momento da sementeira e os restantes 30 % de azoto serão aplicados em cobertura um mês após a sementeira e 30 % na fase de pré-desponta através de ureia.

ii)   Espalhamento de coberturas vegetais:

A área da parcela, de acordo com o tratamento, foi coberta com cobertura vegetal transparente antes da sementeira. O mulch de polietileno transparente utilizado para o mulching tinha 90 cm de largura, 15 microns de espessura e 100 por cento de elasticidade. Foram feitos buracos de 2,5 cm de diâmetro no mulch de polietileno e depois foi espalhado sobre as parcelas.

iii) Panchagavya (bioestimulante)

O Panchagavya é um bioestimulante que consiste numa combinação de cinco produtos obtidos a partir da vaca, que incluem o estrume, a urina, o leite, a coalhada e o ghee. O termo Panchagavya representa "Pancha" - cinco, "Gavya" - produto da vaca.

O Panchagavya actua como um imunoestimulante, tal como a urina de vaca, e promove o crescimento devido à presença de estrume de vaca, aumentando assim o rendimento global e tornando-o resistente a doenças e pragas. As propriedades do panchagavya utilizadas no presente estudo são apresentadas no Quadro 4.

Os materiais necessários e a metodologia envolvida na preparação do Panchagavya são apresentados a seguir.

Materiais necessários

1.	Esterco fresco de vaca	- 7Kg
2.	Urina de vaca	- 5 litros
3.	Leite de vaca	- 2 litros
4.	Requeijão	- 2 litros
5.	Ghee	- 1 litro

Juntar 7 kg de estrume fresco de vaca a 5 litros de urina de vaca e 5 litros de água e manter num recipiente adequado, à sombra. O recipiente deve ser mantido aberto para arejar e para permitir a saída do gás produzido durante o processo de fermentação. Misturar bem e agitar a solução duas vezes por dia durante quinze dias. No 16.o[th] dia, adicionar o resto dos ingredientes (Ghee- 1 kg + Leite- 2 litros + Requeijão- 2 kg) e continuar a agitar duas vezes por dia. No 22º dia, o Panchagavya estará pronto para ser utilizado. (3 litros de Panchagavya para 100 litros de água dão um spray de 3 % de concentração e aplicado a 500 litros./ha de quatro pulverizações com 15 dias de intervalo) (Asangla *et al.* 2005)

Tabela. 4. Propriedades do Panchagavya

Characters	Value	Characters	Value
pH	6.46	Total Zinc (ppm)	27
EC(dSm^{-1})	5.35	Total Copper (ppm)	41
Total nitrogen (ppm)	389	IAA (ppm)	9.15
Total phosphorus (ppm)	231	GA (ppm)	4.0
Total potassium (ppm)	348	Total anaerobes (CFU ml^{-1})	46×10^{1}
Organic Carbon (%)	0.8	Bacteria (CFU ml^{-1})	25.5×10^{6}
Total Iron (ppm)	217	Actinomycetes (CFU ml^{-1})	3.5×10^{4}
Total Magnesium (ppm)	286	Fungi (CFU ml^{-1})	18.5×10^{3}

VII) Operações no terreno:

O calendário das várias operações pré e pós-sementeira efectuadas durante o presente estudo é apresentado no quadro 5.

i) Semeadura:

A sementeira do milho doce foi feita em camas planas com um espaçamento de 60 cm X 30 cm em 2nd dezembro de 2005 e 25th novembro de 2006, durante 2005-06 e 2006-07, respetivamente. Foram semeadas duas sementes por colina. Após a germinação, uma plântula saudável por colina foi mantida após 20 DAS.

ii) Preenchimento de lacunas:

A operação de preenchimento das lacunas foi realizada após 10 a 12 dias após a semeadura para manter a população uniforme de plantas.

iii) Desbaste:

A operação de desbaste foi efectuada 20 dias após a sementeira para manter uma planta saudável por colina.

iv) Medidas fitossanitárias:

Foram efectuadas seis pulverizações de insecticidas e fungicidas durante 2005-06 e 2006-07, uma vez que a infestação da broca da espiga e da praga das folhas era grave na região. **iv) Irrigação**

As regas nas fases iniciais do crescimento da cultura, ou seja, até 30 dias após a sementeira, foram efectuadas de acordo com as necessidades da cultura. Após 30 dias, as regas foram programadas com um rácio de 0,75 IW: CPE. Em ambos os anos, foram efectuadas oito regas à cultura do milho doce.

v) Colheita:

A colheita das espigas foi efectuada quando estas se encontravam na fase de massa, ou seja, após 98 (mulch de polietileno) e 108 (sem mulch) DAS durante 2005-06 e 93 (mulch de polietileno) e 102 (sem mulch) DAS durante 2006-07, respetivamente. A palha de milho foi colhida verde, após a colheita das espigas.

VIII) Observações biométricas:

Para verificar o efeito dos diferentes tratamentos no crescimento e desenvolvimento da cultura do milho doce, foram registadas observações periódicas com um intervalo de 30 dias a partir da data de sementeira. Os pormenores das observações importantes antes e depois da colheita são apresentados no quadro 5.

Quadro - 5: Calendário das operações de campo efectuadas na parcela experimental.

Sr. No.	Field operations followed	Frequency	Date of operation.	
			2005-06	2006-07
1)	Ploughing by tractor	1	16-11-2005	06-11-2006
2)	Harrowing by tractor	1	20-11-2005	11-11-2006
3)	Leveling	1	20-11-2006	12-11-2006
4)	Layout of experimental plot	1	26-11-2005	16-11-2006
5)	Pre-sowing irrigation	1	28-11-2005	17-11-2006
6)	Poultry manure application	1	01-12-2005	23-11-2006
7)	Fertilizer application	1	01-12-2005	24-11-2006
8)	Spreading of polythene mulch	1	02-12-2005	25-11-2006
8)	Sowing	1	02-12-2005	25-11-2006
9)	Gap filling	1	14-12-2005	05-12-2006
10)	Thinning	1	22-12-2005	15-12-2005
10)	Weeding	1	22-12-2005	16-12-2005
11)	Panchagavya spraying	4	17-12-2005	10-12-2006
			01-01-2006	25-12-2006
			16-01-2006	09-01-2007
			31-01-2006	24-01-2007
12)	Top dressing (1st)	1	01-01-2006	24-12-2006
13)	Top dressing (2nd)	1	22-01-2006	14-01-2007
13)	Pesticide spraying	6	23-12-2005	20-12-2006
			20-01-2006	09-01-2007
			27-01-2006	28-01-2007
			06-02-2006	08-02-2007
			16-02-2006	15-02-2007
			25-02-2006	21-02-2007
14)	Irrigation	8	02-12-2005	25-11-2006
	Irrigation + Amrutpani		10-12-2005	05-12-2006
	Irrigation + Amrutpani		24-12-2005	18-12-2006
	Irrigation + Amrutpani		14-01-2006	05-01-2007
	Irrigation + Amrutpani		29-01-2006	21-01-2007
			10-02-2006	03-02-2007
			23-02-2006	15-02-2007
			06-03-2006	26-02-2007
15)	Harvesting	3	10-03-2006	05-03-2007
			14-03-2006	08-03-2007
			18-03-2006	10-03-2007

Quadro 6: Observações biométricas estudadas

Sr. No.	Particulars	Frequency	Period of observation
A]	**Pre-harvest observations**		
i)	Initial plant population	1	20 DAS
ii)	Height of plant (cm)	4	30,60,90 DAS and at harvest
iii)	Number of leaves / plant	4	30,60,90 DAS and at harvest
iv)	Dry matter accumulation (g/plant)	4	30,60,90 DAS and at harvest
v)	Final plant population	1	At harvest
B]	**Post harvest studies**		
i)	Length of cob (cm)	1	At harvest
ii)	Girth of cob (cm)	1	At harvest
iii)	Average weight of cob (g)	1	At harvest
iv)	Number of grain rows per cob	1	At harvest
v)	Number of grains per cob	1	At harvest
vi)	Weight of grains per cob (g)	1	At harvest
vii)	Green cob yield (q/ha)	1	At harvest
viii)	Green fodder yield (q/ha)	1	At harvest
ix)	Total biomass production (q/ha)	1	At harvest
x)	Number of cobs/plant	1	At harvest
xi)	Harvest index	1	After harvest
C]	**Chemical properties of soil**		
i)	Available Nitrogen (kg/ha)	1	After harvest
ii)	Available Phosphorus (kg/ha)	1	After harvest
iii)	Available Potassium (kg/ha)	1	After harvest
D]	**Uptake studies**		
i)	NPK uptake (kg/ha) by grains	1	After harvest
ii)	NPK uptake (kg/ha) by leaves	1	After harvest
iii)	NPK uptake (kg/ha) by stem	1	After harvest
iv)	NPK uptake (kg/ha) by cob sheath	1	After harvest
v)	NPK uptake (kg/ha) by cob axis	1	After harvest
vi)	Total NPK uptake (kg/ha)	1	After harvest
F]	**Quality studies**		
i)	Protein content (%) in grains	1	After harvest
ii)	sugar content (%) in grains	1	After harvest
iii)	Fiber content (%) in grains	1	After harvest
G]	**Economics of different treatments**	1	After harvest

A] Técnica de amostragem

Para registar as observações biométricas, foram seleccionadas aleatoriamente cinco plantas de cada parcela da rede. As observações de crescimento, nomeadamente a altura da planta e o número de níveis funcionais, foram registadas nestas cinco plantas seleccionadas, com um intervalo de 30 dias, e as observações de todos os caracteres de rendimento, nomeadamente o comprimento da espiga, a circunferência da espiga, o número de espigas por planta, o peso médio da espiga, o número de fileiras de grãos por espiga, o número de grãos por espiga e o peso dos grãos por espiga, foram registadas nas mesmas cinco plantas seleccionadas após a colheita.

B] Estudos de crescimento:

Todos os atributos de crescimento a seguir enumerados foram registados com um intervalo de 30 dias após a sementeira e na colheita do milho doce durante o período de investigação.

i) Altura da planta

ii) Número de folhas funcionais

iii) Acumulação de matéria seca por planta.

iv) Altura da planta (cm):

A altura das cinco plantas seleccionadas das parcelas de rede foi medida com uma escala desde o nível do solo até à base da folha superior e a média foi calculada.

v)) Número de folhas funcionais :

Foi contado o número de folhas funcionais das cinco plantas seleccionadas das parcelas da rede e calculada a média.

vi)) Acumulação de matéria seca (g) :

Para a determinação da matéria seca, foi selecionada aleatoriamente uma planta da parcela de rede, cortada ao nível do solo e seca na estufa com controlo termostático a uma temperatura de 60^0 C durante 48 horas. A secagem foi efectuada até se obter um peso constante. Aos 30 DAS, foi registada a matéria seca da planta inteira. Aos 60 DAS, a matéria seca do caule e das folhas foi registada separadamente. Aos 90 DAS, a matéria seca do caule, das folhas e da espiga foi registada separadamente. Na colheita, a matéria seca foi registada em cinco partes, ou seja, caule, folhas, grãos, bainha da espiga e eixo da espiga, separadamente.

C] Atributos de produtividade e rendimentos do milho doce:

Na colheita do milho doce, foram estudados os seguintes caracteres de rendimento do milho doce.

i) Comprimento da espiga

ii) Perímetro da espiga

iii) Peso médio da espiga

iv)   Número de filas de grãos por espiga

v)   Número de grãos por espiga

vi)   Peso dos grãos por espiga

vii)   Número de espigas por planta

viii)   Comprimento da espiga (cm):

O comprimento das espigas das cinco plantas seleccionadas foi medido da base da espiga até à ponta da espiga com uma balança e calculou-se a média.

ix)   Perímetro da espiga (cm):

A circunferência da espiga foi medida em três pontos, ou seja, na base da espiga, no meio da espiga e perto da ponta da espiga, e a média dos três valores foi calculada para registar a circunferência da espiga.

x)   i) Peso médio da espiga (g):

O peso das espigas recém-colhidas de cinco plantas seleccionadas foi registado na balança eletrónica e a média foi calculada.

xi)   Número de filas de grãos por espiga:

O número de fileiras de grãos de cada espiga foi medido e a média foi calculada.

xii)   Número de grãos por espiga:

O número de grãos por espiga foi medido manualmente e o trabalho médio foi calculado para obter o número de grãos por espiga.

xiii) Peso de grãos por espiga:

Para obter o peso dos grãos por espiga, começou-se por registar o peso da espiga sem a bainha e, em seguida, separaram-se os grãos. Após a separação dos grãos, registou-se o peso do eixo da espiga. O peso dos grãos por espiga foi registado subtraindo o peso do eixo da espiga ao peso da espiga sem a bainha e calculou-se a média.

xiv)   Número de espigas por planta:

O número de espigas por planta na colheita da cultura foi registado em cinco plantas seleccionadas e a média foi calculada.

xv)   i) Número de espigas por ha:

O número de espigas por parcela de rede foi medido na altura da colheita. A partir desses valores, o número de espigas por hectare foi calculado.

xvi) Rendimento em espiga verde (q/ha):

Aquando da colheita, o peso das espigas das parcelas em rede foi registado numa balança de mola e o rendimento em espiga (q/ha) foi calculado a partir desses pesos.

xvii) Rendimento de forragem verde (q/ha):

Após a colheita das espigas, a forragem verde foi colhida por corte ao nível do solo e o peso da forragem verde de cada parcela da rede foi registado. A partir desses valores, o rendimento de forragem verde (q/ha) foi calculado por cálculos.

xi) Produção total de biomassa (q/ha):

A produção total de biomassa por parcela foi calculada adicionando a produção de espiga verde e a produção de forragem verde de cada parcela líquida. A produção total de biomassa (q/ha) foi calculada com base nestes valores.

xii) Índice de colheita (%):

O índice de colheita (%) foi calculado através da seguinte fórmula,

$$H.I. = \frac{\text{Economic yield}}{\text{Total biological yield}} \times 100$$

D] Propriedades químicas do solo:

As seguintes propriedades químicas do solo foram determinadas após a colheita do milho doce, a partir de amostras de solo recolhidas entre 0 cm e 30 cm de profundidade em cada parcela individual.

i) Azoto disponível (kg/ha) após a colheita da cultura:

O nitrogênio disponível (kg/ha) do solo foi determinado usando o método kjeldahl modificado (Piper, 1956).

ii) Fósforo disponível (kg/ha) após a colheita da cultura:

O P_2O_5 disponível (kg/ha) do solo foi determinado usando o método de Brays (Bray e Kurtz, 1945).

iii) Potássio disponível (kg/ha) após a colheita da cultura:

O K disponível$_2$ O (kg/ha) do solo foi determinado usando acetato de amónio normal neutro no método do fotómetro de chama (Jackson, 1973).

F] Estudos de absorção:

Os teores de azoto, fósforo e potássio nos grãos, caule, folhas, bainha da espiga e eixo da espiga foram determinados separadamente após a colheita do milho doce. A percentagem de acumulação de matéria seca nas partes da planta, respetivamente, foi determinada em relação à acumulação total de matéria seca por planta. Uma vez que os dados relativos ao rendimento total foram registados com base no peso fresco, considerou-se que, em média, **35 % da acumulação de matéria seca era**

determinar a produção total de matéria seca por ha. A partir desta produção total de matéria seca por ha, a produção de matéria seca por partes individuais da planta foi determinada usando a percentagem de acumulação de matéria seca por planta. Estes valores, foram utilizados para calcular a absorção de nutrientes (kg/ha) nas respectivas partes da planta.

i) Absorção de azoto por diferentes partes da planta:

O conteúdo de nitrogênio no caule, folhas, grãos, bainha de espiga e eixo de espiga foi determinado usando o método de micro kjeldahl modificado (Piper, 1956). A absorção de nitrogênio (kg/ha) por parte individual da planta foi determinada usando o acúmulo de matéria seca na respectiva parte da planta (kg/ha) multiplicado pelo conteúdo de nitrogênio % na respectiva parte da planta.

ii) Absorção total de azoto (kg/ha):

A absorção total de nitrogênio (kg/ha) foi calculada pela soma da absorção de nitrogênio pelo caule, folhas, grãos, espiga, bainha e eixo da espiga.

iii) Absorção de fósforo por diferentes partes da planta:

O conteúdo de fósforo no caule, folhas, grãos, bainha da espiga e eixo da espiga foi determinado usando uma alíquota conhecida de extrato tri-ácido e desenvolvendo cor amarela com reagente combinado de HNO3 vanado - molibdato como descrito por Chopra e Kanwar (1978). A absorção de fósforo (kg/ha) por parte individual da planta foi calculada usando a acumulação de matéria seca na respectiva parte da planta (kg/ha) multiplicada pelo teor de fósforo % na respectiva parte da planta.

iv) Absorção total de fósforo (kg/ha):

A absorção total de fósforo (kg/ha) foi calculada somando a absorção de fósforo pelo caule, folhas, grãos, bainha da espiga e eixo da espiga

v) Absorção de potássio por diferentes partes da planta:

O conteúdo de potássio no caule, folhas, grãos, bainha da espiga e eixo da espiga foi determinado fotometricamente como descrito por Chopra e Kanwar (1978). A absorção de potássio (kg/ha) por parte individual da planta foi determinada usando a acumulação de matéria seca na respectiva parte da planta (kg/ha) multiplicada pelo teor de potássio % nas respectivas partes da planta.

vi) Absorção total de potássio (kg/ha):

A absorção total de potássio (kg/ha) foi calculada pela soma da absorção de potássio pelo caule, folhas, grãos, bainha da espiga e eixo da espiga.

G) Estudos de qualidade:

O teor de proteínas, o teor de açúcar e o teor de fibras foram determinados como parâmetros de qualidade do milho doce.

i) Teor de proteínas nos grãos:

As amostras de grãos de cada parcela foram submetidas a uma análise do teor de azoto pelo método micro-Kjeldahl modificado (Piper, 1956). Em seguida, o teor de proteínas foi calculado multiplicando o teor de azoto (%) nos grãos pelo fator 6,25.

ii) Teor de açúcares redutores (%):

As amostras de grãos recém-colhidos foram analisadas quanto ao teor de açúcares redutores pelo método de Fehling.

iii) Teor de fibras (%):

As amostras de grãos secos foram analisadas quanto ao teor de fibra de acordo com os métodos normalizados descritos no manual de técnicas laboratoriais (Anonymous 1977).

H) Contagem microbiana:

As unidades formadoras de colónias (UFC) totais de bactérias, fungos e actinomicetos foram contadas utilizando o método de diluição em placa (Rangaswami, 1996) e meios adequados para os respectivos microrganismos.

I)   Análise estatística:

Os dados experimentais relativos a cada carácter foram analisados estatisticamente utilizando a técnica de "Análise de variância" para o desenho de parcelas divididas e a significância foi testada pelo teste "F". O erro padrão da média [SE(m)] e a diferença crítica (CD) foram calculados para cada carácter estudado para avaliar a diferença entre os tratamentos e os efeitos de interação a níveis de significância de 5 %. Também foram apresentadas ilustrações gráficas dos dados em locais relevantes. A média dos dados de dois anos de cada parâmetro foi calculada e analisada estatisticamente para tirar conclusões relevantes.

J) Economia:

O custo do cultivo foi calculado tendo em conta as despesas efectuadas em várias operações, desde a lavoura preparatória até à colheita, incluindo o custo dos factores de produção utilizados. O rendimento bruto, em termos de rupias por hectare, foi calculado com base no rendimento em espiga verde e no rendimento em forragem verde de cada tratamento, tendo em conta os preços de mercado em vigor. O rendimento líquido foi obtido deduzindo os custos de cultivo dos rendimentos brutos. O rácio benefício/custo foi calculado dividindo os rendimentos brutos pelo custo total de cultivo de cada tratamento.

CAPÍTULO IV
RESULTADOS EXPERIMENTAIS

Os resultados de uma experiência intitulada" **Efeitos da gestão integrada de nutrientes e da cobertura morta de polietileno no desempenho do milho doce (*Zea mays saccharata*) em solos lateríticos de Konkan"**, obtidos durante 2005-06, 2006-07 e na média de dois anos, são apresentados neste capítulo. Os resultados experimentais são explicados nas rubricas seguintes.

4.1.	População de plantas

4.2.	Estudos de crescimento das plantas

4.3.	Atributos de rendimento

4.4.	Estudos de rendimento

4.5.	Estudos de qualidade

4.6.	Absorção de nutrientes pelo milho doce

4.7.	Contagem microbiana no solo após a colheita do milho doce.

4.8.	Propriedades químicas do solo após a colheita do milho doce

4.9.	Economia

### 4.1.	Estudos de populações de plantas

Os dados relativos à população de plantas por parcela registados aos 20 DAS e na colheita durante 2005-06 e 2006-07 são apresentados no Quadro 7. Durante ambos os anos, em ambas as fases, a população de plantas não foi afetada significativamente devido a diferentes fontes de fertilizante, cobertura de polietileno e estimulantes de crescimento. Em ambos os anos, a população de plantas foi superior a 90%.

### 4.2.	Estudos de crescimento das plantas

Os parâmetros de crescimento, nomeadamente a altura da planta, o número de folhas por planta e a acumulação de matéria seca por planta de milho, foram estudados periodicamente com um intervalo de 30 dias durante 2005-06 e 2006-07.

Quadro 7: Efeito das fontes de nutrientes, do mulch de polietileno e dos estimulantes de crescimento na população inicial e final de plantas de milho doce durante 2005-06 e 2006-07.

Treatments	Initial Plant Population		Final Plant Population	
	2005-06	2006-07	2005-06	2006-07
Nutrient sources				
F_1-100 % RDN	68.58	68.17	62.67	63.00
F_2-75 % RDN + 25 % N as PM	68.92	68.17	63.08	62.83
F_3-50 % RDN + 50 % N as PM	68.83	68.58	63.00	63.50
F_4-100 % N as PM	69.17	67.92	63.50	62.75
SE (m) ±	0.05	0.14	0.17	0.15
CD (5%)	NS	NS	NS	NS
Polythene mulch				
M_0- Control	68.83	68.33	63.00	63.17
M_1- Mulch	68.92	68.08	63.13	62.88
SE (m) ±	0.06	0.05	0.07	0.04
CD (5%)	NS	NS	NS	NS
Growth stimulants				
P_0- Control	68.92	68.46	62.96	63.17
P_1- Panchagavya + Amrutpani	68.83	67.96	63.17	62.88
SE (m) ±	0.05	0.06	0.06	0.06
CD (5%)	NS	NS	NS	NS
Interactions				
F X M	NS	NS	NS	NS
F X P	NS	NS	NS	NS
M X P	NS	NS	NS	NS
F X M X P	NS	NS	NS	NS
GM	68.875	68.20833	63.0625	63.02083

7.2.1 Altura da planta (cm)

Os dados relativos à altura da planta do milho doce, influenciada pelos diferentes tratamentos periódicos, são apresentados no quadro 8. Os dados mostram claramente que a altura da planta aumentou com o aumento da idade da cultura e foi máxima na colheita em ambos os anos e na média dos dois anos. Em geral, as plantas eram mais altas em 2006-07 do que em 2005-06.

Quadro 8: Efeito da gestão integrada de nutrientes na altura da planta do milho doce aos 30 e 60 DAS durante 2005-06, 2006-07 e média dos dois anos.

Treatments	30 DAS			60 DAS		
	2005-06	2006-07	Mean of 2 years	2005-06	2006-07	Mean of 2 years
Nutrient sources						
F_1-100 % RDN	23.85	31.42	27.63	115.18	166.58	140.88
F_2-75 % RDN + 25 % N through PM	33.42	35.00	34.21	129.32	177.97	153.64
F_3-50 % RDN + 50 % N through PM	26.60	32.90	29.75	112.32	169.12	140.72
F_4-100 % N through PM	27.07	34.35	30.71	100.02	161.47	130.74
SE (m) ±	0.43	0.18	0.25	1.48	0.86	0.76
CD (5%)	1.50	0.63	0.88	5.11	2.97	2.64
Polythene mulch (M)						
M_0-Control	22.63	29.49	26.06	94.87	153.97	124.42
M_1- Mulch	32.84	37.34	35.09	133.55	183.60	158.58
SE (m) ±	0.24	0.09	0.13	0.26	0.46	0.28
CD (5%)	0.77	0.30	0.41	0.85	1.51	0.92
Organic growth stimulant						
P_0-Control	27.51	33.50	30.50	110.98	166.52	138.75
P_1-Panchagavya + Amrutpani	27.96	33.33	30.65	117.44	171.05	144.25
SE (m) ±	0.08	0.06	0.05	0.18	0.27	0.21
CD (5%)	NS	NS	NS	0.55	0.82	0.62
Interactions						
F X M	NS	NS	NS	NS	NS	NS
F X P	NS	NS	NS	NS	NS	NS
M X P	NS	NS	NS	NS	NS	NS
F X M X P	NS	NS	NS	NS	NS	NS
GM	27.73	33.42	30.58	114.21	168.78	141.50

Efeito das fontes de nutrientes

Observou-se que as fontes de nutrientes influenciaram significativamente a altura da planta em todos os estágios durante os dois anos e na média de dois anos. Aos 30 DAS 75 % RDN + 25 % N como PM (F_2) produziu plantas significativamente mais altas em comparação com 100 % RDN (F_i), 50 % RDN + 50 % N como PM (F_3) e 100 % N como PM (F_4) durante 2005-2006, 2006-2007 e na média dos dois anos. Enquanto a diferença entre 50 % RDN + 50 % N como PM (F_3) e 100 % N como PM (F_4) não foi satisfatória durante 2005-2006, enquanto 100 % N como PM (F_4) foi significativamente superior a 50 % RDN + 50 % N como PM (F_3) durante 2006-07 e na média de dois anos. Por outro lado, 100 % RDN (F_i) durante ambos os anos e na média dos dois anos registou uma altura de planta significativamente mais baixa do que o resto dos tratamentos aos 30 DAS. No entanto, aos 60, 90 DAS e na colheita, 75 % RDN + 25 % N como PM (F_2)

registou plantas significativamente mais altas em comparação com todos os restantes tratamentos durante ambos os anos e na média dos dois anos. Além disso, 100 % RDN (F_i) e 50 % RDN + 50 % N como PM (F_3) não mostraram nenhuma variação significativa e foram significativamente superiores a 100 % N como PM (F_4) durante ambos os anos e na média de dois anos.

Tabela 8: Efeito da gestão integrada de nutrientes na altura da planta do milho doce aos 90 DAS e na colheita durante 2005-06, 2006-07 e média de dois anos.

Treatments	90 DAS			At harvest		
	2005-06	2006-07	Mean of 2 years	2005-06	2006-07	Mean of 2 years
Nutrient sources						
F_1-100 % RDN	171.17	194.45	182.81	174.17	193.75	183.96
F_2-75 % RDN + 25 % N through PM	188.40	203.15	195.78	191.40	206.92	199.16
F_3-50 % RDN + 50 % N through PM	174.35	196.87	185.61	177.35	195.13	186.24
F_4-100 % N through PM	161.85	187.15	174.50	164.85	186.17	175.51
SE (m) ±	1.42	0.77	0.89	1.42	0.47	0.71
CD (5%)	4.90	2.66	3.08	4.90	1.63	2.45
Polythene mulch (M)						
M_0-Control	168.44	189.52	178.98	171.44	190.19	180.82
M_1- Mulch	179.44	201.29	190.37	182.44	200.79	191.62
SE (m) ±	0.41	0.28	0.22	0.41	0.25	0.16
CD (5%)	1.34	0.90	0.72	1.34	0.80	0.52
Organic growth stimulant						
P_0-Control	170.64	192.27	181.45	173.64	193.59	183.62
P_1-Panchagavya + Amrutpani	177.24	198.54	187.89	180.24	197.39	188.82
SE (m) ±	0.15	0.16	0.11	0.15	0.20	0.14
CD (5%)	0.45	0.48	0.33	0.45	0.61	0.41
Interactions						
F X M	NS	NS	NS	NS	NS	NS
F X P	NS	NS	NS	NS	NS	NS
M X P	NS	NS	NS	NS	NS	NS
F X M X P	NS	NS	NS	NS	NS	NS
GM	173.94	195.06	184.67	176.94	195.49	186.22

Efeito da cobertura morta de polietileno

A altura das plantas de milho doce foi significativamente influenciada pelo mulch de polietileno em todas as fases de crescimento. O mulch de polietileno (M_1) registou uma altura de planta do milho doce significativamente maior do que o controlo (M_0) aos 30, 60, 90 DAS e na colheita durante ambos os anos e na média de dois anos.

Efeito dos estimulantes de crescimento

A pulverização de 3 % de panchagavya + aplicação de amrutpani através de irrigação influenciou significativamente a altura da planta em todas as fases de crescimento da cultura, exceto aos 30 DAS. A altura da planta foi significativamente aumentada com a aplicação de panchagavya + amrutpani (P_1) aos 60, 90 DAS e na colheita do que o controlo (P_0) durante ambos os anos e na média de dois anos.

Quadro 9: Efeito das fontes de nutrientes, da cobertura morta de polietileno e dos estimulantes de crescimento na

número de folhas do milho doce a 30 e 60 durante 2005-06, 2006-07 e na média dos dois anos.

Treatments	30 DAS			60 DAS		
	2005-06	2006-07	Mean of 2 years	2005-06	2006-07	Mean of 2 years
Nutrient sources						
F_1-100 % RDN	7.07	7.07	7.07	10.72	12.48	11.60
F_2-75 % RDN + 25 % N as PM	7.88	7.85	7.87	11.20	12.88	12.04
F_3-50 % RDN + 50 % N as PM	7.22	7.20	7.21	10.43	12.57	11.50
F_4-100 % N as PM	7.33	7.43	7.38	9.58	10.15	9.87
SE (m) ±	0.04	0.04	0.02	0.09	0.07	0.08
CD (5%)	0.14	0.16	0.08	0.31	0.25	0.27
Polythene mulch						
M_0-Control	6.78	6.91	6.84	9.80	11.47	10.64
M_1- Mulch	7.98	7.87	7.92	11.16	12.58	11.87
SE (m) ±	0.02	0.02	0.02	0.033	0.04	0.02
CD (5%)	0.06	0.06	0.06	0.108	0.14	0.08
Growth stimulants						
P_0-Control	7.43	7.48	7.46	10.11	11.63	10.87
P_1-Panchagavya + Amrutpani	7.32	7.29	7.30	10.86	12.41	11.63
SE (m) ±	0.01	0.02	0.01	0.013	0.02	0.01
CD (5%)	NS	NS	NS	0.040	0.05	0.03
Interactions						
F X M	NS	NS	NS	NS	NS	NS
F X P	NS	NS	NS	NS	NS	NS
M X P	NS	NS	NS	NS	NS	NS
F X M X P	NS	NS	NS	NS	NS	NS
GM	7.38	7.39	7.38	10.48	12.02	11.25

Quadro 9: Efeito das fontes de nutrientes, do mulch de polietileno e dos estimulantes de crescimento no número de folhas do milho doce aos 90 DAS e na colheita durante 2005-06, 2006-07 e na média de dois anos.

Treatments	90 DAS			At harvest		
	2005-06	2006-07	Mean of 2 years	2005-06	2006-07	Mean of 2 years
Nutrient sources						
F_1-100 % RDN	11.52	12.43	11.98	10.90	11.63	11.27
F_2-75 % RDN + 25 % N as PM	11.60	12.68	12.14	10.87	11.13	11.00
F_3-50 % RDN + 50 % N as PM	10.83	12.17	11.50	10.20	10.40	10.30
F_4-100 % N as PM	8.50	8.02	8.26	7.98	7.02	7.50
SE (m) ±	0.11	0.07	0.07	0.10	0.08	0.07
CD (5%)	0.40	0.24	0.25	0.36	0.28	0.24
Polythene mulch						
M_0-Control	10.43	11.16	10.80	10.31	10.70	10.50
M_1- Mulch	10.79	11.49	11.14	9.67	9.39	9.53
SE (m) ±	0.03	0.03	0.03	0.02	0.04	0.03
CD (5%)	NS	NS	NS	0.05	0.14	0.08
Growth stimulants						
P_0-Control	10.33	10.81	10.57	9.70	9.77	9.73
P_1-Panchagavya + Amrutpani	10.89	11.84	11.37	10.28	10.33	10.30
SE (m) ±	0.02	0.03	0.02	0.01	0.03	0.02
CD (5%)	0.06	0.08	0.05	0.04	0.10	0.06
Interactions						
F X M	SIG	NS	NS	NS	NS	NS
F X P	NS	NS	NS	NS	NS	NS
M X P	NS	NS	NS	NS	NS	NS
F X M X P	NS	NS	NS	NS	NS	NS
GM	10.61	11.33	10.97	9.99	10.05	10.02

Efeitos de interação

Todos os efeitos de interação entre fontes de nutrientes, cobertura morta de polietileno e entre panchagavya + amrutpani não atingiram o nível de significância no caso da altura da planta em todas as fases de crescimento da cultura durante ambos os anos e na média dos dois anos.

4.2.2. Número de folhas funcionais por planta

Os dados apresentados no quadro 9 revelam que, independentemente dos tratamentos, o número de folhas funcionais por planta aumentou com o aumento da idade da cultura até aos 90 DAS. Depois disso, observou-se uma redução no número de folhas funcionais à medida que a cultura atingia a maturidade. O padrão foi o mesmo durante as três observações. Em geral, registou-se um maior número de folhas por planta durante o ano 2006-07 do que em 2005-06.

Efeito das fontes de nutrientes

O número de folhas por planta foi influenciado pelas fontes de nutrientes em todas as fases de crescimento da cultura durante os dois anos e na média dos dois anos.

Aos 30 DAS, o número máximo de folhas por planta foi registado com 75 % RDN + 25 % N como PM (F_2), que foi significativamente superior a 100 % RDN (F_1), 50 % RDN + 50 % N como PM (F_3) e 100 % N como PM (F_4) durante ambos os anos e na média de dois anos. Durante 2005-06, 50 % RDN + 50 % N como PM (F_3) e 100 % N como PM (F_4) não mostraram diferença significativa, mas foram significativamente superiores a 100 % RDN (F_1) durante 2005-2006. No entanto, durante 2006-07 e na média de dois anos, 100 % N através de estrume de aves (F_4) registou um número significativamente maior de folhas por planta do que 50 % RDN + 50 % N como PM (F_3) e 100 % RDN (F_1) não atingiu o nível de significância durante 2006-07.

Aos 60 DAS, foi registado um número significativamente mais elevado de folhas por planta com 75 % RDN + 25 % N como PM (F_2) do que 100 % RDN (F_1), 50 % RDN + 50 % N como PM (F_3) e 100 % N como PM (F_4) durante ambos os anos e na média de dois anos. A diferença entre 50 % de RDN + 50 % de N como PM (F_3) e 100 % de RDN (F_1) não foi tão boa, mas foi significativamente superior a 100 % de N como PM (F_4) em ambos os anos e na média de dois anos.

Aos 90 DAS observou-se um número significativamente máximo de folhas com 75 % RDN + 25 % N como PM (F_2) sobre 50 % RDN + 50 % N como PM (F_3) e 100 % N como PM (F_4) mas comportou-se de forma semelhante com 100 % RDN (F_1) durante 2005-2006 e média de dois anos, enquanto que durante 2006-2007 (F_2) 75 % RDN + 25 % N como PM foi significativamente superior ao resto dos tratamentos. Enquanto que (F_3) 50 % RDN + 50 % N como PM foi significativamente superior a 100 % N como PM (F_4) em ambos os anos e na média de dois anos.

O número máximo de folhas foi registado significativamente no tratamento 100 % RDN (F_1) do que 50 % RDN + 50 % N como PM (F_3) e 100 % N como PM (F_4), mas foi igual a 75 % RDN + 25 % N como PM (F_2), enquanto 50 % RDN + 50 % N como PM (F_3) foi significativamente superior a 100 % N como PM (F_4) durante ambos os anos de estudo e média de dois anos.

Efeito da cobertura morta de polietileno

O tratamento com mulch de polietileno (M_1) teve um efeito positivo no número de folhas funcionais por planta da cultura, ou seja, aos 30 e 60 DAS e aos 90 DAS foi igual ao controlo (M_0) e na colheita foi significativamente inferior ao controlo durante as três observações.

Efeito dos estimulantes de crescimento

O número de folhas por planta foi influenciado significativamente devido à pulverização de panchagavya + amrutpani através de irrigação (P_1) em todas as fases de crescimento da cultura, exceto aos 30 DAS, em que foi igual ao controlo (P_0) durante ambos os anos de estudo e média de dois anos.

Efeitos de interação:

Fontes de nutrientes x cobertura morta de polietileno - número de folhas funcionais 90 DAS

O efeito da interação entre fontes de nutrientes x cobertura morta de polietileno no que diz respeito ao número de folhas funcionais da planta[1] foi considerado significativo aos 90 DAS durante 2005-06. Todos os outros efeitos de interação foram considerados não significativos durante os dois anos e na média dos dois anos.

Quadro 10: Número médio de folhas funcionais do milho doce influenciado por fontes de nutrientes x cobertura morta de polietileno aos 90 DAS durante 2005-06.

Treatments	Polythene mulch	
	No. of functional leaves 90 DAS	
	2005-06	
Nutrient sources	M_0	M_1
F_1	10.80	12.23
F_2	11.53	11.67
F_3	10.47	11.20
F_4	8.20	8.80
	Between the different levels of nutrient sources at the same or different levels of mulch	Between the different levels of mulches at the same or different levels of nutrient source
SE±	0.22	0.41
C.D. at 5%	0.72	1.33

Pode ver-se a partir dos dados apresentados no Quadro 10 que, durante 2005-06, sob M_0 (sem cobertura vegetal) F_2 (75 % RDN + 25 % N como PM) o nível de fonte de nutrientes registou significativamente

O nível de nutrientes F_1 (100 % RDN) registou um número significativamente maior de folhas funcionais do que as restantes fontes de nutrientes, exceto F_2 (75 % RDN + 25 % N como PM), que foi igual à primeira combinação de tratamentos. Além disso, sob F_1 nível de fonte de nutrientes, M_1 (cobertura morta de polietileno) registou um número significativamente maior de folhas funcionais do que M0 (sem cobertura morta). No entanto, sob as restantes fontes de nutrientes, os tratamentos M_0 e M_1 estavam ao mesmo nível. O desempenho do milho doce em termos de folhas funcionais foi significativamente melhor com a combinação F_1 M_1 (100% RDN + cobertura morta de polietileno) do que com as restantes combinações de tratamento, exceto F_2 M_0 e F_2 M_1 , que foi igual à primeira combinação.

4.2.1. Acumulação de matéria seca por planta (g)

Os dados relativos à acumulação periódica de matéria seca na planta de milho doce e à repartição da matéria seca nas diferentes partes são apresentados nos quadros 11, 12, 13 e 14.

Os dados relacionados com a acumulação de matéria seca por planta aos 30 DAS durante ambos os anos e nos dois anos médios são apresentados no Quadro 11 e representados na Fig. 6. Os dados relativos à acumulação de matéria seca nas diferentes partes da planta (i.e. folhas e caule) aos 60 DAS são apresentados no Quadro 11 e representados na Fig. 7. A acumulação de matéria seca nas diferentes partes da planta (i.e. caule, folhas e espiga), afetada pelos diferentes tratamentos aos 90 DAS, é apresentada no Quadro 12 e representada na Fig. 8. Além disso, a acumulação de matéria seca nas diferentes partes da planta (ou seja, caule, folhas, grãos, bainha da espiga e eixo da espiga) na colheita, afetada pelos diferentes tratamentos, é apresentada nos quadros 13 e 14.

Efeito das fontes de nutrientes

A acumulação de matéria seca mostrou uma tendência crescente com o aumento da idade da cultura, tanto durante o ano como na média de dois anos.

Aos 30 DAS, a acumulação de matéria seca foi máxima com F_2 (i.e. 75 % RDN + 25 % N como PM), que foi significativamente superior aos restantes tratamentos durante ambos os anos e na média dos dois anos, exceto F_4 (100 % N como PM) durante 2006-07, que foi igual ao tratamento anterior F_2 (75 % RDN + 25 % N como PM). Além disso, o tratamento F_4 (100 % N como PM) registou uma quantidade significativamente maior de matéria seca do que F_1 (100 % RDN), F3 (50 % RDN + 50 % N como PM) e F3 (50 % RDN + 50 % N como PM) registou uma matéria seca significativamente maior do que F_1 (100 % RDN) durante ambos os anos de experimentação e na média de dois anos.

Quadro 11 : Efeito das fontes de nutrientes, da cobertura morta de polietileno e dos estimulantes de crescimento na

Acumulação de matéria seca (g) nas diferentes partes da planta do milho doce aos 30 e 60 DAS durante 2006-07, 2006-07 e na média dos dois anos.

| Treatments | 30 DAS | | | 60 DAS | | |
| | | | | Leaves | | |
	2005-06	2006-07	Mean of 2 years	2005-06	2006-07	Mean of 2 years
Nutrient sources						
F_1-100 % RDN	3.03	4.29	3.66	44.06	49.27	46.67
F_2-75 % RDN + 25 % N through PM	4.36	4.78	4.57	55.91	62.45	59.18
F_3-50 % RDN + 50 % N through PM	3.58	4.50	4.04	44.63	52.82	48.73
F_4-100 % N through PM	3.82	4.69	4.26	31.88	42.89	37.39
SE (m) ±	0.04	0.02	0.03	0.73	0.89	0.69
CD (5%)	0.15	0.09	0.10	2.54	3.09	2.38
Polythene mulch						
M_0-Control	2.23	4.03	3.13	36.52	45.32	40.92
M_1- Mulch	5.16	5.10	5.13	51.72	58.40	55.06
SE (m) ±	0.02	0.01	0.01	0.20	0.26	0.17
CD (5%)	0.07	0.04	0.04	0.65	0.85	0.55
Growth stimulants						
P_0-Control	3.45	4.58	4.01	42.58	46.94	44.76
P_1-Panchagavya + Amrutpani	3.94	4.56	4.25	45.67	56.78	51.22
SE (m) ±	0.03	0.01	0.02	0.20	0.36	0.22
CD (5%)	NS	NS	NS	0.59	1.07	0.66
Interactions						
F X M	NS	NS	NS	NS	NS	NS
F X P	NS	NS	NS	NS	NS	NS
M X P	NS	NS	NS	NS	NS	NS
F X M X P	NS	NS	NS	NS	NS	NS
GM	3.6	4.6	4.1	44.12	51.86	47.99

Aos 60 DAS, uma quantidade significativamente maior de matéria seca das folhas, caule e

A matéria seca total foi registada com a aplicação de F2 (i.e. 75 % RDN + 25 % N como PM) do que F_1 (100 % RDN), F_3 (50 % RDN + 50 % N como PM) e F_4 (100 % N como PM) durante ambos os anos e na média dos dois anos. No caso da matéria seca das folhas durante 2005-06 e na média dos dois anos, a matéria seca do caule e a matéria seca total durante 2006-07, as diferenças entre 50 % RDN + 50 % N como PM (F_3) e 100 % RDN (F_1) não foram satisfatórias e ambos os tratamentos foram significativamente superiores a 100 % N como PM (F_4) durante o período acima referido. No caso de acumulação de matéria seca nas folhas durante 2006-07 e acumulação de matéria seca no caule e total durante 2005-06 e na média de dois anos, a aplicação de 50 % RDN + 50 % N como PM (F$_3$) foi significativamente superior a 100 % RDN (Fi) e 100 % N como PM (F4). Enquanto

Quadro 11 : Efeito das fontes de nutrientes, da cobertura morta de polietileno e dos estimulantes de crescimento na

Acumulação de matéria seca (g) nas diferentes partes da planta do milho doce aos 60 DAS durante 2006-07, 2006-07 e na média dos dois anos.

Treatments	60 DAS					
	Stem			Total		
	2005-06	2006-07	Mean of 2 years	2005-06	2006-07	Mean of 2 years
Nutrient sources						
F$_1$-100 % RDN	38.03	43.08	40.55	82.09	92.35	87.22
F$_2$-75 % RDN + 25 % N through PM	56.42	53.68	55.05	112.32	116.13	114.23
F$_3$-50 % RDN + 50 % N through PM	44.89	44.48	44.69	89.53	97.30	93.42
F$_4$-100 % N through PM	31.55	37.74	34.65	63.43	80.63	72.03
SE (m) ±	0.79	0.71	0.55	1.35	1.47	1.12
CD (5%)	2.74	2.47	1.92	4.69	5.08	3.89
Polythene mulch						
M$_0$-Control	34.92	39.44	37.18	71.44	84.76	78.10
M$_1$- Mulch	50.53	50.05	50.29	102.25	108.45	105.35
SE (m) ±	0.26	0.20	0.19	0.40	0.40	0.32
CD (5%)	0.85	0.66	0.61	1.31	1.31	1.04
Growth stimulants						
P$_0$-Control	39.11	40.84	39.98	81.69	87.78	84.74
P$_1$-Panchagavya + Amrutpani	46.33	48.65	47.49	92.00	105.42	98.71
SE (m) ±	0.19	0.34	0.22	0.32	0.52	0.34
CD (5%)	0.56	1.03	0.65	0.96	1.57	1.02
Interactions						
F X M	SIG	NS	NS	SIG	NS	NS
F X P	NS	NS	NS	NS	NS	NS
M X P	NS	NS	NS	NS	NS	NS
F X M X P	NS	NS	NS	NS	NS	NS
GM	42.72	44.74	43.73	86.84	96.60	91.72

100 % RDN (Fi) significativamente superior a 100 % N como PM (F4) em relação à acumulação de matéria seca nas folhas, caule e acumulação total de matéria seca durante as três observações.

Aos 90 DAS, a acumulação de matéria seca nas folhas, caule, espiga e acumulação total de matéria seca foi significativamente mais elevada com a F2 (ou seja,

Quadro 12: Efeito das fontes de nutrientes, da cobertura morta de polietileno e dos estimulantes de crescimento na

acumulação de matéria seca (g) nas diferentes partes da planta de milho doce aos 90 DAS em 2005-06, 2006-07 e na média dos dois anos

Treatments	90 DAS					
	Cobs			Total		
	2005-06	2006-07	Mean of 2 years	2005-06	2006-07	Mean of 2 years
Nutrient sources						
F_1-100 % RDN	67.18	75.68	71.43	181.96	205.03	193.50
F_2-75 % RDN + 25 % N as PM	75.20	88.38	81.79	207.93	228.20	218.07
F_3-50 % RDN + 50 % N as PM	66.59	73.65	70.12	173.96	192.50	183.23
F_4-100 % N as PM	47.93	61.53	54.73	140.82	165.61	153.22
SE (m) ±	0.47	0.90	0.38	1.85	1.45	1.27
CD (5%)	1.64	3.13	1.31	6.41	5.01	4.38
Polythene mulch						
M_0-Control	51.13	58.61	54.87	144.66	171.21	157.94
M_1- Mulch	77.32	91.00	84.16	207.68	224.46	216.07
SE (m) ±	0.27	0.14	0.15	0.60	0.64	0.44
CD (5%)	0.88	0.46	0.47	1.94	2.07	1.45
Growth stimulants						
P_0-Control	60.41	70.56	65.49	166.92	187.63	177.27
P_1-Panchagavya + Amrutpani	68.04	79.05	73.55	185.42	208.04	196.73
SE (m) ±	0.25	0.26	0.15	0.36	0.85	0.53
CD (5%)	0.74	0.79	0.45	1.08	2.55	1.60
Interactions						
F X M	SIG	NS	SIG	NS	NS	NS
F X P	NS	NS	NS	NS	NS	NS
M X P	NS	NS	NS	NS	NS	NS
F X M X P	NS	NS	NS	NS	NS	NS
GM	64.22	74.81	69.52	176.17	197.84	187.00

acumulação de matéria nas folhas, durante 2005-06 e nas espigas durante ambos os anos e na média de dois anos. F_1 (100 % RDN) foi igual a F3 (50 % RDN + 50 % N como PM) e ambos os tratamentos foram significativamente superiores a F_4 (100 % N como PM).

Quadro 13: Efeito das fontes de nutrientes, da cobertura morta de polietileno e dos estimulantes de crescimento em

acumulação de matéria seca (g) nas diferentes partes da planta do milho doce na colheita de 2005-06, 2006-07 e na média dos dois anos

Treatments	At harvest								
	Leaves			Stem			Grain		
	2005-06	2006-07	Mean of 2 years	2005-06	2006-07	Mean of 2 years	2005-06	2006-07	Mean of 2 years
Nutrient sources									
F_1-100 % RDN	63.13	71.46	67.30	61.76	78.54	70.15	77.89	74.64	76.27
F_2-75 % RDN + 25 % N as PM	71.10	81.54	76.32	77.12	100.73	88.93	87.01	92.70	89.85
F_3-50 % RDN + 50 % N as PM	62.02	72.70	67.36	65.74	81.85	73.80	78.43	70.29	74.36
F_4-100 % N as PM	51.14	58.74	54.94	50.76	67.53	59.14	70.93	56.16	63.55
SE (m) ±	0.93	0.66	0.78	1.36	1.37	1.02	0.47	0.74	0.28
CD (5%)	3.20	2.30	2.69	4.70	4.75	3.52	1.61	2.55	0.95
Polythene mulch									
M_0-Control	52.61	63.91	58.26	50.85	69.31	60.08	70.60	67.07	68.84
M_1- Mulch	71.08	78.31	74.70	76.84	95.02	85.93	86.53	79.83	83.18
SE (m) ±	0.38	0.37	0.24	0.51	0.69	0.41	0.54	0.24	0.36
CD (5%)	1.24	1.21	0.78	1.67	2.24	1.34	1.78	0.78	1.19
Growth stimulants									
P_0-Control	57.95	68.52	63.24	55.31	76.82	66.06	74.60	69.40	72.00
P_1- Panchagavya + Amrutpani	65.75	73.70	69.72	72.38	87.50	79.94	82.53	77.50	80.01
SE (m) ±	0.36	0.34	0.26	0.49	0.60	0.28	0.44	0.38	0.26
CD (5%)	1.09	1.01	0.78	1.47	1.81	0.85	1.33	1.15	0.77
Interactions									
F X M	NS	NS	NS	NS	NS	NS	NS	NS	NS
F X P	NS	NS	NS	NS	NS	NS	NS	NS	NS
M X P	NS	NS	NS	NS	NS	NS	NS	NS	NS
F X M X P	NS	NS	NS	NS	NS	NS	NS	NS	NS
GM	61.85	71.11	66.48	63.84	82.16	73.00	78.57	73.45	76.00

Na colheita, a acumulação de matéria seca nas folhas, caule, grão, bainha da espiga, espiga

e a acumulação de matéria seca total foi significativamente mais elevada na F2 (ou seja, 75 % de RDN

+ 25 % N como PM) do que F_i (100 % RDN), F_3 (50 % RDN + 50 % N como PM) e F_4 (100 % N como PM) durante ambos os anos de experimentação e na média dos dois anos.

Além disso, a acumulação de matéria seca nas folhas, na bainha da espiga e na matéria seca total da planta[1] durante ambos os anos e na média dos dois anos; no caule durante 2005'06 e

Quadro 14: Efeito das fontes de nutrientes, da cobertura morta de polietileno e dos estimulantes de crescimento na

Acumulação de matéria seca (g) nas diferentes partes da planta da variedade doce

milho na colheita de 2005-06, 2006-07 e na média dos dois anos

| Treatments | At harvest | | | | | | | | |
| | Cob sheath | | | Cob axis | | | Total | | |
	2005-06	2006-07	Mean of 2 years	2005-06	2006-07	Mean of 2 years	2005-06	2006-07	Mean of 2 years
Nutrient sources									
F_1-100 % RDN	26.56	30.03	28.30	30.19	24.28	27.23	259.53	278.95	269.24
F_2-75 % RDN + 25 % N as PM	32.78	37.58	35.18	37.07	29.70	33.38	305.08	342.26	323.67
F_3-50 % RDN + 50 % N as PM	26.88	31.28	29.08	33.35	25.87	29.61	266.42	281.98	274.20
F_4-100 % N as PM	16.03	14.64	15.34	25.43	15.93	20.68	214.27	212.99	213.65
SE (m) ±	0.29	0.43	0.31	0.50	0.40	0.36	3.27	2.69	2.24
CD (5%)	1.01	1.49	1.06	1.74	1.38	1.26	11.32	9.29	7.74
Polythene mulch									
M_0-Control	17.90	23.19	20.54	29.68	21.65	25.66	221.63	245.13	233.38
M_1- Mulch	33.23	33.58	33.40	33.34	26.24	29.79	301.01	312.97	307.00
SE (m) ±	0.21	0.14	0.11	0.19	0.12	0.12	1.12	0.89	0.62
CD (5%)	0.70	0.45	0.35	0.63	0.38	0.39	3.67	2.90	2.03
Growth stimulants									
P_0-Control	22.93	25.94	24.44	30.10	22.42	26.26	240.88	263.10	252.00
P_1- Panchagavya + Amrutpani	28.20	30.83	29.51	32.92	25.47	29.19	281.77	295.00	288.38
SE (m) ±	0.12	0.21	0.12	0.17	0.17	0.09	0.96	0.85	0.49
CD (5%)	0.36	0.63	0.36	0.50	0.51	0.26	2.87	2.54	1.48
Interactions									
F X M	NS	NS	SIG	NS	NS	NS	NS	NS	NS
F X P	NS	NS	NS	NS	NS	NS	NS	NS	NS
M X P	NS	NS	NS	NS	NS	NS	NS	NS	SIG
F X M X P	NS	NS	NS	NS	NS	NS	NS	NS	NS
GM	25.56	28.38	26.97	31.51	23.94	27.73	261.32	279.05	270.19

2006-07 e na amêndoa durante 2005-06 foi significativamente maior com F3 (50 % RDN + 50 % N como PM) e Fi (100 % RDN) do que F4 (100 % N como PM); e os dois primeiros tratamentos foram iguais. No entanto, no que diz respeito à acumulação de matéria seca no eixo da espiga durante 2005-06, 2006-07 e na média de dois anos, no caule na média de dois anos foi significativamente maior sob F3 (50 % RDN + 50 % N como PM) do que F1 (100 % RDN) e F4 (100 % N como PM). Além disso, em relação à acumulação de matéria seca no grão durante 2006-07 e na média de dois anos foi significativamente maior sob F1 (100 % RDN) do que F3 (50 % RDN + 50 % N como PM) e F4 (100 % N como PM).

Efeito da cobertura morta de polietileno

A acumulação de matéria seca por planta e nas diferentes partes da planta aos 30, 60, 90 DAS e na colheita, durante os dois anos de estudo e na média dos dois anos, foi significativamente mais elevada sob mulch de polietileno transparente (M_1) do que no controlo (M_0).

Efeito dos estimulantes de crescimento

A acumulação de matéria seca por planta e nas diferentes partes da planta e a acumulação total de matéria seca da planta^{-1} aos 60, 90 DAS e na colheita foi significativamente maior com a aplicação de 3 % de panchagavya spray + amrutpani através da irrigação (P_1) sobre o controlo (P_0) durante ambos os anos e na média dos dois anos. No entanto, não foi significativo aos 30 DAS durante ambos os anos de experimentação e na média dos dois anos.

Efeitos de interação

A acumulação de matéria seca mostrou resultados significativos devido ao efeito de interação das fontes de nutrientes e da cobertura morta de polietileno no que diz respeito à produção de matéria seca total e do caule aos 60 DAS durante 2005-06, no caso das espigas aos 90 DAS durante 2005-06 e na média de dois anos e no que diz respeito à bainha da espiga na colheita na média de dois anos. Os resultados significativos também foram observados devido ao efeito de interação da cobertura de polietileno x estimulantes de crescimento na colheita no caso da matéria seca total da planta^{-1} na média dos dois anos. Todas as outras interacções foram consideradas não significativas durante os dois anos e na média dos dois anos.

Fontes de nutrientes x Cobertura morta de polietileno - matéria seca do caule e matéria seca total (g)

Os dados relativos ao efeito de interação entre as fontes de nutrientes x cobertura morta de polietileno são apresentados nos quadros 15 e 16.

Os dados do Quadro 15 relativos à acumulação de matéria seca aos 60 DAS no caule e à acumulação total de matéria seca aos 60 DAS indicam que o nível F2 (75 % RDN + 25 % N como PM) de fonte de nutrientes registou uma quantidade significativamente maior de acumulação de matéria seca sob ambas as coberturas em relação aos restantes níveis de fontes de nutrientes. Enquanto que os níveis de nutrientes F1 (100 % RDN) e F3 (50 % RDN + 50 % N como PM) foram estatisticamente iguais e significativamente superiores a F4 sob cobertura de polietileno, em relação a ambas as observações apresentadas no Quadro 15. Além disso, em todos os níveis de fontes de nutrientes, M_1 (cobertura morta de polietileno) registou uma quantidade significativamente maior de acumulação de matéria seca do que M_0 (sem cobertura morta). O desempenho em termos de matéria seca

Tabela 15: Acumulação média de matéria seca (g) no caule e matéria seca total acumulação de plantas[1] de milho doce influenciada por fontes de nutrientes x cobertura morta de polietileno aos 60 DAS durante 2005'06.

Treatments	Polythene mulch			
	60 DAS DM of Stem		**60 DAS DM plant[-1]**	
	(2005-06)		(2005-06)	
Nutrient sources	M_0	M_1	M_0	M_1
F_1	27.20	48.86	63.27	100.92
F_2	51.73	61.10	102.65	122.00
F_3	39.96	49.83	76.53	102.53
F_4	20.80	42.31	43.33	83.54
	Bet. the diff. levels of nutrient sources at the same or different levels of mulch	Bet. the diff. levels of mulch at the same or different levels of nutrient sources	Bet. the diff. levels of nutrient sources at the same or different levels of mulch	Bet. the diff. levels of mulch at the same or different levels of nutrient sources
SE±	1.38	2.52	2.61	4.56
C.D. at 5%	4.51	8.20	8.53	14.86

A acumulação de matéria no caule e a matéria seca total da planta[1] foi significativamente melhor na combinação de tratamentos F2M1 (75 % RDN + 25 % N como PM e cobertura morta de polietileno) do que nas restantes combinações de tratamentos durante 2005'06.

Os dados do quadro 16 indicam que, em 2005-06, em ambas as coberturas, o nível de nutrientes F_2 (75 % RDN + 25 % N como PM) registou uma acumulação significativamente maior de matéria seca nas espigas e na média de dois anos aos 90 DAS do que os outros níveis, exceto F_3 (50 % RDN + 50 % N como PM), que foi igual ao tratamento anterior F_2 (75 % RDN + 25 % N como PM) sob M_0 (sem cobertura) em 2005-06. Além disso, sob todos os níveis de fontes de nutrientes, M_1 (cobertura morta de polietileno) registou uma quantidade significativamente maior de acumulação de matéria seca nas espigas do que M0 (sem cobertura morta) durante 2005-06 e na média de dois anos. O desempenho em termos de acumulação de matéria seca na espiga durante 2005-06 e na média dos dois anos foi significativamente melhor

Tabela 16: **Acumulação média de matéria seca (g) das espigas de milho doce influenciada pelas fontes de nutrientes x cobertura morta de polietileno aos 90 DAS durante 2005-06 e em a média de dois anos.**

Treatments	Polythene mulch			
Nutrient sources	90 DAS DM of Cob		90 DAS DM of Cob	
	(2005-06)		Mean of two year	
	M_0	M_1	M_0	M_1
F_1	49.60	84.75	55.32	87.53
F_2	57.84	92.57	64.77	98.81
F_3	56.76	76.41	57.58	82.66
F_4	40.33	55.54	41.81	67.64
	Bet. the diff. levels of nutrient sources at the same or different levels of mulch	Bet. the diff. levels of mulch at the same or different levels of nutrient sources	Bet. the diff. levels of nutrient sources at the same or different levels of mulch	Bet. the diff. levels of mulch at the same or different levels of nutrient sources
SE±	2.29	2.69	1.23	1.68
C.D. at 5%	7.46	8.79	4.03	5.47

sob a combinação de tratamento F2M1 (75 % RDN + 25 % N como PM e cobertura morta de polietileno) do que as restantes combinações de tratamento.

Os dados sobre o efeito da interação entre as fontes de nutrientes e o mulch de polietileno no que respeita à acumulação de matéria seca na bainha da espiga são apresentados no Quadro 17. Os dados indicam que em ambas as coberturas F_2 (75 % RDN + 25 % N como PM) o nível de fonte de nutrientes registou uma acumulação de matéria seca significativamente maior do que os outros níveis de fontes de nutrientes. Além disso, em todos os níveis de fontes de nutrientes, M1 (cobertura morta de polietileno) registou uma quantidade significativamente maior de acumulação de matéria seca do que M0 (sem cobertura morta). A acumulação de matéria seca na bainha da espiga de milho doce na média de dois anos na colheita foi significativamente melhor sob a combinação de tratamento F2M1 (75 % RDN + 25 % N como PM e cobertura morta de polietileno) do que as restantes combinações de tratamento.

Tabela 17: **Acúmulo médio de matéria seca (g) na bainha da espiga de milho doce influenciado por fontes de nutrientes x cobertura morta de polietileno na média dos dois anos aquando da colheita.**

Treatments	Polythene mulch	
	Dry matter of cob sheath at harvest	
	Mean of two year	
Nutrient sources	M_0	M_1
F_1	19.35	37.24
F_2	28.84	41.53
F_3	22.73	35.43
F_4	11.26	19.42
	Between the different levels of nutrient sources at the same or different levels of mulch	Between the different levels of mulches at the same or different levels of nutrient source
SE±	0.90	1.29
C.D. at 5%	2.95	4.21

Quadro 18: Acumulação total de matéria seca (g) do milho doce na colheita sob influência

por mulch de polietileno x estimulantes de crescimento na média de dois anos.

Treatments	Growth stimulants	
Nutrient sources	Total dry matter plant^{-1}	
	Mean of two years	
	P_0	P_1
M_0	220.11	246.65
M_1	283.88	330.11
	Bet. the diff. levels of growth stimulant at the same or different levels of mulch	Bet. the diff. levels of mulch at the same or different levels of growth stimulant
SE±	4.20	4.78
C.D. at 5%	12.58	14.32

Os dados sobre o efeito de interação entre a cobertura de polietileno x estimulante de crescimento, isto é, 3 % de pulverização de panchagavya + amrutpani através de irrigação, foram apresentados no Quadro 18. Os dados indicam que, em ambos os tratamentos com estimulante de crescimento, M1 (cobertura morta de polietileno) registou uma acumulação de matéria seca total significativamente maior[1] do que M0 (sem cobertura morta). Além disso, em ambos os níveis de coberturas, P1 (panchagavya + amrutpani) registou uma quantidade significativamente maior de acumulação de matéria seca do que P0 (controlo). O desempenho do milho doce foi significativamente melhor com a combinação de tratamentos M P11 (cobertura morta de polietileno e panchagavya + amrutpani) do que com as restantes combinações de tratamentos na média do total de dois anos na colheita.

4.3. Atributos de rendimento

Os dados relativos aos caracteres de rendimento do milho doce, nomeadamente o comprimento da espiga, a circunferência da espiga, o número de linhas de grãos por espiga, o número de grãos por espiga, o peso dos grãos por espiga, o número de espigas por planta e o peso por espiga, são apresentados nos quadros 19 e 23.

Quadro 19: Efeito das fontes de nutrientes, do mulch de polietileno e dos estimulantes de crescimento na

caracteres de rendimento do milho doce em 2005-06, 2006-07

e na média de dois anos

Treatments	Cob length			Cob girth		
	2005-06	2006-07	Mean of 2 years	2005-06	2006-07	Mean of 2 years
Nutrient sources						
F_1-100 % RDN	20.19	19.13	19.66	17.12	17.73	17.43
F_2-75 % RDN + 25 % N through PM	21.10	20.39	20.75	18.01	18.39	18.20
F_3-50 % RDN + 50 % N through PM	20.14	19.39	19.76	17.32	17.87	17.60
F_4-100 % N through PM	16.78	16.77	16.78	15.93	16.15	16.04
SE (m) ±	0.13	0.16	0.12	0.10	0.05	0.06
CD (5%)	0.43	0.57	0.40	0.34	0.16	0.22
Polythene mulch						
M_0-Control	19.03	17.96	18.50	16.43	17.08	16.75
M_1- Mulch	20.07	19.87	19.97	17.76	17.99	17.88
SE (m) ±	0.03	0.04	0.03	0.03	0.01	0.02
CD (5%)	0.10	0.12	0.10	0.11	0.03	0.07
Growth stimulants						
P_0-Control	19.18	18.32	18.75	16.67	17.36	17.02
P_1-Panchagavya + Amrutpani	19.92	19.51	19.72	17.52	17.71	17.61
SE (m) ±	0.05	0.06	0.04	0.02	0.02	0.02
CD (5%)	0.15	0.18	0.13	0.07	0.05	0.05
Interactions						
F X M	SIG	NS	SIG	SIG	SIG	SIG
F X P	NS	NS	NS	NS	NS	NS
M X P	NS	NS	NS	NS	NS	NS
F X M X P	NS	NS	NS	NS	NS	NS
GM	19.55	18.92	19.23	17.09	17.53	17.31

4.3.1. Comprimento da espiga (cm), perímetro da espiga (cm), número de fileiras de grãos e grãos em espiga[11]

Os dados relacionados com o comprimento da espiga, a circunferência da espiga, o número de linhas de grãos e o número de grãos da espiga[1] afectados por diferentes tratamentos durante 2005-06, 2006-07 e na média dos dois anos são apresentados no Quadro 18 e representados nas Fig. 10, 11, 12 e 13.

Quadro 19. Efeito das fontes de nutrientes, da cobertura morta de polietileno e dos estimulantes de crescimento na

caracteres de atribuição de rendimento do milho doce em 2005'06, 2006'07

e na média de dois anos

Treatments	Number of grain rows			Number of Grains per cob		
	2005-06	2006-07	Mean of 2 years	2005-06	2006-07	Mean of 2 years
Nutrient sources						
F_1-100 % RDN	14.71	14.71	14.71	603.27	595.69	599.48
F_2-75 % RDN + 25 % N through PM	15.92	15.92	15.92	632.83	696.00	664.42
F_3-50 % RDN + 50 % N through PM	14.96	14.83	14.90	624.15	603.48	613.81
F_4-100 % N through PM	14.25	14.58	14.42	453.65	498.90	476.27
SE (m) ±	0.08	0.08	0.06	7.49	8.34	6.07
CD (5%)	0.29	0.28	0.21	25.91	28.86	21.01
Polythene mulch						
M_0-Control	14.42	14.52	14.47	549.01	552.67	550.84
M_1- Mulch	15.50	15.50	15.50	607.94	644.36	626.15
SE (m) ±	0.02	0.03	0.02	1.73	1.09	0.80
CD (5%)	0.08	0.10	0.07	5.63	3.54	2.61
Growth stimulants						
P_0-Control	14.58	14.77	14.68	552.39	577.69	565.04
P_1-Panchagavya + Amrutpani	15.33	15.25	15.29	604.56	619.34	611.95
SE (m) ±	0.02	0.02	0.02	2.68	2.30	2.02
CD (5%)	0.07	0.07	0.06	8.03	6.89	6.05
Interactions						
F X M	NS	NS	NS	SIG	NS	SIG
F X P	NS	NS	NS	NS	NS	NS
M X P	NS	NS	NS	NS	NS	NS
F X M X P	NS	NS	NS	NS	NS	NS
GM	14.96	15.01	14.98	578.47	598.52	588.49

Efeito das fontes de nutrientes

O comprimento da espiga, a circunferência da espiga, o número de fileiras de grãos e a espiga de grãos[-1] foram influenciados significativamente pelas diferentes fontes de nutrientes durante os dois anos e na média dos dois anos. Todos os atributos de rendimento acima referidos foram significativamente mais elevados em F2 (i.e. 75 % RDN + 25 % N como PM) do que em Fi (100 % RDN), F3 (50 % RDN + 50 % N como PM) e F4 (100 % N como PM) durante ambos os anos de experimentação e na média dos dois anos, exceto o número de grãos em espiga[-1] , onde F2 (i.ou seja, 75 % RDN + 25 % N como PM) foi igual ao F3 (50 % RDN + 50 % N como PM) durante 2005'06.

Além disso, as fontes de nutrientes F_1 (100 % RDN) e F_2 (i.e. 75% RDN + 25 % N como PM) foram iguais entre si e significativamente superiores a F_4 (100 % N como PM) em relação a todos os atributos de rendimento acima referidos durante as três observações.

Efeito da cobertura morta de polietileno

O comprimento da espiga, a circunferência da espiga, o número de fileiras de grãos e os grãos de espiga[1] durante os dois anos de estudo e na média dos dois anos foram significativamente mais elevados sob a cobertura de polietileno (M_1) do que no controlo (M_0).

Efeito dos estimulantes de crescimento

O comprimento da espiga, a circunferência da espiga, o número de fileiras de grãos e a espiga de grãos[1] foram significativamente maiores com a aplicação de 3 % de spray panchagavya + amrutpani através de irrigação (P_1) em relação ao controlo (P_0) durante ambos os anos de experimentação e na média de dois anos.

Efeitos de interação

Fontes de nutrientes x cobertura morta de polietileno - comprimento da espiga (cm)
Tabela 20. Comprimento da espiga (cm) de milho doce influenciado pelas fontes de nutrientes x

cobertura morta de polietileno durante 2005-06 e na média de dois anos.

Treatments	Polythene mulch			
Nutrient sources	Cob length (cm)		Cob length (cm)	
	2005-06		Mean of two year	
	M_0	M_1	M_0	M_1
F_1	20.25	20.13	18.93	20.38
F_2	20.83	21.38	20.33	21.16
F_3	20.13	20.15	19.48	20.05
F_4	14.92	18.64	15.25	18.30
	Bet. the diff. levels of nutrient sources at the same or different levels of mulch	Bet. the diff. levels of mulch at the same or different levels of nutrient sources	Bet. the diff. levels of nutrient sources at the same or different levels of mulch	Bet. the diff. levels of mulch at the same or different levels of nutrient sources
SE±	0.27	0.46	0.25	0.43
C.D. at 5%	0.87	1.50	0.82	1.40

O comprimento da espiga foi significativamente influenciado pelo efeito da interação entre fontes de nutrientes x cobertura morta de polietileno durante 2005-06 e na média dos dois anos. Todas as outras interacções relativas ao comprimento da espiga foram consideradas não significativas durante ambos os anos e na média dos dois anos de experimentação.

Os dados sobre o efeito da interação entre as fontes de nutrientes e o mulch de polietileno são apresentados no Quadro 20. Durante 2005-06, em ambas as coberturas F_1 (100 % RDN), F_2 (75 % RDN + 25 % N como PM) e F3 (50 % RDN + 50 % N como PM) foram iguais e significativamente superiores a F4 (100 % N como PM). Além disso, em F_1 (100 % RDN), F_2 (75 % RDN + 25 % N como PM) e F3 (50 % RDN + 50 % N como PM), ambas as coberturas foram iguais e em F4 (100 % N como PM), M1 (cobertura de polietileno) foi significativamente superior ao controlo (M_0). Relativamente aos dados relacionados com a média de dois anos, F_2 (75 % RDN + 25 % N como PM) o nível de fonte de nutrientes foi significativamente superior às restantes fontes de nutrientes sem cobertura morta, ou seja, M_0. No entanto, sob cobertura morta de polietileno (M_1), F_1 (100% RDN), F2 (75% RDN + 25% N como PM) e F3 (50% RDN + 50% N como PM) as fontes de nutrientes estavam a par e foram significativamente superiores a F4 (100% N como PM). Além disso, sob F2 (75 % RDN + 25 % N como PM) e F3 (50 % RDN + 50 % N como PM), os níveis de fontes de nutrientes M1 (cobertura morta de polietileno) e M0 (controlo) foram iguais, sob F_1 (100 % RDN) e F4 (100 % N como PM), M1 (cobertura morta de polietileno) foi significativamente superior a M_0 (controlo). Durante 2005-06, a interação F M_{21} foi significativamente superior às combinações $F4M_0$ e $F4M_1$ e foi (F M_{21}) a par das restantes combinações. Na média dos dois anos, a interação F M_{21} foi igual às interacções F M_{11} , F M_{20} e F M_{31} e significativamente superior às restantes interacções.

Fontes de nutrientes x cobertura morta de polietileno - perímetro da espiga (cm)

A circunferência da espiga mostrou resultados significativos devido ao efeito da interação de fontes de nutrientes e cobertura morta de polietileno durante 2005-06, 2006-07 e na média dos dois anos. Todas as outras interacções foram consideradas não significativas em ambos os anos e na média dos dois anos.

Os dados do quadro 21 indicam que, durante 2005-06, em ambas as coberturas F_2 (75 % RDN + 25 % N como PM), o nível de nutrientes registou um comprimento de espiga significativamente mais elevado do que F4 (100 % N como PM), o nível de nutrientes

Tabela 21. Circunferência da espiga (cm) de milho doce influenciada por fontes de nutrientes x cobertura morta de polietileno durante 2005-06, 2006-07

e na média de dois anos.

Treatments	Polythene mulch					
Nutrient sources	Cob girth		Cob girth		Cob girth	
	2005-06		2006-07		Mean of two year	
	M_0	M_1	M_0	M_1	M_0	M_1
F_1	16.77	17.48	17.06	18.40	16.91	17.94
F_2	17.64	18.38	18.08	18.71	17.86	18.55
F_3	16.82	17.83	17.63	18.12	17.22	17.97
F_4	14.50	17.35	15.54	16.75	15.02	17.05
	Bet. the diff. levels of nutrient sources at the same or different levels of mulch	Bet. the diff. levels of mulch at the same or different levels of nutrient sources	Bet. the diff. levels of nutrient sources at the same or different levels of mulch	Bet. the diff. levels of mulch at the same or different levels of nutrient sources	Bet. the diff. levels of nutrient sources at the same or different levels of mulch	Bet. the diff. levels of mulch at the same or different levels of nutrient sources
SE±	0.28	0.41	0.09	0.16	0.17	0.25
C.D. at 5%	0.92	1.33	0.27	0.53	0.55	0.83

e estava ao mesmo nível que o restante nível de fontes de nutrientes. Além disso, no âmbito do

Nas três primeiras fontes de nutrientes (F_1 , F_2 e F_3), ambos os tratamentos de cobertura morta foram estatisticamente semelhantes. No entanto, sob F_4 o tratamento M_1 (mulch de polietileno) foi significativamente superior ao M_0 (controlo).

Em 2006-07 e na média dos dois anos, em ambos os níveis de nutrientes, F_2 (75 % RDN + 25 % N como PM) registou um perímetro de espiga significativamente maior do que os outros níveis de nutrientes. Além disso, em todos os níveis de fontes de nutrientes, M_i (cobertura morta de polietileno) registou um perímetro de espiga significativamente mais elevado do que M_0 (sem cobertura morta), exceto F_3 (50 % RDN + 50 % N como PM) em 2006-2007 e na média de dois anos e F_2 na média de dois anos, em que ambas as coberturas estavam ao mesmo nível.

Em geral, o desempenho do milho doce em termos de perímetro da espiga durante 2005-06, 2006-07 e a média dos dois anos foi significativamente melhor com a combinação de tratamentos F M_{21} (75 % RDN + 25 % N como PM e cobertura morta de polietileno) do que com as restantes combinações de tratamentos.

Fontes de nutrientes x cobertura morta de polietileno - número de grãos em espiga".[1]

O número de grãos por espiga foi significativamente influenciado pelo efeito da interação entre fontes de nutrientes e cobertura morta de polietileno durante 2005-06 e na

119

média dos dois anos. Todas as outras interacções foram consideradas não significativas em ambos os anos e na média dos dois anos de experimentação.

Tabela 22. Número de grãos por espiga de milho doce influenciado pelas fontes de nutrientes

x cobertura morta de polietileno durante 2005'06 e na média de dois anos.

Treatments	Polythene mulch			
Nutrient sources	Number of grains per cob		Number of grains per cob	
	2005-06		Mean of two year	
	M_0	M_1	M_0	M_1
F_1	620.79	585.75	579.15	619.81
F_2	609.92	655.75	638.38	690.46
F_3	594.92	653.38	576.21	651.42
F_4	370.42	536.88	409.63	542.92
	Bet. the diff. levels of nutrient sources at the same or different levels of mulch	Bet. the diff. levels of mulch at the same or different levels of nutrient sources	Bet. the diff. levels of nutrient sources at the same or different levels of mulch	Bet. the diff. levels of mulch at the same or different levels of nutrient sources
SE±	14.66	26.82	7.85	19.84
C.D. at 5%	47.81	87.46	25.59	64.69

Os dados sobre o efeito da interação entre as fontes de nutrientes e a cobertura morta de polietileno são apresentados no Quadro 22. Os dados indicam que, com a cobertura morta de polietileno, o nível de nutrientes F_2 (75 % RDN + 25 % N como PM) registou um número significativamente maior de grãos por espiga do que o nível de nutrientes F4 (100 % N como PM), enquanto que, em 2005-06, foi igual aos restantes níveis de nutrientes, exceto F_1 . Além disso, sob os níveis F4 de fontes de nutrientes, o M1 (cobertura morta de polietileno) registou um número significativamente maior de grãos por espiga do que o M0 (sem cobertura morta) e, sob os restantes níveis de fontes de nutrientes, ambos os tratamentos de cobertura morta foram iguais em 2005-06.

Além disso, na média de dois anos, em ambas as coberturas, o nível de nutrientes F2 (75 % RDN + 25 % N como PM) registou um número significativamente maior de grãos por espiga do que os restantes níveis. Além disso, em todos os níveis de fontes de nutrientes, M1 (cobertura morta de polietileno) registou um número significativamente mais elevado de grãos por espiga do que M0 (sem cobertura morta), exceto F_2 (75 % RDN + 25 % N como PM) e F_1 (100 % RDN), em que ambos os tratamentos de cobertura morta, ou seja, M_0 e M_1 , estavam ao mesmo nível.

Desempenho do milho doce em termos de número de grãos por espiga em

2005-

Quadro 23. Efeito da gestão integrada de nutrientes, da cobertura morta de polietileno e do crescimento

estimulantes sobre os caracteres de rendimento do milho doce durante

2005-06, 2006-07 e média de dois anos

Treatments	Weight of grains per cob			Number of cobs per plant			Weight per cob		
	2005-06	2006-07	Mean of 2 years	2005-06	2006-07	Mean of 2 years	2005-06	2006-07	Mean of 2 years
Nutrient sources									
F_1-100 % RDN	220.35	247.67	234.01	1.30	1.68	1.49	430.42	461.67	446.04
F_2-75 % RDN + 25 % N through PM	254.52	276.04	265.28	1.17	1.92	1.54	478.96	477.08	478.02
F_3-50 % RDN + 50 % N through PM	235.37	268.33	251.85	1.08	1.68	1.38	457.22	475.71	466.47
F_4-100 % N through PM	143.47	164.13	153.80	1.07	1.18	1.13	295.97	295.42	295.69
SE (m) ±	2.87	4.13	3.04	0.02	0.03	0.01	6.87	5.17	5.19
CD (5%)	9.94	14.30	10.53	NS	0.10	0.05	23.77	17.89	17.96
Polythene mulch									
M_0-Control	186.92	222.60	204.76	1.09	1.47	1.28	393.40	393.21	393.31
M_1- Mulch	239.92	255.48	247.70	1.22	1.77	1.49	437.88	461.73	449.81
SE (m) ±	2.07	1.16	0.82	0.01	0.01	0.01	2.25	1.93	0.91
CD (5%)	6.76	3.79	2.68	NS	0.03	0.03	7.32	6.28	2.98
Growth stimulants									
P_0-Control	187.98	229.79	208.88	1.20	1.63	1.41	382.95	412.71	397.83
P_1- Panchagavya + Amrutpani	238.87	248.29	243.58	1.11	1.61	1.36	448.33	442.23	445.28
SE (m) ±	2.12	0.99	1.26	0.01	0.01	0.01	3.42	1.63	2.07
CD (5%)	6.37	2.98	3.77	NS	NS	NS	10.26	4.90	6.22
Interactions									
F X M	NS	NS	SIG	NS	NS	NS	SIG	NS	SIG
F X P	NS	NS	NS	NS	NS	NS	NS	NS	NS
M X P	NS	NS	NS	NS	NS	NS	NS	NS	NS
F X M X P	NS	NS	NS	NS	NS	NS	NS	NS	NS
GM	213.42	239.04	226.23	1.15	1.62	1.39	415.64	427.47	421.56

06 e a média de dois anos foi significativamente melhor com a combinação de tratamentos $F_{2\,Mt}$ (75 % RDN + 25 % N como PM e cobertura morta de polietileno) do que com as restantes combinações de tratamentos, exceto $F\,M_{20}$ (75 % RDN + 25 % N como PM e controlo).

23.3.5. Peso da espiga[1] (g), número de espigas[1] e peso da espiga[1] (g)

Os dados relativos ao peso de grãos cob[1] (g), número de espigas plant[1] e peso cob[1] (g) afectados pelos diferentes tratamentos durante 2005'06, 2006'07 e na média dos dois anos são apresentados no Quadro 23 e representados nas Fig. 14, 15 e 16.

Efeito das fontes de nutrientes

As diferentes fontes de nutrientes influenciaram significativamente o peso dos grãos por espiga em ambos os anos e na média dos dois anos. O peso dos grãos por espiga durante 2005'06 e na média dos dois anos foi significativamente mais elevado com F_2 (i.e. 75 % RDN + 25 % N como PM) do que com os restantes tratamentos. Durante 2006'07, o peso dos grãos por espiga foi significativamente maior com F_2 (i.e. 75 % RDN + 25 % N como PM), que estava a par com F_3 (i.e. 50 % RDN + 50 % N como PM) e foi significativamente superior a F_1 e F_4 . Por outro lado, F_1 (100 % RDN) foi significativamente superior a F_4 durante todas as três observações.

Relativamente ao número de espigas por planta, os dados não foram influenciados significativamente devido às diferentes fontes de nutrientes durante 2005'06. No entanto, durante 2006'07 e na média de dois anos, o tratamento F_2 (i.e. 75 % RDN + 25 % N como PM) foi significativamente superior aos restantes tratamentos. Seguiram-se os níveis de F_1 (100 % RDN) e F_3 (50 % RDN + 50 % N como PM), que foram iguais e significativamente superiores a F_4 (100 % N como PM) durante 2006'07 e na média de dois anos, F_1 (100 % RDN) foi significativamente superior a F_3 (50 % RDN + 50 % N como PM) e F_4 (100 % N como PM); em termos de número de espigas por planta.

Quando o peso por espiga foi considerado, observou-se que F_2 (i.e. 75 % RDN + 25 % N como PM) nível de fonte de nutrientes estava a par com F_3 (i.e. 50 % RDN + 50 % N como PM) nível e ele (F_2) foi significativamente superior aos restantes tratamentos durante ambos os anos e na média de dois anos.

Efeito da cobertura morta de polietileno

O peso da espiga[1] (g), o número de espigas[1] e o peso da espiga[1] (g) foram significativamente mais elevados com a cobertura de polietileno (M_1) do que com o controlo (M_0) em ambos os anos e na média dos dois anos.

Efeito dos estimulantes de crescimento

O peso da espiga[1] (g), o número de espigas[1] e o peso da espiga[1] (g) foram significativamente mais elevados com a aplicação de 3 % de panchagavya spray + amrutpani através de irrigação (P_1) do que com o controlo (P_0) durante ambos os anos de experimentação e na média de dois anos.

Efeitos de interação

Fontes de nutrientes x cobertura morta de polietileno - peso de grãos em espiga[11]

O peso dos grãos por espiga (g) apresentou resultados significativos devido ao efeito da interação entre fontes de nutrientes e cobertura morta de polietileno na média dos dois anos. Todas as outras interacções não atingiram o nível de significância durante os dois anos e na média dos dois anos de experimentação.

Tabela 24. Peso dos grãos por espiga (g) de milho doce influenciado periodicamente por fontes de nutrientes x cobertura morta de polietileno na média de dois anos.

Treatments	Polythene mulch	
	Weight of grains per cob	
	Mean of two years	
Nutrient sources	M_0	M_1
F_1	210.85	257.17
F_2	244.69	285.87
F_3	247.91	255.79
F_4	115.61	191.98
	Between the different levels of the nutrient sources at the same or different levels of mulch	Between the different levels of the mulches at the same or different levels of nutrient source
SE±	6.97	11.49
C.D. at 5%	22.73	37.47

Os dados apresentados no quadro 24 mostram que, com o mulch de polietileno, o nível de nutrientes F_2 (75 % RDN + 25 % N como PM) registou um peso significativamente mais elevado de grãos por espiga do que os restantes níveis. Além disso, em todos os níveis de fontes de nutrientes, M_1 (cobertura morta de polietileno) registou um peso significativamente mais elevado de grãos por espiga do que M_0 (controlo), exceto em F_3 (50 % RDN + 50 % N como PM). O desempenho do milho doce em termos de peso de grãos por espiga na média de dois anos foi significativamente mais elevado na combinação de tratamentos F2M1 (75 % RDN + 25 % N como PM e cobertura morta de polietileno) do que nas restantes combinações de tratamentos.

Fontes de nutrientes x cobertura morta de polietileno - peso cob[11] (g)

O peso por espiga apresentou resultados significativos devido ao efeito de interação das fontes de nutrientes e da cobertura morta de polietileno durante 2005-06 e na média dos dois anos. Todas as outras interacções foram consideradas não significativas em ambos os anos e na média dos dois anos de experimentação.

Tabela 25. Peso por espiga (g) de milho doce influenciado pelas fontes de nutrientes x

cobertura morta de polietileno durante 2005'06 e na média de dois anos.

Treatments	Polythene mulch			
Nutrient sources	Weight per cob		Weight per cob	
	2005-06		Mean of two year	
	M_0	M_1	M_0	M_1
F_1	394.72	466.11	406.11	485.97
F_2	473.06	484.86	461.94	494.10
F_3	469.17	445.28	457.25	475.68
F_4	236.67	355.28	247.92	343.47
	Bet. the diff. levels of nutrient sources at the same or different levels of mulch	Bet. the diff. levels of mulch at the same or different levels of nutrient sources	Bet. the diff. levels of nutrient sources at the same or different levels of mulch	Bet. the diff. levels of mulch at the same or different levels of nutrient sources
SE±	19.06	28.07	7.75	17.39
C.D. at 5%	62.15	91.54	25.28	56.71

Os dados sobre o efeito de interação entre as fontes de nutrientes e o mulch de polietileno são apresentados no Quadro 25. Durante 2005-06, em ambas as coberturas, o nível de fonte de nutrientes F_2 (75 % RDN + 25 % N como PM) registou um peso por espiga significativamente mais elevado do que os restantes níveis, exceto a par com os tratamentos F_3 sob M_0 (sem cobertura) e F_1 , e F_3 sob M_1 (cobertura de polietileno), que estavam a par com F2 (75 % RDN + 25 % N como PM) e eram significativamente superiores a F4 (100 % N como PM). Além disso, sob o nível F4 de fonte de nutrientes, M_1 (cobertura morta de polietileno) registou um peso significativamente mais elevado por espiga do que M_0 (sem cobertura morta) e sob as restantes fontes de nutrientes, ou seja, F_1 , F_2 e F_3 , ambos os tratamentos de cobertura morta foram iguais.

Na média de dois anos sob M_0 (controlo) e M_i (cobertura de polietileno), as coberturas, O nível de nutrientes F2 (75 % RDN + 25 % N como PM) registou um peso significativamente mais elevado por espiga do que F_i (100 % RDN) e F4 (100 % N como PM), respetivamente, e foi igual a F_3 (50 % RDN + 50 % N como PM) e F4 (100 % N como PM) sob M0 (controlo) e com F_i (100 % RDN) e F_3 sob M_i (cobertura morta de polietileno). Além disso, sob F_1 e F_4 níveis de fontes de nutrientes, M_1 (cobertura morta

75 % RDN + 25 % N como PM)

Quadro 12: Efeito das fontes de nutrientes, do mulch de polietileno e dos estimulantes de crescimento na acumulação de matéria seca (g) nas diferentes partes da planta do milho doce aos 90 DAS em 2005-06, 2006-07 e na média dos dois anos

| Treatments | 90 DAS | | | | | |
| | Leaves | | | Stem | | |
	2005-06	2006-07	Mean of 2 years	2005-06	2006-07	Mean of 2 years
Nutrient sources						
F_1-100 % RDN	52.69	61.26	56.98	62.09	68.09	65.09
F_2-75 % RDN + 25 % N as PM	61.41	66.27	63.84	71.32	73.56	72.44
F_3-50 % RDN + 50 % N as PM	51.44	54.67	53.05	55.93	64.19	60.06
F_4-100 % N as PM	44.75	47.05	45.90	48.14	57.03	52.59
SE (m) ±	0.82	0.88	0.67	0.92	0.59	0.63
CD (5%)	2.84	3.06	2.32	3.19	2.04	2.19
Polythene mulch						
M_0-Control	45.31	51.77	48.54	48.22	54.78	51.50
M_1- Mulch	59.83	62.86	61.35	70.53	76.66	73.59
SE (m) ±	0.28	0.34	0.15	0.37	0.46	0.34
CD (5%)	0.90	1.11	0.49	1.22	1.50	1.11
Growth stimulants						
P_0-Control	50.08	54.57	52.33	56.43	61.70	59.07
P_1-Panchagavya + Amrutpani	55.06	60.05	57.56	62.32	69.73	66.03
SE (m) ±	0.33	0.37	0.24	0.12	0.44	0.24
CD (5%)	1.00	1.10	0.73	0.36	1.33	0.73
Interactions						
F X M	NS	NS	NS	NS	NS	NS
F X P	NS	NS	NS	NS	SIG	NS
M X P	NS	NS	NS	NS	NS	NS
F X M X P	NS	NS	NS	NS	NS	NS
GM	52.57	57.31	54.94	59.37	65.72	62.54

do que F_i (100 % RDN), F_3 (50 % RDN + 50 % N como PM) e F4 (100 % N como PM) durante

em ambos os anos e na média dos dois anos. A acumulação de matéria seca nas folhas durante 2006-07 e na média de dois anos, no caule e a acumulação total de matéria seca durante ambos os anos e na média de dois anos foi significativamente maior com F_i (100 % RDN) do que F_3 (50 % RDN + 50 % N como PM) e F4 (100 % N como PM). Enquanto que o F_3 (50 % RDN + 50 % N como PM) foi significativamente superior ao F4 (100 % N como PM) durante todas as observações acima referidas. Além disso, no que respeita à matéria seca

de polietileno) registou um peso significativamente mais elevado por espiga do que M_0 (controlo) e ambos os tratamentos de cobertura morta foram iguais aos restantes níveis de fontes de nutrientes, ou seja, F_2 e F_3.

O desempenho do milho doce em termos de peso por espiga durante 2005-06 e na média dos dois anos foi melhor com a combinação de tratamentos $F M_{21}$ (75 % RDN + 25 % N como PM e cobertura morta de polietileno) do que com as restantes combinações de tratamentos.

4.4. Estudos de rendimento

Os dados relativos ao rendimento, ou seja, número de espigas por hectare, rendimento de espigas verdes (q ha^{-1}), rendimento de forragem verde (q ha^{-1}) e produção total de biomassa (q ha^{-1}) são apresentados nos quadros 26 e os dados relativos ao índice de colheita são apresentados no quadro 28.

4.4.1. Número de espigas, rendimento em espigas (q ha^{-1}), forragem verde e rendimento biológico total (q ha)$^{-1}$

Os dados relativos ao número de espigas ha^{-1}, rendimento de espigas (q ha^{-1}), forragem verde e rendimento biológico total (q ha^{-1}) afectados pelos diferentes tratamentos durante 2005-06, 2006-07 e na média dos dois anos são apresentados no quadro 26 e representados nas figuras 17, 18, 19 e 20.

Efeito das fontes de nutrientes

Durante ambos os anos e na média de dois anos, o número de espigas por hectare foi significativamente maior com F_2 (ou seja, 75 % RDN + 25 % N como PM), que estava a par com F_3 (ou seja, 50 % RDN + 50 % N como PM) e ambos os tratamentos foram significativamente superiores aos tratamentos F_1 e F_4. Por outro lado, o F_1 registou um número significativamente mais elevado de espigas ha^{-1} do que o F_4 durante ambos os anos e na média de dois anos.

Além disso, no que diz respeito ao rendimento da espiga e ao rendimento biológico total durante as três observações e ao rendimento de forragem verde durante 2006-07 e na média de dois anos F_2 (75 % RDN + 25 % N como PM) nível de fonte de nutrientes

Quadro 26: Efeito das fontes de nutrientes, da cobertura morta de polietileno e dos estimulantes de crescimento na

número de espigas, de forragem verde e rendimento biológico total da

planta

milho em 2005-06, 2006-07 e na média dos dois anos

Treatments	Number of cobs per ha.			Cob yield (q/ha)		
	2005-06	2006-07	Mean of 2 years	2005-06	2006-07	Mean of 2 years
Nutrient sources						
F_1-100 % RDN	48544.97	58531.75	53538.36	199.34	217.26	208.30
F_2-75 % RDN + 25 % N as PM	52447.09	62962.96	57705.03	214.62	230.82	222.72
F_3-50 % RDN + 50 % N as PM	51521.16	61044.97	56283.07	197.69	216.27	206.98
F_4-100 % N as PM	41071.43	43716.93	42394.18	104.63	96.23	100.43
SE (m) ±	420.86	662.5917	418.98	2.75	2.29	2.32
CD (5%)	1456.42	2292.952	1449.91	9.51	7.92	8.04
Polythene mulch						
M_0-Control	45304.23	52347.88	48826.06	158.27	176.59	167.43
M_1-Mulch	51488.10	60780.42	56134.26	199.87	203.70	201.79
SE (m) ±	188.52	340.6312	209.85	0.60	0.65	0.46
CD (5%)	614.80	1110.858	684.37	1.97	2.11	1.50
Growth stimulants						
P_0-Control	47156.08	54662.70	50909.39	170.87	184.85	177.86
P_1-Panch. + Amrutpani	49636.24	58465.61	54050.93	187.27	195.44	191.35
SE (m) ±	134.19	179.00	113.45	0.38	0.42	0.33
CD (5%)	402.33	536.67	340.15	1.13	1.27	0.99
Interactions						
F X M	NS	NS	NS	NS	SIG	SIG
F X P	NS	NS	NS	NS	NS	NS
M X P	NS	NS	NS	NS	NS	NS
F X M X P	NS	NS	NS	NS	NS	NS
GM	48396.2	56564.15	52480.16	179.07	190.15	184.61

foi significativamente superior aos restantes níveis. Seguiu-se o F_1 (100 % RDN) e F_3 (50 % RDN + 50 % N como PM), que estavam ao mesmo nível e significativamente

superior ao F4 (100 % N como PM) em relação aos caracteres acima referidos. No entanto, no caso do rendimento de forragem verde durante 2005-06, os níveis de F2 (75 % RDN + 25 % N como PM) e F_1 (100 % RDN) estavam a par e foram significativamente superiores aos níveis de F_3 (50 % RDN + 50 % N como PM) e F4 (100 % N como PM).

Quadro 26. Efeito das fontes de nutrientes, da cobertura morta de polietileno e dos estimulantes de crescimento na

número de espigas, de forragem verde e rendimento biológico total da

planta

milho em 2005-06, 2006-07 e na média dos dois anos

Treatments	Green fodder yield (q/ha)			Biological yield (q/ha)		
	2005-06	2006-07	Mean of 2 years	2005-06	2006-07	Mean of 2 years
Nutrient sources						
F_1-100 % RDN	226.36	243.06	234.71	425.69	460.32	443.01
F_2-75 % RDN + 25 % N as PM	238.10	256.61	247.35	452.71	487.43	470.07
F_3-50 % RDN + 50 % N as PM	210.02	240.08	225.05	407.71	456.35	432.03
F_4-100 % N as PM	144.35	161.71	153.03	248.97	257.94	253.46
SE (m) ±	4.22	2.11	3.10	6.62	4.22	5.36
CD (5%)	14.61	7.30	10.74	22.91	14.62	18.56
Polythene mulch						
M_0-Control	187.68	213.62	200.65	345.95	390.21	368.08
M_1-Mulch	221.73	237.10	229.41	421.59	440.81	431.20
SE (m) ±	0.78	0.66	0.46	0.95	1.13	0.79
CD (5%)	2.53	2.14	1.51	3.10	3.69	2.58
Growth stimulants						
P_0-Control	196.86	217.26	207.06	367.72	402.12	384.92
P_1-Panch. + Amrutpani	212.55	233.47	223.01	399.82	428.90	414.36
SE (m) ±	0.43	0.50	0.29	0.58	0.75	0.49
CD (5%)	1.30	1.51	0.88	1.73	2.25	1.46
Interactions						
F X M	NS	NS	NS	NS	NS	NS
F X P	NS	NS	NS	NS	NS	NS
M X P	NS	NS	NS	NS	NS	NS
F X M X P	NS	NS	NS	NS	NS	NS
GM	204.70	225.36	215.03	383.77	415.51	399.64

Efeito da cobertura morta de polietileno

O número de espigas, a produção de espigas (q), a forragem verde e a produção biológica total (q ha^{-1}) foram significativamente mais elevados com a cobertura morta de polietileno (M_1) do que com o controlo (M_0) em ambos os anos de estudo e na média dos dois anos.

Efeito dos estimulantes de crescimento

O número de espigas, o rendimento da espiga (q), a forragem verde e o rendimento biológico total (q ha^{-1}) foram significativamente mais elevados com a aplicação de 3 % de panchagavya spray + amrutpani através de irrigação (P_1) do que o controlo (P_0) durante as três observações.

Efeitos de interação

Fontes de nutrientes x cobertura morta de polietileno - rendimento em espiga verde (q ha^{-1})

O rendimento da espiga verde (q ha^{-1}) apresentou resultados significativos devido ao efeito de interação das fontes de nutrientes e da cobertura morta de polietileno durante 2006-07 e na média dos dois anos. Todas as outras interacções foram consideradas não significativas em ambos os anos e na média dos dois anos de experimentação.

Os dados sobre o efeito de interação entre as fontes de nutrientes e o mulch de polietileno são apresentados no Quadro 27. Durante 2006-07, sob M_0 (sem cobertura morta), o nível de fonte de nutrientes F_2 (75 % RDN + 25 % N como PM) registou uma produção de espiga verde significativamente maior do que os restantes níveis, exceto F_3 (50 % RDN + 50 % N como PM), que foi igual a F_2 (75 % RDN + 25 % N como PM). Enquanto que, sob M_1 (cobertura morta de polietileno), o nível de fonte de nutrientes F_1 (100 % RDN) registou uma produção significativamente maior de espigas verdes do que os níveis F3 (50 % RDN + 50 % N como PM) e F4 (100 % N como PM) e foi igual a F_2 . Além disso, sob F_1 nível de fontes de nutrientes, M1 (cobertura morta de polietileno) registou uma produção significativamente maior de espigas verdes do que M_0 (sem cobertura morta) e ambos os tratamentos de cobertura morta foram iguais a

Tabela 27. Rendimento em espiga verde (q ha^{-1}) de milho doce influenciado pelas fontes de nutrientes x

cobertura morta de polietileno em 2006-07 e na média de dois anos.

Treatments	Polythene mulch			
Nutrient sources	Green cob yield (q ha^{-1})		Green cob yield (q ha^{-1})	
	2006-07		Mean of two year	
	M_0	M_1	M_0	M_1
F_1	189.81	244.71	182.08	234.52
F_2	224.21	237.43	208.27	237.17
F_3	208.33	224.21	196.76	217.20
F_4	83.99	108.47	82.61	118.25
	Bet. the diff. levels of nutrient sources at the same or different levels of mulch	Bet. the diff. levels of mulch at the same or different levels of nutrient sources	Bet. the diff. levels of nutrient sources at the same or different levels of mulch	Bet. the diff. levels of mulch at the same or different levels of nutrient sources
SE±	5.48	8.79	3.90	7.99
C.D. at 5%	17.87	28.65	12.72	26.04

os restantes níveis de fontes de nutrientes.

Por outro lado, na média de dois anos, observou-se uma tendência semelhante entre os diferentes níveis de fontes de nutrientes no mesmo nível de cobertura morta. No entanto, em todos os níveis de fontes de nutrientes, M_1 (cobertura morta de polietileno) registou uma produção de espiga verde significativamente maior do que M_o (sem cobertura morta), exceto no nível F_3 (50 % RDN + 50 % N como PM), em que ambas as coberturas estavam ao mesmo nível.

O desempenho do milho doce em termos de rendimento de espiga verde durante 2006-07 foi significativamente melhor com a combinação F M_{11} (100 % RDN e cobertura morta de polietileno), que foi igual à combinação F M_{21} . Enquanto na média de dois anos, a combinação de tratamento F M_{21} (RDN75 % RDN + 25 % N como PM e cobertura morta de polietileno) foi significativamente melhor do que as restantes combinações de tratamento, exceto a combinação de tratamento F M_{11} (100 % RDN e cobertura morta de polietileno), que foi igual à primeira combinação.

4.4.5. Índice de colheita (%)

Os dados relativos ao índice de colheita (%) influenciado por diferentes tratamentos durante 2005-06, 2006-07 e na média dos dois anos são apresentados no Quadro 28 e representados na Fig.21.

Quadro 28: Efeito das fontes de nutrientes, da cobertura morta de polietileno e dos estimulantes de crescimento na

índice de colheita (%) do milho doce em 2005-06, 2006-07 e na média dos dois anos

Treatments	Harvest index (%)		
	2005-06	2006-07	Mean of 2 years
Nutrient sources			
F_1-100 % RDN	46.65	47.08	46.86
F_2-75 % RDN + 25 % N as PM	47.43	47.38	47.41
F_3-50 % RDN + 50 % N as PM	48.51	47.44	47.98
F_4-100 % N as PM	41.69	37.10	39.39
Polythene mulch			
M_0-Control	45.01	44.05	44.53
M_1-Mulch	47.13	45.45	46.29
Growth stimulants			
P_0-Control	45.56	45.01	45.28
P_1-Panchagavya + Amrutpani	46.58	44.49	45.54

Efeito das fontes de nutrientes

O índice de colheita (%) foi mais elevado com F_3 (i.e. 50 % RDN + 50 % N como PM) seguido de F2 (i.e. 75 % RDN + 25 % N como PM), F1 (100 % RDN) e F4 (100 % N como PM) por ordem decrescente em ambos os anos e na média dos dois anos.

Efeito da cobertura morta de polietileno

O índice de colheita (%) foi comparativamente mais elevado com a cobertura morta de polietileno (M_i) do que com o controlo (M_0) em ambos os anos e na média dos dois anos.

Efeito dos estimulantes de crescimento

Foi observado um índice de colheita (%) comparativamente mais elevado com 3 % de panchagavya spray + amrutpani através de irrigação (P_i) do que o controlo (P_0) em ambos os anos e na média de dois anos.

Quadro 29: Efeito das fontes de nutrientes, da cobertura morta de polietileno e dos estimulantes de crescimento na parâmetros de qualidade dos grãos de milho doce em 2005-06, 2006-07 e <u>média dos dois anos</u>

Treatments	Sugar content (%)			Protein content (%)			Fiber content (%)		
	2005-06	2006-07	Mean of 2 years	2005-06	2006-07	Mean of 2 years	2005-06	2006-07	Mean of 2 years
Nutrient sources									
F_1-100 % RDN	12.76	12.68	12.72	18.59	18.29	18.44	0.8621	0.8638	0.8630
F_2-75 % RDN + 25 % N through PM	13.41	13.46	13.44	19.24	19.90	19.57	0.8895	0.9054	0.8975
F_3-50 % RDN + 50 % N through PM	13.61	13.50	13.55	16.71	15.98	16.35	0.8656	0.8489	0.8573
F_4-100 % N through PM	13.87	13.79	13.83	15.10	13.12	14.11	0.8463	0.8646	0.8555
SE (m) ±	0.04	0.04	0.04	0.13	0.31	0.20	0.0042	0.0043	0.0026
CD (5%)	0.15	0.13	0.13	0.45	1.06	0.70	NS	NS	NS
Polythene mulch									
M_0-Control	12.52	12.47	12.49	16.36	15.58	15.97	0.8345	0.8455	0.8400
M_1-Mulch	14.30	14.25	14.28	18.46	18.06	18.26	0.8973	0.8959	0.8966
SE (m) ±	0.01	0.01	0.01	0.04	0.05	0.04	0.0025	0.0025	0.0020
CD (5%)	0.03	0.03	0.03	0.11	0.17	0.13	0.0081	0.0081	0.0064
Growth stimulants									
P_0-Control	13.44	13.36	13.40	16.75	15.87	16.31	0.8641	0.8728	0.8685
P_1-Panchagavya + Amrutpani	13.39	13.35	13.37	18.08	17.77	17.93	0.8676	0.8686	0.8681
SE (m) ±	0.01	0.01	0.01	0.03	0.08	0.04	0.0011	0.0019	0.0012
CD (5%)	NS	NS	NS	0.09	0.24	0.13	NS	NS	NS
Interactions									
F X M	SIG	SIG	SIG	NS	NS	NS	NS	NS	NS
F X P	NS	NS	NS	NS	NS	NS	NS	NS	NS
M X P	NS	NS	NS	NS	NS	NS	NS	NS	NS
F X M X P	NS	NS	NS	NS	NS	NS	NS	NS	NS
GM	13.41	13.36	13.38	17.41	16.82	17.12	0.8658	0.8706	0.8682

4.5. Estudos de qualidade

O teor de açúcar, o teor de proteínas e o teor de fibras foram estudados como parâmetros de qualidade durante 2005-06, 2006-07 e na média dos dois anos.

4.5.1. Teor de açúcar, proteínas e fibras dos grãos

Os dados relativos ao teor de açúcar, proteína e fibra nos grãos, afectados por diferentes tratamentos durante 2005-06, 2006-07 e na média dos dois anos, são apresentados no Quadro 29 e representados nas Fig. 22, 23 e 24.

Efeito das fontes de nutrientes

O teor de açúcar foi significativamente influenciado pelas fontes de nutrientes durante ambos os anos e na média de dois anos. O teor de açúcar foi máximo com F_4 (i.e. 100 % N como PM), que foi significativamente mais elevado do que F_3 (i.e. 50 % RDN + 50 % N como PM), F2 (i.e. 75 % RDN + 25 % N como PM) e F_t (i.e. 100 % N como RDN). Além disso, F_t (ou seja, 100 % N como RDN) registou um teor de açúcar significativamente menor no grão do que todas as restantes fontes de nutrientes durante as três observações.

Por outro lado, o nível de fontes de nutrientes F_2 (ou seja, 75 % RDN + 25 % N como PM) registou um teor de proteínas nos grãos significativamente mais elevado do que as restantes fontes de nutrientes, seguido de F_t (100 % RDN), F3 (ou seja, 50 % RDN + 50 % N como PM) e F4 (100 % N como PM), por ordem de significância, durante as três observações.

No entanto, o teor de fibra dos grãos não foi influenciado significativamente pelos diferentes níveis de fontes de nutrientes durante as três observações.

Efeito da cobertura morta de polietileno

O teor de açúcar, o teor de proteínas e o teor de fibras dos grãos foram significativamente mais elevados sob cobertura morta de polietileno (M_1) do que sem cobertura morta (M_0) em ambos os anos e na média dos dois anos.

Efeito dos estimulantes de crescimento

O teor de açúcar, o teor de proteína e o teor de fibra nos grãos não atingiram o nível de significância no caso de 3 % de panchagavya spray + amrutpani através de irrigação (P_1) durante ambos os anos e na média de dois anos. No entanto, o teor de proteínas nos grãos foi significativamente maior com a pulverização de panchagavya + amrutpani através da irrigação (P_1) do que com o controlo (P_0) durante as três observações.

Fontes de nutrientes x cobertura morta de polietileno - teor de açúcar (%)

O teor de açúcar apresentou resultados significativos devido ao efeito de interação das fontes de nutrientes e da cobertura morta de polietileno durante ambos os anos e na média dos dois anos. Todas as outras interacções foram consideradas não significativas em ambos os anos e na média dos dois anos de experimentação.

Os dados sobre o efeito de interação entre as fontes de nutrientes e o mulch de polietileno são apresentados no quadro 30. Os dados indicam que o teor de açúcar dos grãos sob ambas as coberturas foi mais elevado em F4 (100 % N como PM), que

foi igual ao F_3 (i.e. 50 % RDN + 50 % N como PM) durante 2005-06 e foi significativamente superior aos restantes tratamentos. No entanto, sob M0 (controlo) durante 2006-07 e na média de dois anos, F4 (100 % N como PM) foi igual a F_3 (50 5 RDN + 50 % N como PM) e F2 (i.e. 75 % RDN + 25 % N como PM) e significativamente superior a F_1 (100 % RDN). No entanto, em 2006-07, o nível F4 (100 % N como PM) foi significativamente superior a

Tabela 30. Teor de açúcar (%) dos grãos de milho doce na colheita, influenciado pelas fontes de nutrientes x cobertura morta de polietileno, em ambos os anos e nas condições de cultivo média de dois anos.

Treatments	Polythene mulch					
Nutrient sources	Sugar content (%)		Sugar content (%)		Sugar content (%)	
	2005-06		2006-07		Mean of two year	
	M_0	M_1	M_0	M_1	M_0	M_1
F_1	12.18	13.35	12.11	13.25	12.14	13.30
F_2	12.47	14.36	12.54	14.38	12.51	14.37
F_3	12.61	14.60	12.54	14.45	12.58	14.53
F_4	12.83	14.91	12.67	14.91	12.75	14.91
	Bet. the diff. levels of nutrient sources at the same or different levels of mulch	Bet. the diff. levels of mulch at the same or different levels of nutrient sources	Bet. the diff. levels of nutrient sources at the same or different levels of mulch	Bet. the diff. levels of mulch at the same or different levels of nutrient sources	Bet. the diff. levels of nutrient sources at the same or different levels of mulch	Bet. the diff. levels of mulch at the same or different levels of nutrient sources
SE±	0.09	0.15	0.08	0.13	0.08	0.14
C.D. at 5%	0.28	0.50	0.26	0.44	0.26	0.45

os restantes níveis sob M_1 (cobertura morta de polietileno) e na média de dois anos, F_4 (100 % N como PM) estava a par com F_3 (50 5 RDN + 50 % N como PM) e foi significativamente superior a F2 (i.e. 75 % RDN + 25 % N como PM) e F_1 (100 % RDN). Além disso, em todos os níveis de fontes de nutrientes, M_1 (cobertura morta de polietileno) registou um teor de açúcar significativamente mais elevado do que M_0 (sem cobertura morta) durante as três observações.

O desempenho do milho doce em termos de teor de açúcar durante ambos os anos e a média dos dois anos foi significativamente melhor com a combinação de tratamento $F4M_1$ (100 % N como PM e cobertura morta de polietileno) do que com as restantes combinações de tratamento, exceto durante 2005-06 e na média dos dois anos em que a combinação $F3M_1$ (50 5 RDN + 50 % N como PM e cobertura morta de polietileno) foi igual à primeira combinação.

4.6. Absorção de nutrientes pelo milho doce na colheita

O teor e a absorção dos principais nutrientes, *nomeadamente o azoto*, o fósforo e o potássio, foram registados separadamente nas diferentes partes da planta, ou seja, nas folhas, no caule, nos grãos, na bainha da espiga, no eixo da espiga e na absorção total aquando da colheita em 2005-06, 2006-07 e na média dos dois anos.

4.6.1. Teor de azoto (%) em diferentes partes do milho doce

4.6.1.1. Teor de azoto (%) nas folhas, caule, grão, bainha da espiga e eixo da espiga

Os dados relativos ao teor de azoto (%) nas folhas, caule, grão, bainha da espiga e eixo da espiga, afectados pelos diferentes tratamentos durante 2005-06, 2006-07 e na média dos dois anos, são apresentados no quadro 31.

Efeito das fontes de nutrientes

O teor de azoto (%) nas folhas, caule, grão, bainha da espiga e eixo da espiga foram significativamente mais elevados sob F_1 (i.e. 100% RDN) do que os restantes níveis de fontes de nutrientes durante ambos os anos e na média de dois anos, exceto durante 2006-07 no que diz respeito ao teor de azoto no caule e durante 2005-06 no que diz respeito ao teor de azoto na bainha da espiga onde, F_1 (i.ou seja, 100% RDN) e F_2 (ou seja, 75 % RDN + 25 % N como PM) estavam ao mesmo nível e eram significativamente superiores aos dois níveis restantes de fontes de nutrientes. No entanto, no que diz respeito aos grãos, o nível F_2 (ou seja, 75% RDN + 25% N como PM) registou um teor de azoto significativamente mais elevado do que os restantes níveis.

Efeito da cobertura morta de polietileno

O teor de azoto nas folhas, no caule, no grão, na bainha da espiga e no eixo da espiga foi significativamente mais elevado sob a cobertura morta de polietileno (M_1) do que no controlo (M_0) durante os dois anos de estudo e na média dos dois anos.

Efeito dos estimulantes de crescimento

O teor de azoto nas folhas e no eixo da espiga não foi estatisticamente afetado pelos estimulantes de crescimento. No entanto, o teor de azoto

Quadro 31 : Efeito das fontes de nutrientes, do mulch de polietileno e dos estimulantes de crescimento no teor de azoto (%) nas diferentes partes da planta do milho doce na colheita de 2005-06, 2006-07 e na média dos dois anos

Treatments	LEAVES			STEM			GRAIN		
	2005-06	2006-07	Mean of 2 years	2005-06	2006-07	Mean of 2 years	2005-06	2006-07	Mean of 2 years
Nutrient sources									
F_1-100 % RDN	1.541	1.916	1.729	0.775	0.838	0.807	2.974	2.927	2.950
F_2-75 % RDN + 25 % N as PM	1.427	1.878	1.652	0.599	0.851	0.725	3.079	3.183	3.131
F_3-50 % RDN + 50 % N as PM	1.307	1.740	1.524	0.618	0.727	0.673	2.674	2.558	2.616
F_4-100 % N as PM	0.672	0.873	0.773	0.257	0.345	0.301	2.417	2.099	2.258
SE (m) ±	0.020	0.005	0.010	0.004	0.005	0.004	0.021	0.049	0.033
CD (5%)	0.070	0.018	0.034	0.014	0.016	0.015	0.072	0.169	0.113
Polythene mulch									
M_0-Control	1.098	1.397	1.248	0.463	0.562	0.513	2.618	2.493	2.556
M_1-Mulch	1.375	1.806	1.591	0.662	0.818	0.740	2.954	2.890	2.922
SE (m) ±	0.003	0.005	0.003	0.004	0.005	0.002	0.006	0.008	0.006
CD (5%)	0.010	0.015	0.009	0.014	0.015	0.008	0.018	0.028	0.020
Growth stimulants									
P_0-Control	1.213	1.625	1.419	0.517	0.633	0.575	2.679	2.540	2.609
P_1-Panchagavya + Amrutpani	1.260	1.579	1.420	0.608	0.748	0.678	2.893	2.844	2.868
SE (m) ±	0.008	0.007	0.005	0.003	0.005	0.002	0.005	0.013	0.007
CD (5%)	NS	NS	NS	0.008	0.015	0.007	0.014	0.038	0.021
Interactions									
F X M	SIG	SIG	SIG	SIG	SIG	SIG	NS	NS	NS
F X P	NS	NS	NS	NS	NS	SIG	NS	NS	NS
M X P	NS	NS	NS	NS	NS	NS	NS	NS	NS
F X M X P	NS	NS	NS	NS	NS	NS	NS	NS	NS
GM	1.236	1.602	1.419	0.562	0.690	0.626	2.79	2.69	2.74

Quadro 31 : Efeito das fontes de nutrientes, do mulch de polietileno e dos

estimulantes de crescimento no teor de azoto (%) nas diferentes partes

Treatments	COB SHEATH			COB AXIS		
	2005-06	2006-07	Mean of 2 years	2005-06	2006-07	Mean of 2 years
Nutrient sources						
F_1-100 % RDN	0.722	0.833	0.778	0.432	0.459	0.446
F_2-75 % RDN + 25 % N as PM	0.710	0.691	0.701	0.369	0.414	0.392
F_3-50 % RDN + 50 % N as PM	0.633	0.636	0.635	0.364	0.366	0.365
F_4-100 % N as PM	0.412	0.440	0.426	0.289	0.293	0.291
SE (m) ±	0.010	0.009	0.005	0.005	0.006	0.002
CD (5%)	0.035	0.032	0.016	0.019	0.020	0.006
Polythene mulch						
M_0-Control	0.540	0.544	0.542	0.317	0.327	0.322
M_1-Mulch	0.699	0.756	0.728	0.410	0.439	0.425
SE (m) ±	0.003	0.005	0.003	0.001	0.001	0.001
CD (5%)	0.009	0.018	0.011	0.004	0.005	0.003
Growth stimulants						
P_0-Control	0.585	0.647	0.616	0.358	0.377	0.368
P_1-Panchagavya + Amrutpani	0.654	0.653	0.654	0.369	0.390	0.379
SE (m) ±	0.004	0.002	0.002	0.002	0.003	0.002
CD (5%)	0.011	0.006	0.006	NS	NS	NS
Interactions						
F X M	SIG	SIG	SIG	SIG	NS	NS
F X P	NS	NS	NS	NS	NS	NS
M X P	NS	NS	NS	NS	NS	NS
F X M X P	NS	NS	NS	NS	NS	NS
GM	0.619	0.650	0.635	0.363	0.383	0.373

no grão, no caule e na bainha da espiga foi significativamente maior em P_i (3 % panchagavya

spray + amrutpani por irrigação) do que P_o (controlo) durante as três observações.

Efeitos de interação

Fontes de nutrientes x cobertura morta de polietileno - teor de azoto (%) nas folhas

O teor de azoto nas folhas foi afetado significativamente devido ao efeito de interação das fontes de nutrientes e da cobertura morta de polietileno durante ambos os anos e na média dos dois anos. Todas as outras interacções foram consideradas não significativas em ambos os anos e na média dos dois anos de experimentação.

Os dados sobre o efeito de interação entre as fontes de nutrientes e o mulch de polietileno são apresentados no Quadro 32. Em 2005-06, em ambas as coberturas, o nível de fonte de nutrientes F_t (100 % RDN) registou um teor de azoto nas folhas significativamente mais elevado do que os restantes tratamentos. Durante 2006-07 e na média de dois anos, sob M_0 (sem cobertura) F_1 (100 % RDN) o nível de fonte de nutrientes registou um teor de azoto nas folhas significativamente mais elevado do que os restantes tratamentos. Enquanto sob M_i (cobertura morta de polietileno) F_2 (75 % RDN + 25 % N como PM) o nível de fonte de nutrientes registou um teor de azoto nas folhas significativamente mais elevado do que os restantes tratamentos. Além disso, em todos os níveis de fontes de nutrientes, M_1 (cobertura morta de polietileno) registou uma percentagem de azoto nas folhas significativamente mais elevada do que M_0 (sem cobertura morta) durante as três observações, exceto em F_4 (100 % N como PM), em que ambas as coberturas estavam ao mesmo nível durante as três observações.

Tabela 32. Teor de azoto (%) nas folhas do milho doce na colheita, influenciado pelas fontes de nutrientes x cobertura morta de polietileno, em ambos os anos e em a média de dois anos.

Treatments	Polythene mulch					
Nutrient sources	% N in leaves		% N in leaves		% N in leaves	
	2005-06		2006-07		Mean of two year	
	M_0	M_1	M_0	M_1	M_0	M_1
F_1	1.42	1.66	1.80	2.03	1.61	1.84
F_2	1.30	1.56	1.46	2.29	1.38	1.93
F_3	1.09	1.53	1.46	2.02	1.27	1.77
F_4	0.59	0.75	0.87	0.88	0.73	0.82
	Bet. the diff. levels of nutrient sources at the same or different levels of mulch	Bet. the diff. levels of mulch at the same or different levels of nutrient sources	Bet. the diff. levels of nutrient sources at the same or different levels of mulch	Bet. the diff. levels of mulch at the same or different levels of nutrient sources	Bet. the diff. levels of nutrient sources at the same or different levels of mulch	Bet. the diff. levels of mulch at the same or different levels of nutrient sources
SE±	0.03	0.07	0.04	0.04	0.02	0.04
C.D. at 5%	0.09	0.22	0.13	0.14	0.08	0.13

O desempenho do milho doce em termos de teor de azoto nas folhas foi significativamente melhor com a combinação de tratamentos F_4M_1 (100 % N como PM e cobertura morta de polietileno) do que com as restantes combinações de tratamentos em 2005-06, enquanto o teor de azoto nas folhas foi significativamente melhor com a combinação de tratamentos $F M_{21}$ (75 % RDN + 25 % N como PM e cobertura morta de polietileno) do que com as restantes combinações de tratamentos em 2006-07 e na média dos dois anos.

Fontes de nutrientes x cobertura morta de polietileno - teor de azoto (%) no caule

O teor de azoto no caule apresentou resultados significativos devido ao efeito de interação entre as fontes de nutrientes e o mulch de polietileno durante ambos os anos e na média dos dois anos. Todas as outras interacções foram consideradas não significativas em ambos os anos e na média dos dois anos de experimentação.

Os dados sobre o efeito da interação entre as fontes de nutrientes e o mulch de polietileno são apresentados no Quadro 33. Em ambas as coberturas F_1 (100 % RDN) o nível de fonte de nutrientes registou um teor de azoto no caule significativamente mais elevado do que os restantes níveis, exceto F_2 (75 % RDN + 25 % N como PM), que foi igual a F_1 (100 % RDN) durante 2007 em ambas as coberturas e na média de dois anos sob M_1 (cobertura de polietileno). **Quadro 33. Teor de azoto (%) no caule do milho doce na colheita, influenciado periodicamente pelas fontes de nutrientes x cobertura morta de polietileno durante os dois anos de cultivo.**

anos e na média de dois anos.

Treatments	Polythene mulch					
Nutrient sources	% N in stem		% N in stem		% N in stem	
	2005-06		2006-07		Mean of two year	
	M_0	M_1	M_0	M_1	M_0	M_1
F_1	0.68	0.87	0.62	1.05	0.76	0.85
F_2	0.50	0.70	0.75	0.96	0.64	0.81
F_3	0.45	0.79	0.59	0.87	0.62	0.73
F_4	0.23	0.28	0.30	0.39	0.28	0.32
	Bet. the diff. levels of nutrient sources at the same or different levels of mulch	Bet. the diff. levels of mulch at the same or different levels of nutrient sources	Bet. the diff. levels of nutrient sources at the same or different levels of mulch	Bet. the diff. levels of mulch at the same or different levels of nutrient sources	Bet. the diff. levels of nutrient sources at the same or different levels of mulch	Bet. the diff. levels of mulch at the same or different levels of nutrient sources
SE±	0.04	0.04	0.04	0.04	0.02	0.02
C.D. at 5%	0.12	0.12	0.13	0.13	0.07	0.08

No entanto, durante 2005-06, sob ambos os mulches e na média de dois anos sob M0 (controlo), o nível F_1 (100 % N RDN) foi significativamente superior aos restantes níveis de fontes de nutrientes. Além disso, sob todos os níveis de fontes de nutrientes, M_1 (cobertura morta de polietileno) registou um teor de azoto no caule significativamente mais elevado do que M_0 (sem cobertura morta) durante todas as três observações, exceto sob F_1 e F4 durante 2005-06 e F4 durante 2006-07 e na média de dois anos em que ambas as coberturas estavam ao mesmo nível.

O desempenho do milho doce em termos de teor de azoto no caule durante ambos os anos e na média dos dois anos foi significativamente melhor sob F M_{11} (100 % RDN e cobertura morta de polietileno) do que as restantes combinações de tratamento, exceto em 2005-06, em que a combinação de tratamento F1M0 estava ao mesmo nível da combinação anterior.

Fontes de nutrientes x cobertura morta de polietileno - teor de azoto (%) na bainha da espiga

O teor de azoto na bainha da espiga apresentou resultados significativos devido ao efeito de interação das fontes de nutrientes e da cobertura morta de polietileno em ambos os anos e na média dos dois anos. Todas as outras interacções foram consideradas não significativas em ambos os anos e na média dos dois anos.

Tabela 34. Teor de azoto (%) na bainha da espiga de milho doce na colheita, influenciado pelas fontes de nutrientes x cobertura morta de polietileno em 2005-06, 2006-07 e na média dos dois anos.

Treatments	Polythene mulch					
Nutrient sources	N in cob sheath (%)		N in cob sheath (%)		N in cob sheath (%)	
	2005-06		2006-07		Mean of two year	
	M_0	M_1	M_0	M_1	M_0	M_1
F_1	0.67	0.77	0.82	0.85	0.75	0.81
F_2	0.56	0.86	0.52	0.86	0.54	0.86
F_3	0.57	0.70	0.40	0.88	0.48	0.79
F_4	0.36	0.46	0.44	0.44	0.40	0.45
	Bet. the diff. levels of nutrient sources at the same or different levels of mulch	Bet. the diff. levels of mulch at the same or different levels of nutrient sources	Bet. the diff. levels of nutrient sources at the same or different levels of mulch	Bet. the diff. levels of mulch at the same or different levels of nutrient sources	Bet. the diff. levels of nutrient sources at the same or different levels of mulch	Bet. the diff. levels of mulch at the same or different levels of nutrient sources
SE±	0.02	0.04	0.05	0.05	0.03	0.03
C.D. at 5%	0.08	0.13	0.15	0.18	0.09	0.10

Os dados sobre o efeito de interação entre as fontes de nutrientes e a cobertura morta de polietileno são apresentados no quadro 34. Em 2005-06, sob M_0 (sem cobertura morta), a fonte de nutrientes F_1 (100 % RDN) foi significativamente superior às restantes fontes de nutrientes, enquanto sob M_1

(cobertura morta de polietileno), F_2 (75 % RDN + 25 % N como PM) a fonte de nutrientes foi significativamente superior às restantes fontes de nutrientes. Além disso, em todas as fontes de nutrientes, M0 e M1 estavam ao mesmo nível, exceto em F2 (75 % RDN + 25

138

% N como PM), onde M1 (cobertura morta de polietileno) foi significativamente superior a M0 (controlo). O desempenho do milho doce em termos de teor de azoto na bainha da espiga foi significativamente melhor na combinação de tratamentos F2M1 (75 % RDN + 25 % N como PM e cobertura morta de polietileno) do que nas restantes combinações de tratamentos.

Durante 2006-07 e na média de dois anos, no tratamento M_0 (sem cobertura vegetal), a fonte de nutrientes F_1 (100 % RDN) foi significativamente superior ao resto das fontes de nutrientes, enquanto no tratamento M_1 (cobertura vegetal de polietileno) F_1 (100 % RDN), F_2 (75 % RDN + 25 % N como PM) e F3 (50 % RDN + 50 % N como PM) não atingiram o nível de significância, mas todas as três fontes de nutrientes foram significativamente superiores a F_4 (100 % N como PM). Sob F_1 (100 % RDN) e F_4 (100 % N como PM) o nível de fontes de nutrientes M_0 e M_1 estavam ao mesmo nível. Enquanto que sob F_2 (75 % RDN + 25 % N como PM) e F3 (50 % RDN + 50 % N como PM) fontes de nutrientes, ambas as coberturas estavam ao mesmo nível. O desempenho do milho doce no caso do teor de azoto na bainha da espiga foi igual em todas as combinações de tratamento de F M_{11} , F M_{21} e F M_{31} e todas estas combinações foram significativamente superiores ao resto das combinações de tratamento durante 2006-07 e na média de dois anos.

Fontes de nutrientes x cobertura morta de polietileno - teor de azoto (%) no eixo das espigas

O teor de azoto no eixo da espiga foi influenciado significativamente devido ao efeito de interação das fontes de nutrientes e da cobertura morta de polietileno durante 2005-06. Todas as outras interacções foram consideradas não significativas em ambos os anos e na média dos dois anos de experimentação.

Os dados sobre o efeito de interação entre as fontes de nutrientes e o mulch de polietileno são apresentados no Quadro 35. Em ambas as coberturas, o nível de fonte de nutrientes F_1 (100 % RDN) registou um teor de azoto significativamente mais elevado no eixo da espiga do que os restantes níveis, exceto F_2 (75 % RDN + 25 % N como PM) sob M_0 (sem cobertura morta), que foi igual a F_1 (100 % RDN). Além disso, em todos os níveis de fontes de nutrientes, o M1 (cobertura morta de polietileno) registou um teor de azoto significativamente mais elevado no eixo da espiga do que o M_0 (sem cobertura morta), exceto no caso das fontes de nutrientes F_2 e F_4 , em que ambas as coberturas estavam ao mesmo nível.

Quadro 35. Teor de azoto (%) no eixo da espiga de milho doce na colheita como influenciado pelas fontes de nutrientes x cobertura morta de polietileno durante 2005-06.

Treatments	Polythene mulch	
	Nitrogen content (%)	
	2005-06	
Nutrient sources	M_0	M_1
F_1	0.36	0.50
F_2	0.35	0.39
F_3	0.30	0.43
F_4	0.26	0.32
	Between the different levels of nutrient sources at the same or different levels of mulch	Between the different levels of mulches at the same or different levels of nutrient source
SE±	0.01	0.02
C.D. at 5%	0.04	0.07

O teor de azoto no eixo da espiga em 2005-06 foi significativamente mais elevado na combinação de tratamentos F_1M_1 (100 % RDN e cobertura morta de polietileno) do que nas restantes combinações de tratamentos.

4.6.2. Absorção de azoto pelas diferentes partes do milho doce (kg)

4.6.2.1. Absorção de azoto pelas folhas, grão do caule, bainha da espiga, eixo da espiga e absorção total de azoto pela cultura (kg ha⁻¹)

Os dados relativos à absorção de azoto por todas as partes do milho doce acima referidas, afectadas pelos diferentes tratamentos durante 2005-06, 2006-07 e na média dos dois anos, são apresentados nos quadros 36 e 37.

Efeito das fontes de nutrientes

A absorção de azoto nas folhas durante 2005-06 e na média de dois anos, no caule durante 2005-06, na bainha da espiga durante 2006-07, no eixo da espiga e na média de dois anos foi significativamente mais elevada com a fonte de nutrientes F_1 (100 % RDN) do que com os restantes níveis. No entanto, no que diz respeito à absorção de azoto nas folhas durante 2006-07, no caule, na média de dois anos, nos grãos durante 2005-06, no eixo da espiga durante 2005-06 e 2006-07 e à absorção total de azoto pela cultura durante 2005-06, os níveis de fontes de nutrientes F_1 (100 % RDN) e F_2 (75 % RDN + 25 % N como PM) foram iguais e significativamente superiores aos restantes níveis. Além disso, a absorção de azoto no caule durante 2006-07, no grão durante 2006-07 e na média de dois anos, na bainha da espiga durante 2005-06 e na média de dois anos e a absorção total de azoto pela cultura durante 2006-07 e na média de dois anos foi significativamente mais elevada sob F_2 (75 % RDN + 25 % N como PM) do que os restantes tratamentos de fontes de nutrientes.

Tabela 36: Efeito de fontes de nutrientes, cobertura de polietileno e estimulantes de crescimento na absorção de azoto (kg/ha) em diferentes partes da planta de milho doce na colheita durante 2005-06, 2006-07 e na média de dois anos

Treatments	LEAVES			STEM			GRAINS		
	2005-06	2006-07	Mean of 2 years	2005-06	2006-07	Mean of 2 years	2005-06	2006-07	Mean of 2 years
Nutrient sources									
F_1-100 % RDN	50.88	71.89	61.38	25.22	35.36	30.29	122.11	115.30	118.70
F_2-75 % RDN + 25 % N through PM	47.89	69.46	58.67	22.25	39.11	30.68	127.26	133.75	130.51
F_3-50 % RDN + 50 % N through PM	39.69	65.54	52.61	20.44	30.80	25.62	101.97	92.16	97.06
F_4-100 % N through PM	13.15	19.89	16.52	4.94	9.03	6.98	63.38	45.28	54.33
SE (m) ±	0.74	0.89	0.67	0.40	0.41	0.38	1.80	1.61	1.47
CD (5%)	2.57	3.07	2.33	1.37	1.43	1.30	6.24	5.58	5.09
Polythene mulch									
M_0-Control	30.78	46.23	38.50	12.73	20.77	16.75	92.19	87.76	89.98
M_1-Mulch	45.02	67.17	56.10	23.69	36.38	30.03	115.16	105.48	110.32
SE (m) ±	0.23	0.29	0.16	0.21	0.37	0.18	0.86	0.61	0.69
CD (5%)	0.74	0.96	0.52	0.69	1.20	0.59	2.80	1.99	2.26
Growth stimulants									
P_0-Control	36.48	57.25	46.87	15.10	24.99	20.04	98.31	87.88	93.09
P_1-Panchagavya + Amrutpani	39.32	56.14	47.73	21.33	32.16	26.74	109.04	105.37	107.21
SE (m) ±	0.26	0.46	0.23	0.12	0.21	0.12	0.50	0.70	0.43
CD (5%)	NS	NS	NS	0.36	0.64	0.36	1.49	2.11	1.29
Interactions									
F X M	NS	SIG	SIG	NS	NS	NS	NS	NS	NS
F X P	NS	NS	NS	NS	NS	NS	NS	NS	NS
M X P	NS	NS	NS	NS	NS	NS	NS	NS	NS
F X M X P	NS	NS	NS	NS	NS	NS	NS	NS	NS
GM	37.90	56.70	47.30	18.21	28.57	23.39	103.68	96.62	100.15

Tabela 37. : Efeito das fontes de nutrientes, cobertura de polietileno e estimulantes de crescimento na absorção de azoto (kg/ha) nas diferentes partes da planta de milho doce na colheita durante 2005-06, 2006-07 e na média de dois anos

Treatments	COB SHEATH			COB AXIS			TOTAL		
	2005-06	2006-07	Mean of 2 years	2005-06	2006-07	Mean of 2 years	2005-06	2006-07	Mean of 2 years
Nutrient sources									
F_1-100 % RDN	9.99	12.97	11.48	6.86	5.90	6.38	215.04	241.43	228.22
F_2-75 % RDN + 25 % N through PM	11.46	11.97	11.71	6.47	5.56	6.01	215.33	259.85	237.59
F_3-50 % RDN + 50 % N through PM	8.37	10.67	9.52	5.90	4.85	5.38	176.38	204.02	190.20
F_4-100 % N through PM	2.49	2.46	2.47	2.72	1.83	2.28	86.68	78.49	82.60
SE (m) ±	0.10	0.09	0.05	0.13	0.11	0.08	2.76	2.12	2.31
CD (5%)	0.34	0.32	0.19	0.45	0.37	0.29	9.56	7.33	7.98
Polythene mulch									
M_0-Control	5.15	6.53	5.84	4.78	3.76	4.27	145.63	165.05	155.35
M_1-Mulch	11.00	12.50	11.75	6.20	5.32	5.76	201.08	226.85	213.95
SE (m) ±	0.08	0.07	0.07	0.04	0.03	0.03	0.64	0.84	0.69
CD (5%)	0.27	0.24	0.24	0.15	0.09	0.09	2.08	2.73	2.25
Growth stimulants									
P_0-Control	7.13	8.85	7.99	5.39	4.43	4.91	162.40	183.39	172.88
P_1-Panchagavya + Amrutpani	9.03	10.19	9.61	5.59	4.65	5.12	184.31	208.51	196.42
SE (m) ±	0.06	0.11	0.06	0.04	0.04	0.02	0.49	0.84	0.42
CD (5%)	0.18	8.85	0.17	NS	NS	NS	1.47	2.51	1.27
Interactions									
F X M	SIG	SIG	SIG	NS	NS	NS	NS	SIG	SIG
F X P	NS	NS	NS	NS	NS	NS	NS	NS	NS
M X P	NS	NS	NS	NS	NS	NS	NS	NS	NS
F X M X P	NS	NS	NS	NS	NS	NS	NS	NS	NS
GM	8.08	9.52	8.80	5.49	4.53	5.01	173.36	195.94	184.65

Efeito da cobertura morta de polietileno

Absorção de azoto pelas folhas, grão do caule, bainha da espiga, eixo da espiga e total

A absorção de azoto pela cultura foi significativamente mais elevada sob o mulch de polietileno (Mi) do que no controlo (Mo) durante ambos os anos e na média de dois anos.

Efeito dos estimulantes de crescimento

O tratamento Pi, ou seja, a aplicação de 3 % de spray panchagavya + amrutpani através de irrigação não influenciou a absorção de azoto nas folhas e no eixo da espiga durante ambos os anos e nos dois anos médios, em comparação com P_0, ou seja, controlo. No entanto, a absorção de azoto no caule, no grão, na bainha da espiga e a absorção total de azoto pela cultura foi significativamente mais elevada sob P_i (3 % pa nchagavya spray + amrutpani através de irrigação) do que P_0 (controlo) durante ambos os anos e na média de dois anos.

Efeitos de interação

Fontes de nutrientes x cobertura morta de polietileno - absorção de azoto nas folhas (kg ha⁻¹)¹

A absorção de azoto nas folhas mostrou resultados significativos devido ao efeito de interação das fontes de nutrientes e da cobertura morta de polietileno durante 2006-07 e na média dos dois anos. Todas as outras interacções foram consideradas não significativas em ambos os anos e na média dos dois anos de experimentação.

Quadro 38. Absorção de azoto pelas folhas de milho doce influenciada pelas fontes de nutrientes

x cobertura morta de polietileno em 2006-07 e média de dois anos.

Treatments	Polythene mulch			
Nutrient sources	N uptake by leaves		N uptake by leaves	
	2006-07		Mean of two year	
	M_0	M_1	M_0	M_1
F_1	56.76	87.03	50.86	71.91
F_2	56.12	82.80	47.79	69.56
F_3	52.28	78.80	41.12	64.11
F_4	19.75	20.04	14.25	18.80
	Bet. the diff. levels of nutrient sources at the same or different levels of mulch	Bet. the diff. levels of mulch at the same or different levels of nutrient sources	Bet. the diff. levels of nutrient sources at the same or different levels of mulch	Bet. the diff. levels of mulch at the same or different levels of nutrient sources
SE±	2.49	3.65	1.36	2.43
C.D. at 5%	8.13	11.90	4.42	7.94

Os dados sobre o efeito da interação entre as fontes de nutrientes e o mulch de polietileno são apresentados no quadro 38. Durante 2006-07 e na média de dois anos sob ambas as coberturas F_i (100 % RDN) a fonte de nutrientes foi igual a F_2 (75 % RDN + 25 % N como PM) e foi significativamente superior ao resto das fontes de nutrientes exceto F_3 (50 % RDN + 50 % N como PM) que foi igual a F_1 e F2 sob M_0 (controlo) durante 2006-07.

Além disso, em todos os níveis de fontes de nutrientes, M_1 (cobertura morta de polietileno) registou um azoto significativamente mais elevado do que M_0 (sem cobertura morta) durante 2006-07 e na média de dois anos, exceto em F4, onde ambas as coberturas não atingiram o nível de significância.

O desempenho do milho doce em termos de absorção de azoto pelas folhas foi significativamente melhor sob F M_{11} (100 % RDN e cobertura de polietileno) e F M_{21} (75 % RDN + 25 % N como PM e cobertura de polietileno) combinações de tratamento do que as restantes combinações de tratamento durante 2006-07 e na média de dois anos. No entanto, ambas as combinações de tratamento anteriores estavam ao mesmo nível durante ambas as observações.

Fontes de nutrientes x cobertura morta de polietileno - absorção de N na bainha da espiga (kg ha⁻¹)

A absorção de azoto na bainha da espiga apresentou resultados significativos devido ao efeito de interação das fontes de nutrientes e da cobertura morta de polietileno durante ambos os anos e na média dos dois anos. Todas as outras interacções foram consideradas não significativas em ambos os anos e na média dos dois anos de experimentação.

Tabela 39. Absorção de azoto pela bainha da espiga de milho doce influenciada periodicamente pelas fontes de nutrientes x cobertura morta de polietileno durante ambos os anos e média de dois anos.

Treatments	Polythene mulch					
Nutrient sources	N uptake by cob sheath		N uptake by cob sheath		N uptake by cob sheath	
	2005-06		2006-07		Mean of two year	
	M_0	M_1	M_0	M_1	M_0	M_1
F_1	6.16	13.81	10.33	15.61	8.24	14.71
F_2	6.60	16.31	8.64	15.30	7.62	15.81
F_3	6.39	10.36	5.11	16.23	5.75	13.30
F_4	1.45	3.53	2.06	2.86	1.75	3.20
	Bet. the diff. levels of nutrient sources at the same or different levels of mulch	Bet. the diff. levels of mulch at the same or different levels of nutrient sources	Bet. the diff. levels of nutrient sources at the same or different levels of mulch	Bet. the diff. levels of mulch at the same or different levels of nutrient sources	Bet. the diff. levels of nutrient sources at the same or different levels of mulch	Bet. the diff. levels of mulch at the same or different levels of nutrient sources
SE±	0.71	0.76	0.64	0.69	0.62	0.64
C.D. at 5%	2.30	2.49	2.07	2.26	2.02	2.09

Os dados sobre o efeito da interação entre as fontes de nutrientes e o mulch de polietileno são apresentados no Quadro 39. Indicam que, durante 2005-06, sob M_i (cobertura morta de polietileno), a fonte de nutrientes F_2 (75 % RDN + 25 % N como PM) foi significativamente superior ao resto das fontes de nutrientes. Além disso, em todas as fontes de nutrientes, M_1 (cobertura morta de polietileno) registou uma quantidade significativamente mais elevada de absorção de azoto na bainha da espiga do que M_0 (controlo), exceto em F_4 (100 % N como PM), em que ambas as coberturas estavam ao mesmo nível. Finalmente, a combinação de tratamento F2M1 (75 % RDN + 25 % N como PM e cobertura morta de polietileno) registou uma absorção de azoto significativamente maior na bainha da espiga do que as restantes combinações de tratamento.

Em todos os níveis de fontes de nutrientes, M_1 (cobertura morta de polietileno) registou uma absorção de azoto significativamente mais elevada na bainha da espiga do que M_0 (sem cobertura morta), exceto F_4 , em que ambas as coberturas estavam ao mesmo nível. Além disso, sob M1 (cobertura morta de polietileno), F2 (75 % RDN + 25 % N como PM) registou uma maior absorção de azoto do que as outras fontes de nutrientes, no entanto, estatisticamente foi igual a F_1 (100 % RDN) e F_3 (50 % RDN + 50 % N como PM) e foi significativamente superior a F4 (100 % N como PM). Durante 2006-07, a interação F M_{31} (50 % RDN + 50 % N como PM e cobertura de polietileno) registou

Tabela 40. Absorção de nitrogênio total do milho doce influenciada por fontes de nutrientes x cobertura morta de polietileno na colheita de 2006-07 e na média de dois

anos.

Treatments	Polythene mulch			
Nutrient sources	Total N uptake		Total N uptake	
	2006-07		Mean of two year	
	M_0	M_1	M_0	M_1
F_1	196.93	285.93	190.65	265.79
F_2	222.68	297.03	202.02	273.16
F_3	173.85	234.18	161.68	218.71
F_4	66.75	90.24	67.04	98.15
	Bet. the diff. levels of nutrient sources at the same or different levels of mulch	Bet. the diff. levels of mulch at the same or different levels of nutrient sources	Bet. the diff. levels of nutrient sources at the same or different levels of mulch	Bet. the diff. levels of mulch at the same or different levels of nutrient sources
SE±	7.11	9.54	5.86	9.06
C.D. at 5%	23.18	31.10	19.09	29.56

maior absorção de azoto na bainha da espiga e foi igual às combinações F M_{21} (75 % RDN + 25 % N como PM e cobertura morta de polietileno) e F M_{11} (100 % RDN e cobertura morta de polietileno) e significativamente superior às restantes combinações. No entanto, na média de dois anos, as interacções F M_{21} (75 % RDN + 25 % N como PM e cobertura morta de polietileno) e F M_{31} (50 % RDN + 50 % N como PM e cobertura morta de polietileno) foram significativamente superiores às restantes combinações.

Fontes de nutrientes e cobertura morta de polietileno - Absorção total de azoto pela cultura (kg ha⁻¹)

A absorção total de azoto pela cultura apresentou resultados significativos devido ao efeito de interação das fontes de nutrientes e do mulch de polietileno durante 2006-07 e na média dos dois anos. Todas as outras interacções foram consideradas não significativas em ambos os anos e na média dos dois anos de experimentação.

Os dados sobre o efeito de interação entre as fontes de nutrientes e o mulch de polietileno são apresentados no Quadro 40. Durante 2006-07 e na média de dois anos, a absorção total de azoto pela cultura sob ambas as coberturas foi significativamente mais elevada sob F_2 (75 % RDN + 25 % N como PM) fonte de nutrientes do que o resto das fontes de nutrientes, exceto F_1 (100 % RDN) que estava a par com F_2 (75 % RDN + 25 % N como PM) sob M_1 (cobertura de polietileno) durante 2006-07 e na média de dois anos e sob M_0 (controlo) na média de dois anos. Além disso, em todos os níveis de fontes de nutrientes, M_1 (cobertura morta de polietileno) registou uma absorção de azoto total significativamente mais elevada do que M_0 (sem cobertura morta) em 2006-2007 e na média de dois anos, exceto em F_4 , em que ambas as coberturas não atingiram o nível de significância em 2006-2007.

O desempenho do milho doce em termos de absorção total de azoto foi significativamente mais elevado na combinação de tratamentos F M_{21} (75 % RDN + 25 % N como PM e cobertura morta de polietileno) do que nas restantes combinações de tratamentos, com exceção da combinação de tratamentos F M_{11} (100 % RDN e cobertura morta de polietileno), que foi igual à primeira combinação em ambas as observações.

4.6.3 % Teor de fósforo em diferentes partes do milho doce (%)

4.6.3.1. Teor de fósforo nas folhas, no caule, no grão, na bainha da espiga e no eixo da espiga (%)

Os dados relativos ao teor de fósforo nas folhas, caule, grão, bainha da espiga e eixo da espiga (%), afectados pelos diferentes tratamentos durante 2005-06, 2006-07 e na média dos dois anos, são apresentados no quadro 41.

Efeito das fontes de nutrientes

As diferentes fontes de nutrientes não influenciaram significativamente o teor de fósforo em

Quadro 41: Efeito das fontes de nutrientes, do mulch de polietileno e dos estimulantes de crescimento na percentagem de fósforo em diferentes partes das plantas de milho doce em 2005-06, 2006-07 e na média dos dois anos

Treatments	LEAVES			STEM			GRAIN		
	2005-06	2006-07	Mean of 2 yr.	2005-06	2006-07	Mean of 2 yr.	2005-06	2006-07	Mean of 2 yr.
Nutrient sources									
F_1-100 % RDN	0.099	0.110	0.104	0.044	0.057	0.051	0.344	0.394	0.369
F_2-75 % RDN + 25 % N as PM	0.123	0.123	0.123	0.068	0.052	0.060	0.343	0.410	0.376
F_3-50 % RDN + 50 % N as PM	0.131	0.134	0.132	0.046	0.070	0.058	0.341	0.401	0.371
F_4-100 % N as PM	0.141	0.148	0.144	0.089	0.105	0.097	0.312	0.389	0.350
SE (m) ±	0.004	0.001	0.002	0.003	0.001	0.002	0.003	0.004	0.003
CD (5%)	NS	0.004	0.007	0.009	0.005	0.006	NS	NS	NS
Polythene mulch									
M_0-Control	0.107	0.120	0.113	0.059	0.059	0.059	0.307	0.362	0.334
M_1-Mulch	0.140	0.137	0.138	0.066	0.084	0.075	0.363	0.435	0.399
SE (m) ±	0.002	0.001	0.001	0.001	0.000	0.001	0.001	0.002	0.001
CD (5%)	0.006	0.002	0.002	NS	0.002	0.002	0.002	0.008	0.004
Growth stimulants									
P_0-Control	0.134	0.1286	0.131	0.066	0.0690	0.067	0.337	0.404	0.371
P_1-Panchagavya + Amrutpani	0.113	0.1283	0.121	0.058	0.0736	0.066	0.333	0.393	0.363
SE (m) ±	0.002	0.0003	0.001	0.001	0.0004	0.001	0.001	0.003	0.002
CD (5%)	NS	NS	NS	NS	NS	NS	NS	NS	NS
Interactions									
F X M	NS	SIG	NS	NS	NS	NS	NS	NS	NS
F X P	NS	NS	NS	NS	NS	NS	NS	NS	NS
M X P	NS	NS	NS	NS	NS	NS	NS	NS	NS
F X M X P	NS	NS	NS	NS	NS	NS	NS	NS	NS
GM	0.123	0.128	0.126	0.062	0.071	0.066	0.34	0.398	0.366

nas folhas em 2005-06, nos grãos durante as três observações, na bainha da espiga durante 2005-06 e no eixo da espiga durante 2005-06 e na média de dois anos.

No entanto, no que diz respeito ao teor de fósforo nas folhas durante 2006-07 e na média de dois anos, no caule durante todas as três observações, na bainha da espiga durante 2006-07 e na média de dois anos e no eixo da espiga durante 2006-07; F$_4$ (100 % N como PM) nível de fonte de nutrientes foi significativamente superior aos restantes tratamentos. Além disso, o nível F$_1$ (100 % RDN) registou um teor de fósforo significativamente menor em todas as observações acima referidas.

Tabela 41. : Efeito das fontes de nutrientes, da cobertura morta de polietileno e dos estimulantes de crescimento no

teor percentual de fósforo em diferentes partes de plantas de milho doce em 2005-06, 2006-07 e na média de dois anos

Treatments	COB SHEATH			COB AXIS		
	2005-06	2006-07	Mean of 2 yr.	2005-06	2006-07	Mean of 2 years
Nutrient sources						
F$_1$-100 % RDN	0.065	0.041	0.053	0.027	0.025	0.026
F$_2$-75 % RDN + 25 % N as PM	0.082	0.046	0.064	0.043	0.043	0.043
F$_3$-50 % RDN + 50 % N as PM	0.081	0.052	0.066	0.033	0.052	0.043
F$_4$-100 % N as PM	0.100	0.091	0.095	0.036	0.080	0.058
SE (m) ±	0.002	0.001	0.001	0.003	0.001	0.002
CD (5%)	NS	0.004	0.004	NS	0.005	NS
Polythene mulch						
M$_0$-Control	0.074	0.0439	0.059	0.022	0.039	0.030
M$_1$-Mulch	0.089	0.0712	0.080	0.047	0.061	0.054
SE (m) ±	0.001	0.0004	0.001	0.001	0.001	0.000
CD (5%)	NS	0.0014	0.002	0.002	0.002	0.001
Growth stimulants						
P$_0$-Control	0.081	0.0587	0.0697	0.031	0.0503	0.0409
P$_1$-Panchagavya + Amrutpani	0.083	0.0563	0.0696	0.037	0.0498	0.0436
SE (m) ±	0.001	0.0002	0.0005	0.001	0.0003	0.0002
CD (5%)	NS	NS	NS	NS	NS	NS
Interactions						
F X M	NS	SIG	NS	NS	NS	NS
F X P	NS	NS	NS	NS	NS	NS
M X P	NS	NS	NS	NS	NS	NS
F X M X P	NS	NS	NS	NS	NS	NS
GM	0.082	0.057	0.0696	0.034	0.050	0.042

Efeito da cobertura morta de polietileno

O teor de fósforo nas folhas, nos grãos, no eixo da espiga durante as três observações e no caule e na bainha da espiga durante 2006-07 e na média dos dois anos foi significativamente mais elevado sob M$_1$ (cobertura morta de polietileno) do que sob M$_0$ (controlo). No entanto, o teor de fósforo no caule e na bainha da espiga em 2005-06 não foi influenciado significativamente pelas coberturas.

Efeito dos estimulantes de crescimento

O conteúdo de fósforo em todas as partes da planta na colheita não foi influenciado significativamente devido aos tratamentos de estimulantes de crescimento durante todas as três observações, ou seja, 2005-06, 2006-07 e na média de dois anos.

Efeitos de interação

Fontes de nutrientes x cobertura morta de polietileno - Teor de P nas folhas (%)

O teor de fósforo nas folhas e na bainha da espiga apresentou resultados significativos devido ao efeito de interação das fontes de nutrientes e da cobertura morta de polietileno durante 2006-07. Todas as outras interacções foram consideradas não significativas durante ambos os anos e na média dos dois anos de experimentação.

Tabela 42. Teor de fósforo (%) nas folhas de milho doce aquando da colheita como influenciado pelas fontes de nutrientes x cobertura morta de polietileno durante 2006-07.

Treatments	Polythene mulch	
Nutrient sources	**Phosphorus content (%)**	
	2006-07	
	M_0	M_1
F_1	0.098	0.121
F_2	0.115	0.130
F_3	0.117	0.150
F_4	0.126	0.159
	Bet. the diff. levels of nutrient sources at the same or different levels of mulch	Bet. the diff. levels of mulch at the same or different levels of nutrient sources
SE±	0.01	0.01
C.D. at 5%	0.016	0.020

Os dados sobre o efeito de interação entre as fontes de nutrientes e a cobertura morta de polietileno são apresentados no Quadro 42. No tratamento M_0 (sem cobertura morta), o nível F4 da fonte de nutrientes foi significativamente superior ao F_1, ao mesmo tempo que se equiparava aos restantes tratamentos das fontes de nutrientes. Enquanto que, no tratamento M_1 (cobertura morta de polietileno), o nível de nutrientes F4 foi igual ao nível F_3 (50 % RDN + 50 % N como PM) e foi significativamente superior ao das restantes fontes de nutrientes no que respeita ao teor de fósforo nas folhas. Além disso, em todos os níveis de fontes de nutrientes, M_1 (cobertura morta de polietileno) registou um teor de fósforo nas folhas significativamente mais elevado do que M_0 (sem cobertura morta), exceto em F2 (75 % RDN + 25 % N como PM), em que ambas as coberturas (M_0 e M_1) estavam ao mesmo nível. O desempenho do milho doce em termos de teor de fósforo nas folhas foi significativamente melhor na combinação de tratamentos F4Mᵢ (i00% N como PM e cobertura morta de polietileno) do que nas restantes combinações de tratamentos, exceto na combinação F3Mᵢ (50 % RDN + 50 % N como PM e cobertura morta de polietileno), que foi igual à primeira combinação.

Fontes de nutrientes x cobertura morta de polietileno - Teor de P na bainha da espiga (%)

Quadro 43.Teor de fósforo (%) na bainha da espiga de milho doce aquando da colheita, em

influenciado pelas fontes de nutrientes x cobertura morta de polietileno durante 2006-07.

Treatments	Polythene mulch	
Nutrient sources	Phosphorus content (%)	
	2006-07	
	M_0	M_1
F_1	0.0244	0.0570
F_2	0.0403	0.0525
F_3	0.0298	0.0743
F_4	0.0809	0.1009
	Bet. the diff. levels of nutrient sources at the same or different levels of mulch	Bet. the diff. levels of mulch at the same or different levels of nutrient sources
SE±	0.004	0.005
C.D. at 5%	0.012	0.017

Os dados relativos ao teor de fósforo na bainha da espiga, afectados pelo efeito da interação entre as fontes de nutrientes e a cobertura morta de polietileno, são apresentados no Quadro 43. O teor de fósforo na bainha da espiga foi significativamente maior com o tratamento F_4 (ou seja, 100% de N como PM) do que com o resto das fontes de nutrientes em ambas as coberturas. Além disso, em todas as fontes de nutrientes, Mi (cobertura morta de polietileno) registou um teor de fósforo significativamente mais elevado na bainha da espiga do que M_0 (sem cobertura morta) em 2006-07. O teor de fósforo na bainha da espiga foi significativamente mais elevado na combinação de tratamentos F M4ᵢ (i00% N como PM e cobertura morta de polietileno) do que nas restantes combinações de tratamentos.

4.6.4. Absorção de fósforo (kg ha⁻¹) pelas diferentes partes da planta de milho doce aquando da colheita

4.6.4.1. Absorção de fósforo nas folhas, no caule, no grão, no eixo da espiga da bainha da espiga e absorção total de P pela cultura aquando da colheita (kg

ha¹)¹

Os dados relativos à absorção de fósforo por todas as partes do milho doce acima referidas, afectadas por diferentes tratamentos durante 2005-06, 2006-07 e na média dos dois anos, são apresentados nos quadros 44 e 45.

Efeito das fontes de nutrientes

A absorção de fósforo nas folhas durante 2005-06 e na média de dois anos, no caule, na média de dois anos, na bainha da espiga durante 2006-07, e no eixo da espiga durante todas as três observações não foi influenciada significativamente pelas fontes de nutrientes. No entanto, a absorção de fósforo nas folhas e no caule durante 2006-07 foi significativamente mais elevada no nível F3 (ou seja, 50 % RDN + 50 % N como PM) do que nos restantes tratamentos. No entanto, o teor de fósforo no caule durante 2005-06, no grão durante 2006-07 e na média de dois anos, na bainha da espiga durante 2005-06 e na média de dois anos e a absorção total de fósforo pela cultura durante todas as três observações foi significativamente maior sob F_2 (ou seja, 75 % RDN + 25 % N como PM) do que os restantes tratamentos de fontes de nutrientes. Além disso, no caso da absorção de fósforo nos grãos durante 2005-06, os níveis F_i (100% RDN) e F_2 (75% RDN + 25% N como PM) foram iguais e significativamente superiores aos restantes tratamentos. Em todos os tratamentos acima referidos, F_4 (100 % N como PM) registou uma absorção de fósforo significativamente menor do que os restantes tratamentos de fontes de nutrientes.

Quadro 44: Efeito das fontes de nutrientes, da cobertura morta de polietileno e dos estimulantes de crescimento na

> **absorção de fósforo (kg/ha) nas diferentes partes da planta de milho doce em**
>
> **colheita em 2005-06, 2006- 07 e na média dos dois anos**

Treatments	LEAVES			STEM			GRAINS		
	2005-06	2006-07	Mean of 2 years	2005-06	2006-07	Mean of 2 years	2005-06	2006-07	Mean of 2 years
Nutrient sources									
F_1-100 % RDN	3.399	4.034	3.717	1.361	2.343	1.852	14.04	15.47	14.76
F_2-75 % RDN + 25 % N through PM	4.183	4.557	4.370	2.464	2.436	2.450	14.14	17.23	15.68
F_3-50 % RDN + 50 % N through PM	4.003	5.006	4.505	1.416	3.006	2.211	13.01	14.45	13.73
F_4-100 % N through PM	2.736	3.329	3.033	1.732	2.769	2.251	8.27	8.44	8.36
SE (m) ±	0.148	0.067	0.099	0.057	0.038	0.044	0.21	0.29	0.23
CD (5%)	NS	0.231	NS	0.198	0.133	NS	0.74	1.02	0.80
Polythene mulch									
M_0-Control	2.784	3.808	3.296	1.385	1.931	1.658	10.68	12.35	11.51
M_1-Mulch	4.377	4.654	4.516	2.102	3.346	2.724	14.05	15.45	14.75
SE (m) ±	0.076	0.038	0.033	0.044	0.023	0.023	0.07	0.09	0.06
CD (5%)	0.247	0.124	0.107	0.143	0.074	0.074	0.24	0.28	0.19
Growth stimulants									
P_0-Control	3.776	4.198	3.987	1.731	2.454	2.092	12.26	13.71	12.98
P_1-Panchagavya + Amrutpani	3.386	4.265	3.825	1.756	2.823	2.289	12.46	14.09	13.28
SE (m) ±	0.070	0.024	0.038	0.030	0.020	0.021	0.06	0.13	0.07
CD (5%)	NS	NS	NS	NS	NS	NS	NS	NS	NS
Interactions									
F X M	NS	NS	NS	NS	NS	NS	NS	NS	NS
F X P	NS	NS	NS	NS	NS	NS	NS	NS	NS
M X P	NS	NS	NS	NS	NS	NS	NS	NS	NS
F X M X P	NS	NS	NS	NS	NS	NS	NS	NS	NS
GM	3.670	4.231	3.950	1.743	2.638	2.190	12.36	13.90	13.13

Quadro 45: **Efeito das fontes de nutrientes, da cobertura morta de polietileno e dos estimulantes de crescimento na absorção de fósforo (kg ha[-1]) nas diferentes partes da planta do milho doce na colheita de 2005-06, 2006-07 e na média dos dois anos**

Treatments	COB SHEATH			COB AXIS			TOTAL		
	2005-06	2006-07	Mean of 2 years	2005-06	2006-07	Mean of 2 years	2005-06	2006-07	Mean of 2 years
Nutrient sources									
F_1-100 % RDN	0.894	0.669	0.781	0.43	0.330	0.38	21.970	22.849	22.409
F_2-75 % RDN + 25 % N through PM	1.266	0.794	1.030	0.75	0.701	0.72	24.831	25.715	25.273
F_3-50 % RDN + 50 % N through PM	1.058	0.893	0.975	0.51	0.590	0.55	21.199	23.948	22.574
F_4-100 % N through PM	0.590	0.517	0.554	0.38	0.487	0.43	14.758	15.543	15.151
SE (m) ±	0.022	0.022	0.015	0.05	0.022	0.02	0.313	0.348	0.315
CD (5%)	0.077	NS	0.053	NS	NS	NS	1.082	1.206	1.090
Polythene mulch									
M_0-Control	0.613	0.441	0.527	0.32	0.393	0.36	17.667	18.924	18.295
M_1-Mulch	1.290	0.995	1.143	0.71	0.660	0.69	23.713	25.104	24.408
SE (m) ±	0.017	0.006	0.008	0.01	0.009	0.00	0.143	0.099	0.092
CD (5%)	0.055	0.021	0.026	0.03	0.029	0.02	0.466	0.322	0.301
Growth stimulants									
P_0-Control	0.875	0.697	0.786	0.47	0.511	0.49	20.538	21.566	21.052
P_1-Panchagavya + Amrutpani	1.028	0.739	0.884	0.56	0.542	0.55	20.842	22.461	21.652
SE (m) ±	0.010	0.004	0.004	0.01	0.004	0.00	0.121	0.117	0.086
CD (5%)	NS	NS	NS	NS	NS	NS	NS	NS	NS
Interactions									
F X M	NS	SIG	NS	NS	NS	NS	NS	NS	NS
F X P	NS	NS	NS	NS	NS	NS	NS	NS	NS
M X P	NS	NS	NS	NS	NS	NS	NS	NS	NS
F X M X P	NS	NS	NS	NS	NS	NS	NS	NS	NS
GM	0.952	0.718	0.835	0.517	0.526	0.522	20.689	22.013	21.35

Efeito da cobertura morta de polietileno

A absorção de fósforo nas folhas, no caule, no grão, na bainha da espiga, no eixo da espiga e a absorção total de P pela cultura na colheita foi significativamente mais elevada em M_1 (cobertura morta de polietileno) do que em M_0 (controlo) durante ambos os anos e na média de dois anos.

Efeito dos estimulantes de crescimento

A absorção de fósforo em todas as partes da planta, bem como a absorção total de fósforo pela cultura, não foi influenciada significativamente pelos estimulantes de crescimento durante os dois anos, bem como na média dos dois anos.

Efeitos de interação

Fontes de nutrientes X cobertura morta de polietileno - absorção de P na bainha da espiga (kg ha⁻¹)

De todos os efeitos de interação, as fontes de nutrientes X cobertura morta de polietileno durante 2006-07 foram consideradas significativas no caso da absorção de fósforo na bainha da espiga.

Os dados relativos à absorção de fósforo na bainha da espiga em função do efeito da interação fontes de nutrientes X cobertura morta de polietileno durante 2006-07 são apresentados no quadro 46.

Quadro 46: Absorção de fósforo na bainha da espiga afetada pelas fontes de nutrientes X mulch de polietileno na colheita de 2006-07 (kg ha^{-1}).

Treatments	Polythene mulch	
Nutrient sources	**Cob sheath**	
	2006-07	
	M_0	M_1
F_1	0.31	1.02
F_2	0.67	0.90
F_3	0.39	1.39
F_4	0.38	0.65
	Bet. the diff. levels of nutrient sources at the same or different levels of mulch	Bet. the diff. levels of mulch at the same or different levels of nutrient sources
SE±	0.05	0.08
C.D. at 5%	0.17	0.27

A absorção de fósforo pela bainha da espiga foi máxima com o tratamento F_2 (ou seja, 75 % RDN + 25 % N como PM), que foi significativamente superior ao resto das fontes de nutrientes sob M_0 (sem cobertura morta), enquanto o tratamento F3 foi significativamente superior ao resto das fontes de nutrientes sob M_1 (cobertura morta de polietileno) durante 2006-07. Além disso, em todas as fontes de nutrientes, M_1 (cobertura morta de polietileno) registou uma absorção de fósforo significativamente mais elevada pela bainha da espiga do que M_0 (sem cobertura morta), exceto em F2 (ou seja, 75 % RDN + 25 % N como PM) e F4 (100 % N como PM). O desempenho do milho doce no caso da absorção de fósforo na bainha da espiga foi significativamente melhor sob F M_{31} (50% RDN + 50 % N como PM e cobertura morta de polietileno) combinação de tratamento do que as demais combinações de tratamento.

4.6.5. Teor de potássio nas diferentes partes da planta de milho doce

4.6.5.1. Teor de potássio nas folhas, caule, grão, bainha da espiga e eixo da espiga (%)

Os dados relativos ao teor de potássio nas folhas, caule, grão, bainha da espiga e eixo da espiga, afectados pelos diferentes tratamentos durante 2005-06, 2006-07 e na média dos dois anos, são apresentados no quadro 53.

Efeito das fontes de nutrientes

Os dados relativos ao teor de potássio no caule das folhas durante as três observações e na bainha e eixo da espiga durante 2006-07 e na média dos dois anos (Quadro 53) revelaram que o tratamento F_4 (100 % N como PM) foi significativamente superior aos restantes tratamentos. No entanto, o teor de potássio no grão durante as três observações e no eixo da espiga e na bainha durante 2005-06 não foi influenciado significativamente devido aos níveis de fontes de nutrientes.

Efeito da cobertura morta de polietileno

O teor de potássio nas folhas, no caule, na bainha da espiga e no eixo da espiga foi significativamente mais elevado sob cobertura de polietileno (M_1) do que no controlo (M_0) durante as três observações. No entanto, o teor de potássio no grão não foi

Quadro 47 : Efeito das fontes de nutrientes, da cobertura morta de polietileno e dos estimulantes de crescimento na teor de potássio nas diferentes partes da planta de milho doce aquando da colheita em 2005-06, 2006-07 e na média dos dois anos (%)

Treatments	LEAVES			STEM			GRAIN		
	2005-06	2006-07	Mean of 2 yr.	2005-06	2006-07	Mean of 2 yr.	2005-06	2006-07	Mean of 2 yr.
Nutrient sources									
F_1-100 % RDN	0.516	0.553	0.535	0.254	0.253	0.254	1.124	1.175	1.150
F_2-75 % RDN + 25 % N as PM	0.619	0.667	0.643	0.279	0.319	0.299	1.098	1.191	1.145
F_3-50 % RDN + 50 % N as PM	0.723	0.715	0.719	0.322	0.321	0.322	1.124	1.206	1.165
F_4-100 % N as PM	0.766	0.735	0.750	0.439	0.427	0.433	1.139	1.139	1.139
SE (m) ±	0.007	0.004	0.004	0.011	0.003	0.005	0.006	0.007	0.006
CD (5%)	0.024	0.015	0.014	0.037	0.010	0.016	NS	NS	NS
Polythene mulch									
M_0-Control	0.550	0.618	0.584	0.256	0.275	0.265	1.085	1.160	1.122
M_1-Mulch	0.762	0.717	0.739	0.391	0.386	0.389	1.158	1.196	1.177
SE (m) ±	0.004	0.005	0.003	0.002	0.001	0.001	0.004	0.007	0.004
CD (5%)	0.014	0.015	0.010	0.006	0.004	0.003	0.012	NS	NS
Growth stimulants									
P_0-Control	0.646	0.676	0.661	0.316	0.325	0.320	1.135	1.157	1.146
P_1-Panchagavya + Amrutpani	0.666	0.659	0.662	0.332	0.335	0.334	1.108	1.199	1.153
SE (m) ±	0.002	0.002	0.001	0.002	0.001	0.001	0.005	0.007	0.005
CD (5%)	NS	NS	NS	NS	NS	NS	NS	NS	NS
Interactions									
F X M	NS	NS	NS	NS	SIG	SIG	NS	NS	NS
F X P	NS	NS	NS	NS	NS	NS	NS	NS	NS
M X P	NS	NS	NS	NS	NS	NS	NS	NS	NS
F X M X P	NS	NS	NS	NS	NS	NS	NS	NS	NS
GM	0.656	0.667	0.661	0.323	0.330	0.327	1.12	1.178	1.150

Tabela 47   : Efeito das fontes de nutrientes, da cobertura morta de polietileno e dos estimulantes de crescimento na

teor de potássio nas diferentes partes da planta de milho doce aquando da colheita

em 2005-06, 2006-07 e na média dos dois anos (%)

Treatments	COB SHEATH			COB AXIS		
	2005-06	2006-07	Mean of 2 yr.	2005-06	2006-07	Mean of 2 years
Nutrient sources						
F_1-100 % RDN	0.299	0.269	0.284	0.465	0.429	0.447
F_2-75 % RDN + 25 % N as PM	0.275	0.296	0.286	0.497	0.640	0.569
F_3-50 % RDN + 50 % N as PM	0.294	0.292	0.293	0.563	0.532	0.547
F_4-100 % N as PM	0.429	0.423	0.426	0.516	0.642	0.579
SE (m) ±	0.012	0.005	0.004	0.014	0.002	0.007
CD (5%)	NS	0.019	0.015	NS	0.005	0.024
Polythene mulch						
M_0-Control	0.242	0.287	0.265	0.442	0.519	0.480
M_1-Mulch	0.406	0.353	0.380	0.579	0.602	0.591
SE (m) ±	0.002	0.002	0.001	0.002	0.001	0.001
CD (5%)	0.008	0.006	0.005	0.006	0.004	0.004
Growth stimulants						
P_0-Control	0.317	0.312	0.315	0.503	0.577	0.540
P_1-Panchagavya + Amrutpani	0.332	0.328	0.330	0.517	0.544	0.531
SE (m) ±	0.002	0.002	0.001	0.003	0.004	0.002
CD (5%)	NS	NS	NS	NS	NS	NS
Interactions						
F X M	NS	NS	NS	NS	NS	NS
F X P	NS	NS	NS	NS	NS	NS
M X P	NS	NS	NS	NS	NS	NS
F X M X P	NS	NS	NS	NS	NS	NS
GM	0.324	0.320	0.322	0.51	0.560	0.535

influenciado significativamente devido aos tratamentos de mulching durante 2006-07 e na média de

dois anos. No entanto, M_i (cobertura morta de polietileno) foi significativamente superior a M_0 (controlo) durante 2005-06 no que diz respeito ao teor de potássio no grão.

Efeito dos estimulantes de crescimento

O teor de potássio em qualquer parte do milho doce não atingiu o nível de significância devido aos estimulantes de crescimento em ambos os anos e na média dos dois anos.

Efeitos de interação

Fontes de nutrientes x cobertura morta de polietileno - teor de potássio no caule (%)

Quadro 48 Teor de potássio (%) no caule do milho doce na colheita, influenciado pelas fontes de nutrientes x cobertura morta de polietileno em 2006-07 e na média de dois anos.

Treatments	Transparent polythene mulch			
Nutrient sources	K content in the stem		K content in the stem	
	2006-07		Mean of two year	
	M_0	M_1	M_0	M_1
F_1	0.205	0.302	0.198	0.309
F_2	0.271	0.367	0.253	0.346
F_3	0.236	0.406	0.237	0.406
F_4	0.387	0.468	0.373	0.494
	Bet. the diff. levels of nutrient sources at the same or different levels of mulch	Bet. the diff. levels of mulch at the same or different levels of nutrient sources	Bet. the diff. levels of nutrient sources at the same or different levels of mulch	Bet. the diff. levels of mulch at the same or different levels of nutrient sources
SE±	0.011	0.014	0.007	0.016
C.D. at 5%	0.035	0.045	0.024	0.052

De todos os efeitos de interação, apenas a interação entre as fontes de nutrientes e a cobertura morta de polietileno foi considerada significativa durante 2006-07 e na média de dois anos no caso do teor de potássio no caule.

Os dados sobre o efeito de interação entre as fontes de nutrientes e o mulch de polietileno são apresentados no Quadro 48. Em ambas as coberturas, a fonte de nutrientes F_4 (100 % N como PM) foi significativamente superior ao resto das fontes de nutrientes. Além disso, sob todos os níveis de fontes de nutrientes, M_1 (cobertura morta de polietileno) registou um teor de potássio no caule significativamente mais elevado do que M_0 (sem cobertura morta) durante 2006-07 e na média de dois anos.

O teor de potássio no caule foi significativamente mais elevado na combinação de tratamentos $F M_{41}$ (100 % N como PM e cobertura morta de polietileno) do que nas restantes combinações de tratamentos.

4.6.6. Absorção de potássio pelas diferentes partes da planta de milho doce (kgha⁻¹).

4.6.6.1. Absorção de potássio nas folhas, caule, grão, bainha da espiga, eixo da espiga e absorção total de K pela cultura (kg ha⁻¹).

Os dados relativos à absorção de potássio nas folhas, caule, grão, bainha da espiga, eixo da espiga e absorção total de K pela cultura, influenciada pelos diferentes tratamentos, são apresentados nos quadros 49 e 50.

Efeito das fontes de nutrientes

A absorção de potássio nas folhas foi significativa durante 2006-07 e na média dos dois anos, mas não atingiu o nível de significância durante 2005-06. A absorção de potássio nas folhas foi significativamente maior com F_3 (ou seja, 50 % RDN + 50 % N como PM), do que o resto dos tratamentos das observações acima referidas. Além disso, F_2 (i.e. 75 % RDN + 25 % N como PM) foi significativamente superior a F_1 e F_4 enquanto que F_1 foi significativamente superior a F_4 durante 2006-07 e a média dos dois anos.

No caso da absorção de potássio no caule durante 2006-07, no grão, na bainha da espiga e no eixo da espiga durante 2006-07 e na média dos dois anos, e na absorção total de potássio pela cultura durante o mesmo período, a fonte de nutrientes F_2 (ou seja, 75 % RDN + 25 % N como PM) registou valores significativamente mais elevados do que as restantes fontes de nutrientes. Além disso, a absorção de potássio no grão durante 2005-06 foi significativamente mais elevada nos tratamentos F_1 (100 % RDN) e F_2 (i.e. 75 % RDN + 25 % N como PM) do que nos restantes tratamentos e os tratamentos F_1 e F_2 foram iguais. Da mesma forma, no que diz respeito à absorção total de potássio, F2 (ou seja, 75 % RDN + 25 % N como PM) e F3 (ou seja, 50 % RDN + 50 % N

Quadro 49 Efeito das fontes de nutrientes, da cobertura morta de polietileno e dos estimulantes de crescimento na absorção de potássio (kg ha⁻¹) nas diferentes partes das plantas de milho doce em colheita em 2005-06, 2006- 07 e na média dos dois anos

Treatments	LEAVES			STEM			GRAIN		
	2005-06	2006-07	Mean of 2 years	2005-06	2006-07	Mean of 2 years	2005-06	2006-07	Mean of 2 years
Nutrient sources									
F_1-100 % RDN	3.399	4.034	3.717	1.361	2.343	1.852	14.04	15.47	14.76
F_2-75 % RDN + 25 % N through PM	4.183	4.557	4.370	2.464	2.436	2.450	14.14	17.23	15.68
F_3-50 % RDN + 50 % N through PM	4.003	5.006	4.505	1.416	3.006	2.211	13.01	14.45	13.73
F_4-100 % N through PM	2.736	3.329	3.033	1.732	2.769	2.251	8.27	8.44	8.36
SE (m) ±	0.148	0.067	0.099	0.057	0.038	0.044	0.21	0.29	0.23
CD (5%)	NS	0.231	NS	0.198	0.133	NS	0.74	1.02	0.80
Polythene mulch									
M_0-Control	2.784	3.808	3.296	1.385	1.931	1.658	10.68	12.35	11.51
M_1-Mulch	4.377	4.654	4.516	2.102	3.346	2.724	14.05	15.45	14.75
SE (m) ±	0.076	0.038	0.033	0.044	0.023	0.023	0.07	0.09	0.06
CD (5%)	0.247	0.124	0.107	0.143	0.074	0.074	0.24	0.28	0.19
Growth stimulants									
P_0-Control	3.776	4.198	3.987	1.731	2.454	2.092	12.26	13.71	12.98
P_1-Panchagavya + Amrutpani	3.386	4.265	3.825	1.756	2.823	2.289	12.46	14.09	13.28
SE (m) ±	0.070	0.024	0.038	0.030	0.020	0.021	0.06	0.13	0.07
CD (5%)	NS	NS	NS	NS	NS	NS	NS	NS	NS
Interactions									
F X M	NS	NS	NS	NS	NS	NS	NS	NS	NS
F X P	NS	NS	NS	NS	NS	NS	NS	NS	NS
M X P	NS	NS	NS	NS	NS	NS	NS	NS	NS
F X M X P	NS	NS	NS	NS	NS	NS	NS	NS	NS
GM	3.670	4.231	3.950	1.743	2.638	2.190	12.36	13.90	13.13

Tabela 50 : Efeito das fontes de nutrientes, da cobertura morta de polietileno e dos estimulantes de crescimento na absorção de potássio (kg ha^{-1}) nas diferentes partes das plantas de milho doce em colheita em 2005-06, 2006-07 e na média de dois anos

Treatments	COB SHEATH			COB AXIS			TOTAL		
	2005-06	2006-07	Mean of 2 years	2005-06	2006-07	Mean of 2 years	2005-06	2006-07	Mean of 2 years
Nutrient sources									
F_1-100 % RDN	4.350	4.33	4.34	7.45	5.51	6.48	82.96	87.32	85.14
F_2-75 % RDN + 25 % N through PM	4.507	5.06	4.79	8.74	8.57	8.66	89.68	102.92	96.30
F_3-50 % RDN + 50 % N through PM	3.936	4.76	4.35	9.25	6.98	8.11	88.84	95.71	92.28
F_4-100 % N through PM	2.773	2.39	2.58	4.95	3.92	4.43	61.18	58.71	59.95
SE (m) ±	0.187	0.05	0.08	0.32	0.11	0.17	1.54	0.85	1.08
CD (5%)	NS	0.17	0.27	NS	0.37	0.59	5.32	2.93	3.74
Polythene mulch									
M_0-Control	2.060	3.19	2.63	6.58	5.57	6.08	66.00	77.31	71.66
M_1-Mulch	5.723	5.08	5.40	8.61	6.91	7.76	95.33	95.02	95.18
SE (m) ±	0.041	0.05	0.02	0.07	0.04	0.05	0.21	0.36	0.26
CD (5%)	0.134	0.15	0.05	0.22	0.12	0.15	0.69	1.18	0.84
Growth stimulants									
P_0-Control	3.528	3.78	3.65	7.39	6.23	6.81	78.24	83.23	80.74
P_1-Panchagavya + Amrutpani	4.255	4.49	4.37	7.80	6.26	7.03	83.09	89.10	86.10
SE (m) ±	0.025	0.05	0.03	0.06	0.06	0.03	0.29	0.31	0.25
CD (5%)	0.075	0.14	0.08	NS	NS	NS	0.86	0.92	0.75
Interactions									
F X M	NS	SIG	SIG	NS	SIG	NS	NS	NS	NS
F X P	NS	NS	NS	NS	NS	NS	NS	NS	NS
M X P	NS	NS	NS	NS	NS	NS	NS	NS	NS
F X M X P	NS	NS	NS	NS	NS	NS	NS	NS	NS
GM	3.89	4.14	4.01	7.60	6.24	6.92	80.67	86.17	83.42

como PM) foram iguais e significativamente superiores aos restantes tratamentos.

Por outro lado, a absorção de potássio no caule durante 2005-06 e na média de dois anos, na bainha da espiga e no eixo da espiga durante 2005-06 não foi influenciada significativamente pelas fontes de nutrientes.

Efeito da cobertura morta de polietileno

A absorção de potássio nas folhas, caule, grão, bainha da espiga, eixo da espiga e absorção total de K pela cultura foi significativamente maior sob cobertura de polietileno (M_i) do que no controlo (M_0) durante as três observações.

Efeito dos estimulantes de crescimento

A absorção de potássio nas folhas durante 2005-06, no caule, na bainha da espiga e a absorção total de potássio pela cultura durante as três observações foi significativamente maior sob P_i (3 % panchagavya spray + amrutpani através de irrigação) do que P_0 (controlo). A absorção de potássio nas folhas durante 2006-07 e na média de dois anos, no eixo do grão e da espiga durante todas as três observações não foi influenciada significativamente devido aos estimulantes de crescimento.

Tabela 51: Absorção de potássio na bainha da espiga de milho doce influenciada pelas fontes de nutrientes x cobertura morta de polietileno durante 2006-07 e na média de dois anos (kg ha).$^{-1}$

Treatments	Transparent polythene mulch			
Nutrient sources	K uptake by cob sheath		K uptake by cob sheath	
	2006-07		Mean of two year	
	M_0	M_1	M_0	M_1
F_1	2.82	5.84	2.45	6.23
F_2	4.83	5.30	3.71	5.86
F_3	3.29	6.24	2.79	5.90
F_4	1.83	2.95	1.55	3.62
	Bet. the diff. levels of nutrient sources at the same or different levels of mulch	Bet. the diff. levels of mulch at the same or different levels of nutrient sources	Bet. the diff. levels of nutrient sources at the same or different levels of mulch	Bet. the diff. levels of mulch at the same or different levels of nutrient sources
SE±	0.39	0.41	0.14	0.28
C.D. at 5%	1.25	1.35	0.46	0.90

Efeitos de interação

De todos os efeitos de interação, apenas o efeito de interação das fontes de nutrientes e da cobertura morta de polietileno foi significativo em 2006-07 e na média dos dois anos no caso da absorção de potássio na bainha da espiga e no caso da absorção de potássio no eixo da espiga em 2006-07.

Fontes de nutrientes x cobertura morta de polietileno - absorção de "K" na bainha da espiga (kgha)$^{-1}$

A absorção de potássio na bainha da espiga foi considerada significativa em

2006-07 e na média dos dois anos devido à interação entre as fontes de nutrientes e a cobertura morta de polietileno. Os dados são apresentados no quadro 51

Os dados indicaram que a absorção de potássio pela bainha da espiga de milho doce sob M_0 (sem cobertura morta) foi significativamente superior com o nível de fonte de nutrientes F_2 em relação ao resto das fontes de nutrientes, enquanto sob M_1 (cobertura morta de polietileno) os três níveis de fontes de nutrientes, ou seja, F_1 F_2 e F_3 não atingiram o nível de significância, mas foram significativamente superiores ao nível de fonte de nutrientes F4 durante 2006-07 e média de dois anos. Além disso, em todos os níveis de fontes de nutrientes, M_1 (cobertura morta de polietileno) registou uma absorção de potássio significativamente mais elevada na bainha da espiga do que M_0 (sem cobertura morta) em 2006-2007 e na média de dois anos, exceto nos níveis de fontes de nutrientes F_2 e F_4 em 2006-2007, em que ambas as coberturas não atingiram o nível de significância.

Quadro 52: Absorção de potássio pelo eixo da espiga na colheita afetada pelo nutriente

fontes X cobertura morta de polietileno durante 2006-07

Treatments	Transparent polythene mulch	
Nutrient sources	**K uptake by cob axis**	
	2006-07	
	M_0	**M_1**
F_1	4.60	6.42
F_2	8.46	8.68
F_3	5.73	8.23
F_4	3.51	4.32
	Bet. the diff. levels of nutrient sources at the same or different levels of mulch	Bet. the diff. levels of mulch at the same or different levels of nutrient sources
SE±	0.31	0.45
C.D. at 5%	1.00	1.45

A absorção de potássio na bainha da espiga sob F M_{31} (50 % RDN + 50 % N como PM e cobertura morta de polietileno) combinações de tratamento durante 2006-07 e foi igual a F M_{11} (100 % RDN + cobertura morta de polietileno) e F M_{21} (75 % RDN + 25 % N como PM e cobertura morta de polietileno), na média de dois anos, F M_{11} (100 % RDN + cobertura morta de polietileno) estava a par com F M_{21} (75 % RDN + 25 % N como PM e cobertura morta de polietileno) e F M_{31} (50 % RDN + 50 % N como PM e cobertura morta de polietileno) combinações de tratamento e ambas as combinações de tratamento viz. F3M1 e F M_{11} foram significativamente superiores às restantes combinações.

Fontes de nutrientes X cobertura morta de polietileno - absorção de "K" no eixo da espiga (kg ha⁻¹)

Os dados relativos à absorção de potássio no eixo da espiga em 2006-07, influenciados pelo efeito da interação fontes de nutrientes X cobertura morta de polietileno, são apresentados no quadro 52.

A absorção de potássio pelo eixo da espiga foi maior com a fonte de nutrientes F_2 (75 5 RDN + 25 % N como PM), que foi significativamente superior ao resto das fontes de nutrientes em ambas as coberturas, exceto o nível de fonte de nutrientes F_3 sob M_1 (cobertura morta de polietileno). Além disso, sob F_1 e F_3 níveis de fontes de nutrientes, M_1 (cobertura morta de polietileno) registou uma absorção de potássio significativamente maior no eixo da espiga do que M_0 (sem cobertura morta). Enquanto que, sob os níveis F_1 e F_3 de fontes de nutrientes, ambas as coberturas estavam ao mesmo nível.

O desempenho do milho doce em termos de absorção de potássio pelo eixo da espiga foi significativamente melhor com a combinação de tratamentos F M_{21} (75 5 RDN + 25 % N como PM e cobertura morta de polietileno) do que com as restantes combinações de tratamentos, exceto F M_{31} (50 % RDN + 50%Nas PM e cobertura morta de polietileno).

4.7. Contagem microbiana no solo após a colheita do milho doce.

4.7.1. Contagem bacteriana (X 10^6 CFU)

Os dados relativos à contagem de bactérias, fungos e actinomicetos, influenciados por diferentes tratamentos durante 2005-06, 2006-07 e na média de dois anos, são apresentados no Quadro 53.

Efeito das fontes de nutrientes

A contagem bacteriana no solo após a colheita foi influenciada significativamente durante ambos os anos e na média dos dois anos devido às fontes de nutrientes. A contagem bacteriana foi significativamente mais elevada com F_3 (i.e. 50 % RDN + 50 % N como PM) em relação às restantes fontes de nutrientes durante ambos os anos e na média de dois anos. Além disso, o F_2 foi significativamente superior ao F_1 e ao F4, que foram iguais entre si em ambos os anos e na média de dois anos. No entanto, a contagem de fungos e actinomicetos não foi influenciada significativamente pelas fontes de nutrientes.

Efeito da cobertura morta de polietileno

A contagem de bactérias, fungos e actinomicetos foi significativamente superior sob cobertura de polietileno (M_1) do que no controlo (M_0) durante as três observações.

Efeito dos estimulantes de crescimento

A contagem bacteriana durante ambos os anos e na média de dois anos foi significativamente mais elevada devido a P_i (3 % panchagavya spray + amrutpani através de irrigação) do que P_o (controlo). No entanto, a contagem de fungos e actinomicetos não foi influenciada significativamente durante as três observações.

Efeitos de interação

Todos os efeitos de interação foram considerados não significativos durante ambos os anos e na média de dois anos no caso da contagem de bactérias, fungos e actinomicetos.

4.8. Propriedades químicas do solo após a colheita do milho doce

O azoto disponível (kg ha^{-i}), o fósforo disponível (kg ha^{-i}) e o potássio disponível (kg ha^{-i}) foram estudados após a colheita do milho doce em 2005-06 e 2006-07, no âmbito de estudos químicos.

4.8.1. Azoto, fósforo e potássio disponíveis (kg ha^{-i})

Os dados relativos ao azoto, fósforo e potássio disponíveis, influenciados por diferentes tratamentos durante 2005-06 e 2006-07, são apresentados no Quadro 54 e ilustrados graficamente na Fig. 29.

Efeito das fontes de nutrientes

O teor de azoto disponível no solo após a colheita da cultura não foi significativamente afetado pelas diferentes fontes de nutrientes em ambos os anos. No entanto, no caso do fósforo e potássio disponíveis, o tratamento F_4 (100 % N como PM) foi significativamente superior às restantes fontes de nutrientes. Seguiu-se F_3 (i.e. 50 % RDN + 50 % N como PM) que também foi significativamente superior aos níveis de F_i e F_2 .

Quadro 53: Efeito das fontes de nutrientes, do mulch de polietileno e dos estimulantes de crescimento na população de bactérias, fungos e actinomicetos no solo após colheita em 2005-06, 2006-07 e na média de dois anos

Treatments	Bacterial count (X 10^6 CFU)			Fungal count (X 10^4 FU)			Actinomycetes count (X 10^3 CFU)		
	2005-06	2006-07	Mean of 2 years	2005-06	2006-07	Mean of 2 years	2005-06	2006-07	Mean of 2 years
Nutrient sources									
F_1-100 % RDN	30.25	31.08	30.67	9.00	11.08	10.04	7.08	7.75	7.42
F_2-75 % RDN + 25 % N through PM	31.50	32.17	31.83	7.67	9.83	8.75	8.92	9.58	9.25
F_3-50 % RDN + 50 % N through PM	34.42	34.75	34.58	10.00	11.92	10.96	10.08	10.75	10.42
F_4-100 % N through PM	29.58	30.33	29.96	9.33	11.25	10.29	8.00	8.67	8.33
SE (m) ±	0.21	0.23	0.22	0.13	0.15	0.14	0.19	0.19	0.19
CD (5%)	0.71	0.80	0.75	NS	NS	NS	NS	NS	NS
Polythene mulch									
M_0-Control	27.96	28.92	28.44	7.33	9.29	8.31	4.42	5.08	4.75
M_1-Mulch	34.92	35.25	35.08	10.67	12.75	11.71	12.63	13.29	12.96
SE (m) ±	0.12	0.10	0.11	0.02	0.03	0.02	0.04	0.04	0.04
CD (5%)	0.40	0.33	0.36	0.08	0.09	0.08	0.13	0.13	0.13
Growth stimulants									
P_0-Control	30.13	30.92	30.52	8.92	11.04	9.98	8.58	9.25	8.92
P_1-Panchagavya + Amrutpani	32.75	33.25	33.00	9.08	11.00	10.04	8.46	9.13	8.79
SE (m) ±	0.05	0.06	0.05	0.04	0.04	0.04	0.08	0.08	0.08
CD (5%)	0.15	0.17	0.15	NS	NS	NS	NS	NS	NS
Interactions									
F X M	NS	NS	NS	NS	NS	NS	NS	NS	NS
F X P	NS	NS	NS	NS	NS	NS	NS	NS	NS
M X P	NS	NS	NS	NS	NS	NS	NS	NS	NS
F X M X P	NS	NS	NS	NS	NS	NS	NS	NS	NS
GM	31.44	32.08	31.76	9.00	11.02	10.01	8.52	9.19	8.85

Efeito da cobertura morta de polietileno

Os teores disponíveis de azoto, fósforo e potássio não atingiram o nível de significância no caso do mulch de polietileno em ambos os anos.

Efeito dos estimulantes de crescimento

Os teores de azoto, fósforo e potássio disponíveis não atingiram o nível de significância devido aos tratamentos com estimulantes de crescimento em ambos os anos.

Efeitos de interação

Todos os efeitos de interação foram considerados não significativos em ambos os anos.

1.9. Economia da cultura do milho doce

Foram calculados os parâmetros para a análise económica do milho doce, nomeadamente o custo de cultivo, os rendimentos brutos, os rendimentos líquidos e a relação benefício/custo

Quadro 54: Efeito das fontes de nutrientes, do mulch de polietileno e dos estimulantes de crescimento no azoto, fósforo e potássio disponíveis no solo após a colheita de milho doce em 2005-06 e 2006-07 (kg ha)$^{-1}$

Treatments	Av. N (kg ha^{-1})		Av. P$_2$O$_5$ (kg ha^{-1})		Av. K$_2$O (kg ha^{-1})	
	2005-06	2006-07	2005-06	2006-07	2005-06	2006-07
Nutrient sources						
F$_1$-100 % RDN	196.62	182.30	17.46	18.10	114.90	110.67
F$_2$-75 % RDN + 25 % N through PM	205.51	181.78	17.29	18.29	138.50	119.33
F$_3$-50 % RDN + 50 % N through PM	203.42	190.14	19.11	19.22	201.54	181.33
F$_4$-100 % N through PM	200.28	195.37	24.66	20.32	236.54	230.67
SE (m) ±	29.21	2.33	0.37	0.12	0.71	1.67
CD (5%)	NS	NS	1.30	0.42	2.46	5.79
Polythene mulch						
M$_0$-Control	202.37	188.58	19.11	18.89	174.22	164.67
M$_1$-Mulch	200.54	186.22	20.15	19.08	171.52	156.33
SE (m) ±	0.96	0.91	0.20	0.04	0.45	0.61
CD (5%)	NS	NS	NS	NS	NS	NS
Growth stimulants						
P$_0$-Control	207.60	193.28	20.12	18.77	173.86	164.00
P$_1$-Panchagavya + Amrutpani	195.31	181.52	19.14	19.20	171.88	157.00
SE (m) ±	1.24	1.34	0.17	0.07	0.41	0.61
CD (5%)	NS	NS	NS	NS	NS	NS
Interactions						
F X M	NS	NS	NS	NS	NS	NS
F X P	NS	NS	NS	NS	NS	NS
M X P	NS	NS	NS	NS	NS	NS
F X M X P	NS	NS	NS	NS	NS	NS
Initial Status	**156.88**	**197.69**	**21.70**	**16.18**	**126.88**	**138.66**

com base no número médio de espigas por hectare durante os dois anos e nos valores médios. As informações são apresentadas no quadro 55.

Efeito das fontes de nutrientes

Em ambos os anos e na média dos dois anos, F$_3$ (ou seja, 50 % RDN + 50 % N como PM) registou um custo de cultivo mais elevado do que os restantes tratamentos de fontes de nutrientes. Além disso, F2 (ou seja, 75 % RDN + 25 % N como PM) e F4

(100 % N como PM) foram superiores a F_1 (100 % RDN) durante 2005-06. Durante 2006-07 e na média de dois anos, F_2 (ou seja, 75 % RDN + 25 % N como PM) foi superior a F_4 e F_1 .

Os rendimentos brutos e líquidos durante ambos os anos e na média de dois anos foram mais elevados sob F_2 (i.e. 75 % RDN + 25 % N como PM) do que as restantes fontes de nutrientes.

Além disso, os rendimentos brutos sob F_3 (ou seja, 50 % RDN + 50 % N como PM) foi maior do que F_1 (100 % RDN) e F_4 (100 % N como PM) durante ambos os anos e na média de dois anos. No caso dos rendimentos líquidos, em ambos os anos e na média dos dois anos, F_1 (100 % RDN) e F_3 (ou seja, 50 % RDN + 50 % N como PM) os nutrientes fornecidos foram superiores a F_4 (100%Nas PM).

Quadro 55: Efeito das fontes de nutrientes, da cobertura morta de polietileno e dos estimulantes de crescimento na economia da produção de milho doce durante 2005-06 e 2006-07.

Treatments	COST OF CULTIVATION (Rs ha^{-1})			GROSS RETURNS (Rs ha^{-1})		
	2005-06	2006-07	Mean of 2 years	2005-06	2006-07	Mean of 2 years
Nutrient sources						
F_1-100 % RDN	59137.75	66241.21	62689.48	143998.02	170634.92	157316.47
F_2-75 % RDN + 25 % N as PM	64274.88	71880.44	68077.66	154927.25	183068.78	168998.02
F_3-50 % RDN + 50 % N as PM	66660.14	74290.22	70475.18	149804.89	176620.37	163212.63
F_4-100 % N as PM	64002.79	66890.69	65446.74	96577.38	103604.50	100090.94
Polythene mulch						
M_0-Control	57876.47	63896.02	60886.24	127101.52	146527.78	136814.65
M_1- Mulch	69161.31	75755.27	72458.29	145552.25	170436.51	157994.38
Growth stimulants						
P_0-Control	60694.05	66626.39	63660.22	132483.47	153323.41	142903.44
P_1-Panchagavya + Amrutpani	66343.72	73024.89	69684.31	140170.30	163640.87	151905.59

O rácio B : C foi mais elevado sob F_1 (100 % RDN) do que o resto das fontes de nutrientes durante ambos os anos e a média de dois anos.

Efeito da cobertura morta de polietileno

Os valores do custo de cultivo, retornos brutos e retornos líquidos foram maiores sob M_1 (cobertura morta de polietileno) do que M_0 (controlo) durante ambos os anos e na média de dois anos, enquanto que a relação B : C foi maior sob M_0 (controlo) do que M_1 (cobertura morta de polietileno) durante 2005-06 e durante 2006-07 e média de dois anos.

Quadro 55: Efeito das fontes de nutrientes, da cobertura morta de polietileno e dos estimulantes de crescimento na

economia da produção de milho doce em 2005-06 e 2006-07.

Treatments	NET RETURNS (Rs ha⁻¹)			B : C RATIO		
	2005-06	2006-07	Mean of 2 years	2005-06	2006-07	Mean of 2 years
Nutrient sources						
F_1-100 % RDN	84860.27	104393.71	94626.99	2.44	2.57	2.51
F_2-75 % RDN + 25 % N as PM	90652.37	111188.34	100920.4	2.41	2.55	2.48
F_3-50 % RDN + 50 % N as PM	83144.75	102330.15	92737.45	2.25	2.37	2.31
F_4-100 % N as PM	32574.59	36713.81	34644.2	1.51	1.55	1.53
Polythene mulch						
M_0-Control	69225.05	82631.76	75928.41	2.20	2.29	2.25
M_1- Mulch	76390.94	94681.24	85536.09	2.11	2.23	2.17
Growth stimulants						
P_0-Control	71789.41	86697.02	79243.22	2.19	2.29	2.24
P_1- Panchagavya + Amrutpani	73826.58	90615.98	82221.28	2.12	2.23	2.17

Tratamento F_1 , F_2 , F_3 taxa de espiga @ Rs. 2.50 espiga⁻¹ e para F_4 tratamento @ Rs. 2.00 espiga

¹ e palha @ Rs. 1.00 kg⁻¹ para todos os tratamentos

Efeito dos estimulantes de crescimento

P_i (i.e. Panchagavya + Amrutpani através de irrigação) registou valores mais elevados de custo de cultivo e retornos brutos do que P_0 (controlo) durante ambos os anos e na média de dois anos. No entanto, o rácio B : C de P_0 foi superior ao de P_i durante 2005-06 e na média de dois anos.

Economia das combinações de tratamento:

Os dados apresentados no Quadro 56 indicam que o custo total de produção de milho doce aumentou com o aumento do nível de estrume de aves de capoeira, juntamente com cobertura de polietileno transparente e, em seguida, sem cobertura e com a aplicação de estimulantes de crescimento, em comparação com a não utilização de estimulantes de crescimento. Portanto, foi o mais alto (Rs. 79446.58 ha⁻¹) sob a combinação de aplicação de 50 % RDN + 50 % N como estrume de aves com estimulantes de crescimento sob cobertura de polietileno (F3M P_{ii}) e foi o mais baixo (Rs. 54078.53 ha^{-i}) sob a combinação de tratamento de RDN sem uso de estimulantes de crescimento

Tabela 56: Custo de produção por tratamento, rendimento líquido/ha e B : C rácio baseado nos valores médios dos dados dos dois anos

Treatments combination	Green cob yield (q ha^{-1})	Green fodder yield (q ha^{-1})	Gross returns (Rs ha^{-1})	Total cost of inputs (Rs ha^{-1})	Net returns (Rs ha^{-1})	B:C Ratio
F1M 0P 0	175.13	219.44	141984.13	54078.53	87905.60	2.61
F1M 0P 1	189.02	225.99	147599.21	59528.46	88070.75	2.48
F1M 1P 0	224.47	237.17	162275.13	65057.40	97217.73	2.48
F1M 1P 1	244.58	256.22	177407.41	72093.53	105313.88	2.46
F2M 0P 0	200.13	216.80	148664.02	58633.10	90030.92	2.53
F2M 0P 1	216.40	238.56	156461.64	64446.79	92014.85	2.42
F2M 1P 0	231.48	255.09	181593.92	71718.46	109875.46	2.53
F2M 1P 1	242.86	278.97	189272.49	77512.30	111760.19	2.44
F3M 0P 0	190.21	204.10	147394.18	61783.21	85610.97	2.38
F3M 0P 1	203.31	228.31	155105.82	67582.56	87523.26	2.29
F3M 1P 0	214.55	231.48	169642.86	73088.36	96554.49	2.32
F3M 1P 1	219.84	236.31	180707.67	79446.58	101261.09	2.26
F4M 0P 0	76.06	128.90	94900.79	57636.05	37264.74	1.64
F4M 0P 1	89.15	143.12	102407.41	63401.23	39006.17	1.61
F4M 1P 0	110.85	163.49	96772.49	67286.66	29485.82	1.43
F4M 1P 1	125.66	176.59	106283.07	73463.00	32820.07	1.45

estimulantes sem cobertura vegetal (F M P_{i00}). Com estimulantes de crescimento, o custo total de

A produção aumentou proporcionalmente devido ao aumento do custo de preparação e aplicação de *Panchagavya* e *Amrutpani*. Do mesmo modo, o custo de produção foi mais elevado com a cobertura morta de polietileno (M_i). Por conseguinte, o custo total do cultivo foi consideravelmente mais elevado com as coberturas vegetais do que com o tratamento sem cobertura vegetal (M_0).

No que diz respeito aos retornos brutos por hectare, os valores mais elevados registados com 75 % RDN + 25 % N como estrume de aves de capoeira com estimulantes de crescimento sob cobertura de polietileno e, portanto, a combinação de tratamento de aplicação de 75 % RDN + 25 % N como estrume de aves de capoeira com estimulantes de crescimento sob cobertura de polietileno (F_2 $_{M_1P_1}$) registou o maior retorno bruto por hectare (Rs.189272.49 ha^{-1}). Considerando que, os retornos brutos mais baixos de (Rs.94900.79ha^{-1}) foram obtidos em relação à combinação de tratamento de 100 % N através de estrume de aves de capoeira sem uso de estimulantes de crescimento sob nenhuma cobertura morta (F M P_{400}).

Os maiores retornos líquidos foram registados pela combinação de tratamentos F

M P_{211} i.e. aplicação de 75 % RDN + 25 % N como estrume de aves de capoeira com estimulantes de crescimento sob cobertura de polietileno e foram de Rs. 111760.19 por ha, enquanto que 100 % RDN sem uso de estimulantes de crescimento sob cobertura (F M P_{400}) combinação mostrou os retornos líquidos mínimos de Rs.37264.74 por hectare. No que diz respeito à relação B:C, a maior relação B:C foi registada com RDN (1:2,61) sem estimulantes de crescimento sem cobertura vegetal, enquanto a menor relação B:C (1:1,43) com 100 % de N através de PM sem estimulantes de crescimento sem cobertura vegetal.

CAPÍTULO V

DISCUSSÃO

Neste capítulo, foi feita uma tentativa de discutir criticamente as causas e efeitos importantes que emergem dos resultados da investigação, "Efeito da gestão integrada de nutrientes e da cobertura morta de polietileno no desempenho do milho doce (*Zea mays saccharata*) em solos lateríticos de konkan", efectuada durante as épocas *rabi* de 2005-06 e 2006-07 na quinta de Agronomia, Faculdade de Agricultura, Dapoli.

5.1 Efeito do clima:

O clima é o fator mais importante que afecta o desempenho de qualquer cultura. Depois de estudar os diferentes parâmetros meteorológicos durante as épocas *rabi* de 2005-06 e 2006-07 (Quadro 1), observou-se que os diferentes parâmetros registados, nomeadamente a temperatura máxima e mínima, a humidade relativa, as horas de sol, a velocidade do vento e a taxa de evaporação, mostraram uma ligeira diferença durante os dois anos em estudo.

As temperaturas médias máxima e mínima durante cada ano não diferiram muito. A humidade relativa da manhã e a humidade da tarde foram maiores em 2006-07 e menores em 2005-06, o que resultou numa taxa de evaporação mais elevada em 2006-07. As horas de sol e a velocidade do vento também foram mais elevadas em 2006-07 do que em 2005-06. Todos os parâmetros meteorológicos diferiram ligeiramente durante os dois anos, mas foram mais ou menos quase iguais durante o período de crescimento da cultura. A humidade relativa mais baixa e as temperaturas máximas e mínimas mais elevadas em 2006-07 resultaram num menor ataque de insectos e pragas. Isto também se reflectiu num maior rendimento do milho doce em 2006-07.

5.2 Efeito das fontes de nutrientes:

Os dados apresentados no quadro 11 revelam que a acumulação total de matéria seca por planta, bem como a acumulação de matéria seca em diferentes partes da planta ao longo da vida da cultura, foi significativamente mais elevada no F_2 (75 % RDN + 25 % N como PM) do que nos restantes tratamentos. Seguiram-se o F_1 (100 % RDN) e o F_3 (50 % RDN + 50 % N como PM), que foram iguais entre si no que respeita à maioria das observações. Além disso, a menor acumulação de matéria seca foi registada em F_4 (100 % N como PM) em comparação com outras fontes de nutrientes. Isto indica claramente que a cultura sob F_2 (75 % RDN + 25 % N como PM) foi fisiologicamente mais ativa e que sob F_4 (100 % N como PM) foi fisiologicamente menos ativa do que os restantes tratamentos das fontes de nutrientes. Estes resultados estão de acordo com os obtidos por Wagh (2002), Luikham *et al.* (2003), Karle (2004) e Gosavi (2006).

Isto deveu-se principalmente à disponibilidade maior e atempada dos principais nutrientes sob F_2 (75 % RDN + 25 % N como PM) e menor disponibilidade dos principais nutrientes sob F_4 (100 % N como PM) em relação ao tempo de vida da cultura. De acordo com os tratamentos, a disponibilidade de azoto total através de fontes orgânicas e inorgânicas foi a mesma, ou seja, 225 $kg^{\wedge 1}$. No entanto, sob F_1 100 por cento do azoto através do fertilizante químico, sob F_2 (75 % RDN + 25 % N como PM) 75 por cento do azoto foi através de fertilizante químico e 25 por cento através de estrume de aves, sob F_3 (50 % RDN + 50 % N como PM) e F_4 (100 % N como PM) a proporção de azoto através de fertilizante químico foi 50 e 0 por cento e através de estrume de aves foi 50 e 100 por cento respetivamente. Além disso, o fósforo total e o potássio adicionados sob F_1 (100 % RDN), F_2 (75 % RDN + 25 % N como PM), F_3 (50 % RDN + 50 % N como PM) e F_4 (100 % N como PM) foram 60 e 60, 91,44 e 84,57, 112,87 e 115,15, 185,74 e 170,29 kg ha^{-1} respetivamente (Apêndice - II). Isto indica claramente que, embora a disponibilidade de azoto fosse a mesma em todos os tratamentos, a percentagem de azoto aplicada através de fonte orgânica, ou seja, estrume de aves, foi de 0, 25, 50 e 100 por cento em F_1 (100 % RDN), F2 (75 % RDN + 25 % N como PM), F3 (50 % RDN + 50 % N como PM) e F4 (100 % N como PM), respetivamente.

Além disso, os dados de absorção indicaram (Tabela 36 e 38) que F_2 (75 % RDN + 25 % N como PM) registrou significativamente maior nas principais partes da planta e absorção total de nitrogênio (237,59 kg ha^{-1}) pela cultura na colheita, seguido por F_1 (100 % RDN), F3 (50 % RDN + 50 % N como PM) e F_4 (100 % N como PM) na ordem decrescente. No caso da absorção de fósforo nas principais partes da planta e a absorção total (Tabela 44 e 45) pela cultura na colheita foi estatisticamente similar sob F_2 (75 % RDN + 25 % N como PM) e F_3 (50 % RDN + 50 % N como PM) i.e. 25.27 e 25.57 kg ha^{-1} respetivamente seguido por F_1 (100 % RDN) e F_4 (100 % N como PM) na ordem decrescente. Por outro lado, no caso da absorção de potássio (Tabela 49 e 50) nas principais partes da planta e a absorção total (96,30 kg ha^{-1}) na colheita foi significativamente maior sob F_2 (75 % RDN + 25 % N como PM) seguido por F3 (50 % RDN + 50 % N como PM), F_1 (100 % RDN) e F4 (100 % N como PM) em ordem decrescente. Estes resultados estão de acordo com os resultados obtidos por Vasanthi e Kumaraswamy (2000), Nanjappa *et al.* (2001), Karle (2004).

Por conseguinte, a absorção nas principais partes da planta e a absorção total de azoto, fósforo e potássio pela cultura foi consideravelmente maior em F2 (75 % RDN + 25 % N como PM) e foi a menor em F4 (100 % N como PM). A maior absorção dos nutrientes pela cultura no tratamento F2 (75 % RDN + 25 % N como PM) é atribuída à maior disponibilidade desses nutrientes no solo. Isto deveu-se principalmente ao facto de apenas 25% da dose recomendada de azoto ter sido aplicada através de estrume de aves sob F2 (75% RDN + 25%N como PM) juntamente com 75% do azoto recomendado através de fertilizante químico. Por conseguinte, havia suficiente azoto disponível no solo para satisfazer as necessidades de azoto da cultura, bem como dos microrganismos responsáveis pela decomposição da matéria orgânica no solo. Assim, a taxa de mineralização dos principais nutrientes foi mais rápida sob F2 (75 % RDN + 25 % N como PM) do que F3 (50 % RDN + 50 % N como PM) e F4 (100 % N como PM). A taxa de mineralização dos nutrientes sob F2 (75 % RDN + 25 % N como PM) foi de acordo com as necessidades da cultura durante toda a sua vida útil. O que é claramente evidente é que a disponibilidade de azoto e potássio foi significativamente maior no F2 (75 % RDN + 25 % N como PM) do que nos restantes tratamentos. A disponibilidade de fósforo foi significativamente maior em F2 (75 % RDN + 25 % N como PM) e F3 (50 % RDN + 50 % N como PM) do que em F1 (100 % RDN) e F4 (100 % N como PM), o que pode ser devido à maior taxa de fixação de fósforo em solos lateráticos. Em todos os tratamentos, 60 kg de P O_{25} e K_2 O foram aplicados como uma dose basal. Este fósforo aplicado foi exposto à fixação no solo. No entanto, onde quer que o estrume de aves seja aplicado, foi aplicado fósforo adicional, dependendo da quantidade de estrume de aves adicionada de acordo com os tratamentos. O fósforo extra disponível para a cultura sob F2 (75 % RDN + 25 % N como PM) e F3 (50 % RDN + 50 % N como PM) devido à mineralização do estrume de aves resultou na sua maior absorção pela cultura. No entanto, em F1 (100 % RDN) apenas os fertilizantes químicos foram aplicados e, portanto, nenhum excesso de fósforo estava disponível para a cultura. Além disso, sob F4 (100 % N como PM) toda a dose recomendada de nitrogênio foi aplicada através de esterco de aves e, portanto, a taxa de mineralização dos nutrientes foi menor devido à menor disponibilidade de nitrogênio. Isto resultou numa maior absorção de azoto, fósforo e potássio sob F2 (75 % RDN + 25 % N como PM) e a menor disponibilidade sob F4 (100 % N como PM) do que os restantes tratamentos. A absorção de azoto em F1 (100 % RDN) foi próxima de F2 (75 % RDN + 25 % N como PM) e, no caso do fósforo e do potássio, a absorção foi maior em F3 (50 % RDN + 50 % N como PM) do que em F1 (100 % RDN).

De toda a explicação acima, é claro que a disponibilidade e absorção dos principais nutrientes foi maior sob F₂ (75 % RDN + 25 % N como PM) e foi a menor sob F4 (100 % N como PM). Essa maior disponibilidade de nutrientes resultou em maior disponibilidade dos nutrientes sob F₂ (75 % RDN + 25 % N como PM), que é o principal requisito para atividades fotossintéticas e outras atividades fisiológicas na planta. Portanto, a acumulação de matéria seca na planta foi maior no F₂ (75 % RDN + 25 % N como PM) e foi menor no F4 (100 % N como PM) do que nos restantes tratamentos

A maior disponibilidade de matéria seca e nutrientes em F₂ (75 % RDN + 25 % N como PM) resultou num maior crescimento da cultura no que respeita ao número de folhas por planta (Quadro 9). Existe uma correlação direta entre o número de folhas e a área foliar. O maior número de folhas sob F₂ (75 % RDN + 25 % N como PM) foi responsável pela síntese de mais fotossintatos sob F₂ (75 % RDN + 25 % N como PM), pois foi possível para a cultura intercetar e colher mais radiação solar por unidade de área sob F₂ (75 % RDN + 25 % N como PM) do que os demais tratamentos. No entanto, a condição foi inversa em F4 (100 % N como PM), onde o número de folhas por planta foi o menor. A maior quantidade de fotossintatos disponíveis sob F₂ (75 % RDN + 25 % N como PM) resultou na acumulação de matéria seca significativamente maior por planta do que os restantes tratamentos. Assim, a acumulação de matéria seca (Tabela 11,12,13 e 14) foi maior sob F₂ (75 % RDN + 25 % N como PM) e foi menor sob F4 (100 % N como PM) em comparação com os restantes tratamentos. Estes resultados estão em estreita confirmação com os obtidos por Wagh (2002), Karle (2004), Kumar *et al.* (2005) e Gosavi (2006).

Como referido anteriormente, a cultura sob F₂ (75 % RDN + 25 % N como PM) foi foto sinteticamente mais ativa com maior quantidade de matéria seca. Portanto, o desempenho da cultura em termos de crescimento foi melhor sob F₂ (75 % RDN + 25 % N como PM). Portanto, a altura da planta (Tabela 8) foi significativamente maior sob F₂ (75 % RDN + 25 % N como PM) seguido por Fı (100 % RDN), F3 (50 % RDN + 50 % N como PM) e foi o menor sob F4 (100 % N como PM). Estes resultados foram semelhantes aos de Madhavi *et al.* (1995), Kumar *et al.* (2002[a]), Wagh (2002), Luikham *et al.* (2003), Karle (2004), Karki *et al.* (2005) e Kumar *et al.* (2005).

Em suma, devido à melhor disponibilidade e absorção de nutrientes em F2 (75 % RDN + 25 % N como PM), o desempenho do crescimento do milho doce foi significativamente melhor em F2 (75 % RDN + 25 % N como PM) do que nos restantes tratamentos. Por outro lado, devido à menor disponibilidade e absorção dos principais nutrientes, o desempenho do milho doce em termos de crescimento foi significativamente fraco em F4 (100 % N como PM) do que nos restantes tratamentos.

Como foi dito anteriormente, a disponibilidade da fonte sob F_2 (75 % RDN + 25 % N como PM) foi consideravelmente maior do que os outros tratamentos. Geralmente, existe uma correlação positiva entre a fonte e o sumidouro e, por conseguinte, uma melhor disponibilidade da fonte sob F_2 (75 % RDN + 25 % N como PM) resultou na criação de uma maior quantidade de sumidouro sob F_2 (75 % RDN + 25 % N como PM) do que os restantes tratamentos. Assim, o comprimento da espiga, a circunferência da espiga, o número de fileiras de grãos por espiga e o número de grãos por espiga (Quadro 19) foram significativamente mais elevados com F_2 (75 % RDN + 25 % N como PM) do que com os restantes tratamentos. Pelo contrário, o valor de todos os atributos de rendimento acima referidos foi significativamente menor em F_4 (100 % N como PM) do que nos restantes tratamentos. Estes resultados foram semelhantes aos de Chandrashekara *et al.* (2000), Nanjappa *et al.* (2001), Karle (2004) e Khadtare *et al.* (2006).

Em suma, os valores de fonte e sumidouro foram significativamente mais elevados sob F_2 (75 % RDN + 25 % N como PM) do que os restantes tratamentos. Por conseguinte, foi possível obter um rendimento significativamente mais elevado em termos de número de espigas ha^{-1} , peso de espigas verdes ha^{-1} e rendimento total de biomassa ha^{-1} (Quadro 26) do que os restantes tratamentos. Por outro lado, obteve-se um menor rendimento de todos os componentes acima referidos sob F_4 (100 % N como PM) devido ao seu fraco desempenho em termos de crescimento, fonte e sumidouro do que os restantes tratamentos. Estes resultados estão em estreita confirmação com os obtidos por Vasanthi e Kumaraswamy (2000), Chandrashekara *et al.* (2000), Sahoo e Panda (2000), Nanjappa *et al.* (2001), Channabasavanna *et al.* (2002), Vanaja e Sreenivasa Raju (2003), Karle (2004) e Khadtare *et al.* (2006).

Relativamente aos aspectos qualitativos (Quadro 29), observou-se que o teor de proteínas no grão foi significativamente mais elevado no tratamento F_2 (75 % RDN + 25 % N como PM) do que nos restantes tratamentos. Isto deveu-se a uma absorção significativamente mais elevada de azoto no grão no tratamento F_2 (75 % RDN + 25 % N como PM) do que nos restantes tratamentos. O azoto é um precursor das proteínas, pelo que uma maior quantidade de azoto no grão resultou na síntese de mais proteínas no tratamento F2 (75 % RDN + 25 % N como PM) do que nos restantes tratamentos. Além disso, a absorção significativamente maior de azoto no grão em F_2 (75 % RDN + 25 % N como PM) estava diretamente relacionada com a maior disponibilidade de azoto no solo em F_2 (75 % RDN + 25 % N como PM). Estes resultados estão em estreita confirmação com Kamalakumari e Singaram (1996b), Prabakaran e James Pichai (2003), Karle (2004) e Khadtare *et al.* (2006).

Por outro lado, o teor de fibra não foi influenciado significativamente pelas diferentes fontes de nutrientes.

No entanto, no caso do teor de açúcar nos grãos de milho doce, aumentou significativamente com o aumento subsequente do nível de estrume de aves e, portanto, foi significativamente maior sob F_4 (100 % N como PM) do que os restantes tratamentos. Este facto pode ser atribuído ao rendimento significativamente mais baixo sob F_4 (100 % N como PM) e, por conseguinte, a concentração de açúcar nos grãos foi mais elevada do que nos restantes tratamentos. Estes resultados estão de acordo com os resultados obtidos por Rammurthy e Shivashankar (1996), Prabakaran e James Pichai, (2003), Khadtare *et al.* (2006), Zende (2006) e Gosavi (2006).

Relativamente à contagem microbiana, a contagem de fungos e actinomicetos não foi influenciada significativamente pelas fontes de nutrientes. No entanto, a contagem de bactérias foi significativamente mais elevada sob F_3 i.e. 50% da dose recomendada de azoto e 50% de azoto através de estrume de aves do que com as outras fontes de nutrientes (Quadro 53). Isto pode ser devido a uma quantidade suficiente de fonte orgânica na forma de estrume de aves de capoeira, juntamente com uma quantidade considerável de azoto facilmente disponível sob F_3 (50 % RDN + 50 % N como PM) do que os outros tratamentos. A partir da Tabela 53, fica claro que, entre os diferentes microrganismos, a população bacteriana foi maior, seguida por fungos e actinomicetos. Por outras palavras, a população de fungos e actinomicetos foi controlada pela população bacteriana e, por conseguinte, a população foi influenciada significativamente. Por outro lado, como já foi dito, a população de bactérias foi significativamente maior em F_2 (75 % RDN + 25 % N como PM), o que se deveu à disponibilidade suficiente de fontes orgânicas, juntamente com o azoto prontamente disponível a partir dos fertilizantes químicos no solo para o crescimento de bactérias ao longo da vida da cultura em F_3 (50 % RDN + 50 % N como PM) do que os restantes tratamentos. Sob F_2 (75 % RDN + 25 % N como PM) a disponibilidade de fonte orgânica para as bactérias pode não ter durado até a colheita da cultura devido à mineralização mais rápida da matéria orgânica na presença de maior disponibilidade de nitrogênio com a aplicação de 75 por cento da dose recomendada de nitrogênio através de fertilizante químico. Pelo contrário, em F_4 foi aplicada 100 por cento da dose recomendada de azoto através de estrume de aves de capoeira, pelo que não estava disponível azoto suficiente para o crescimento bacteriano e a população era menor em comparação com F3 (50 % RDN + 50 % N como PM). Além disso, no caso de F_1 (100 % RDN), devido à indisponibilidade de matéria orgânica suficiente, a população bacteriana foi significativamente menor do que nos restantes tratamentos. Resultados semelhantes foram obtidos por Rajashri e Pillai, 2002, Karle (2004), Boomiraj e Christopher Lourduraj (2004) e Mhaskar (2006).

A partir do quadro 54, observou-se que o azoto, o fósforo e o potássio disponíveis no solo após a colheita da cultura aumentaram com o aumento da dose de estrume de aves. No entanto, os dados não foram significativos no que diz respeito ao azoto e ao fósforo. Por outro lado, o teor de potássio no solo aquando da colheita foi significativamente mais elevado em F_4 (100 % N como PM) do que nos restantes tratamentos. No caso do azoto, a disponibilidade na colheita não foi influenciada significativamente pelas fontes de nutrientes. Pode ser devido à maior absorção de azoto em F_1 (100 % RDN) e F_2 (75 % RDN + 25 % N como PM) onde a disponibilidade foi maior. No entanto, sob F_3 (50 % RDN + 50 % N como PM) e F_4 (100 % N como PM) a taxa de mineralização do nitrogênio pode ter sido menor, o que é evidente pela menor absorção de nitrogênio (Tabela 36 e 38) sob esses tratamentos.

Do mesmo modo, no caso do fósforo disponível, os dados não foram influenciados pelas diferentes fontes de nutrientes, o que pode ser atribuído à taxa mais elevada de fixação de fósforo no solo laterático.

Por outro lado, o potássio disponível no solo foi significativamente maior em F_4 (100 % N como PM) e F_3 (50 % RDN + 50 % N como PM) do que em F_1 (100 % RDN) e F_2 (75 % RDN + 25 % N como PM). Isto deveu-se principalmente à maior quantidade de potássio no solo devido à substituição de 100 e 50 por cento através de estrume de aves em F_4 (100 % N como PM) e F_3 (50 % RDN + 50 % N como PM). A quantidade adicional de potássio adicionada sob F_4 (100 % N como PM) e F_3 (50 % RDN + 50 % N como PM) não foi muito exposta à fixação e, portanto, o potássio disponível no solo na colheita da cultura foi significativamente maior sob F_4 (100 % N como PM) e F_3

(50 % RDN + 50 % N como PM) do que o F_1 (100 % RDN) e F_2 (75 % RDN + 25 % N como PM). Estes resultados estão de acordo com Mathan *et al.* (2000), Canali *et al.* (2000), Nanjappa *etal.* (2001), Zende(2006).

A partir da economia dos tratamentos (Tabela 55) é claramente evidente que a aplicação de 50 % RDN + 50 % N como PM exigiu um custo significativamente maior (Rs. 66660.14 ha^{-1}) do que F2 (Rs. 64274.88 ha^{-1}), F4 (Rs. 64002.79 ha^{-1}) e F_1 (Rs.

59137.75 ha^{-1}), foi principalmente devido à aplicação de 50 % de azoto e dose completa de fósforo através de fertilizante químico juntamente com 50 % de azoto através de estrume de aves de capoeira em comparação com outras fontes de nutrientes. Os rendimentos brutos e líquidos foram significativamente mais elevados com F_2 (75 % RDN + 25 % N como PM) do que com as restantes fontes de nutrientes. Isto pode ser devido à melhor disponibilidade de nutrientes que resultou na criação de uma maior quantidade de sumidouros. No entanto, o rácio B : C foi significativamente mais elevado em F_1 (RDN) do que nas restantes fontes de nutrientes. Isto pode dever-se ao facto de a aplicação de nutrientes através de outras fontes de nutrientes exigir um custo de aplicação mais elevado e o custo do estrume de aves de capoeira. Estes resultados estão em estreita confirmação com Chandrashekara *et al.* (2000), Karle (2004), Kunjir (2004) e Khadtare *et al.* (2006).

5.3 Efeito da cobertura morta de polietileno :

De acordo com os dados da população de plantas por parcela de rede (Quadro 7) aos 20 DAS e na colheita, observou-se que a população de plantas não foi influenciada significativamente devido ao mulch. No entanto, houve uma emergência mais precoce das plântulas sob a cobertura de polietileno do que no controlo, devido às condições mais quentes do solo sob a cobertura de polietileno do que sem cobertura. Isto indica que as diferenças obtidas no crescimento, nos atributos de rendimento e no rendimento não se deveram à variação da população de plantas mas aos efeitos do tratamento.

Estes resultados estão de acordo com os registados por Wells *et al.* (1988). Afirmou que, devido ao mulch de polietileno, a temperatura do solo era 4 a 8^0 C mais elevada do que na condição sem mulch e, por conseguinte, verificou-se uma germinação e emergência precoces e uma maturidade precoce do milho doce sob mulch de polietileno do que sem mulch. Kwabiah (2004) também registou uma temperatura do solo mais elevada até 2 - 3^0 C durante as primeiras quatro semanas sob mulch de polietileno e maturidade precoce em 7'13 dias do que sem mulch.

Além disso, devido à germinação e emergência precoces da cultura sob mulch de polietileno transparente do que sem mulch, as plantas sob mulch de polietileno eram fisiologicamente mais activas e, por conseguinte, o crescimento da cultura foi positiva e significativamente afetado pelo mulch de polietileno. Este facto é evidente na altura significativamente maior das plantas durante todas as fases de crescimento e no número numericamente maior de folhas funcionais por planta aos 30 e 60 DAS do milho doce cultivado sob mulch de polietileno do que no tratamento sem mulch. Resultados semelhantes foram registados por Gosavi (2006). No entanto, aos 90 DAS, o número de folhas funcionais não foi influenciado estatisticamente pelo mulching e, na colheita, registou-se um número significativamente maior de folhas funcionais por planta de milho doce sem mulch do que com mulch de polietileno, devido ao efeito da senescência. Isto indica que a cultura sob mulch de polietileno amadureceu mais cedo do que sem mulch. A cultura sob mulch de polietileno amadureceu cinco a oito dias mais cedo do que sem mulch, tendo sido obtidos resultados semelhantes por Brar e Khehra (1988), Kulkarni *et al.* (1998) e Gosavi (2006).

Kulkarni *et al.* (1998) referiram também que a cultura com cobertura morta de polietileno era fotossinteticamente mais ativa. Isto deveu-se ao índice de refletividade mais elevado do polietileno transparente, que forneceu mais energia solar às folhas inferiores e a níveis elevados de dióxido de carbono acumulado sob a cobertura de plástico, uma vez que a película não permitiu que o gás CO_2 acumulado sob ela escapasse diretamente para a atmosfera, tendo de escapar através dos orifícios abertos para as plantas e criando um "efeito chaminé", após o nascer do sol e com o aumento da temperatura diurna. Isto pode ter criado uma concentração mais elevada de CO_2 à volta das folhas em crescimento ativo e, por conseguinte, a acumulação de matéria seca por planta de milho doce foi mais elevada sob mulch de polietileno do que sem mulch (Quadro 11-13). Constatações semelhantes foram registadas por Werminghausen *et al.* (1981), Wells *et al.* (1988), Nakui *et al.* (1995) e Gosavi (2006).

Os dados relativos aos atributos de rendimento (quadro 19), nomeadamente o peso da espiga, o comprimento da espiga, a circunferência da espiga, os grãos por espiga, o número de linhas por espiga e o peso dos grãos, indicam que foram significativamente mais elevados sob cobertura morta de polietileno (M_1) do que sem cobertura morta (M_0). No entanto, o número de espigas por planta não foi influenciado significativamente em 200506. Estes resultados estão de acordo com os relatados por Wells *et al.* (1988), Mohapatra et al. (1998), Kulkarni *et al.* (1998). J-econ (2002) e Gosavi (2006).

Com a melhoria significativa dos caracteres de crescimento e atributos de rendimento sob o mulch de polietileno do que sem mulch, o número de espigas, rendimento de espiga verde, rendimento de forragem e rendimento de biomassa total também foram influenciados significativamente devido ao mulch de polietileno do que ao tratamento sem mulch. Estes resultados são comparáveis aos registados por Khatibu *et al.* (1984), Wells *et al.* (1988), Kulkarni *et al.* (1998), J- econ (2002) e Kwabiah (2004),

Bhatt *et al.* (2004), Gosavi (2006). Kwabiah (2004) referiu que o aumento da produção de espiga e de palha sob cobertura de plástico foi de 8 a 17% do que o tratamento sem cobertura. Naik *et al.* referiram que o rendimento de grãos de milho (5,3 toneladas ha^{-1}) sob cobertura vegetal plástica foi significativamente superior ao dos restantes tratamentos com cobertura vegetal e ao controlo.

Além disso, o teor de açúcar, o teor de proteínas e o teor de fibras no milho doce também foram significativamente influenciados pelo mulch de polietileno do que pelo tratamento sem mulch. Estes resultados estão de acordo com Nakui *et al.* (1995), Easson e Fearnehough (2000) e Gosavi (2006). Isto pode ser atribuído a uma maior disponibilidade de nutrientes devido a actividades microbianas mais elevadas e a melhores condições físicas do solo (quadros 38, 45 e 50) sob a cobertura morta de polietileno, o que pode ter tornado as actividades fisiológicas envolvidas na síntese de açúcares e proteínas mais eficientes sob a cobertura morta de polietileno do que sem cobertura morta.

Este facto é também evidente pelo teor e absorção de azoto significativamente mais elevados no grão (quadros 31, 36 e 38) sob mulch de polietileno (M_1) do que sem mulch (M_0). Singh *et al.* (2004), Zagade (2004), Kudtarkar (2005) e Gosavi (2006) obtiveram resultados semelhantes.

Tang e Xu (1986) registaram uma temperatura do solo mais elevada e mais actividades microbianas sob a cobertura morta de polietileno, em comparação com a ausência de cobertura morta e a cobertura morta de palha de arroz. Devido a estes efeitos benéficos da cobertura morta de polietileno, foi criado um microclima favorável na zona radicular da cultura. As condições físicas e microbianas favoráveis do solo devido à temperatura mais elevada sob o mulch de polietileno podem ter resultado num crescimento vigoroso das raízes e em actividades microbianas sob o mulch de polietileno. Por conseguinte, as plantas sob o mulch de polietileno eram fisiologicamente mais activas em termos de raiz e de outros parâmetros de crescimento.

Este facto foi ainda corroborado pelos estudos de absorção de nutrientes. O teor e a absorção de azoto, fósforo e potássio na amêndoa, no eixo da espiga, na bainha da espiga, nas folhas, no caule e a absorção total de azoto pela cultura foram significativamente mais elevados sob o mulch de polietileno do que sem mulch, exceto o teor de azoto nas folhas durante ambos os anos. Isto deveu-se a uma maior quantidade de azoto, fósforo e potássio disponíveis no solo devido ao microclima favorável sob cobertura morta de polietileno do que sem tratamento de cobertura morta. Os mesmos resultados foram obtidos por Singh *et al.* (2004), Zagade (2003), Kudtarkar (2005) e Gosavi (2006).

O azoto, o fósforo e o potássio disponíveis no solo após a colheita da cultura não atingiram o nível de significância no tratamento com mulch de polietileno e sem mulch. Isto pode dever-se a uma maior absorção de azoto pela cultura. Embora a disponibilidade de azoto, fósforo e potássio sob cobertura morta de polietileno fosse superior à do controlo devido a melhores actividades microbianas (quadro 53), a absorção destes nutrientes pela cultura foi proporcionalmente superior (quadros 36, 38, 44, 45, 49 e 50, respetivamente). Por conseguinte, nenhuma quantidade adicional dos nutrientes acima referidos permaneceu no solo na forma disponível. No caso do fósforo, o efeito não significativo pode também ser atribuído à maior capacidade de fixação de 'P' do solo. No caso do potássio, pode também ser atribuído a uma maior quantidade de potássio na reserva do solo. Estes resultados estão de acordo com os registados por Gosavi (2006).

A contagem microbiana, ou seja, a contagem bacteriana, a contagem fúngica e a contagem de actinomicetes após a colheita influenciaram significativamente sob a cobertura de polietileno em relação à ausência de cobertura durante ambos os anos e na média de dois anos. A contagem microbiana aumentou devido ao microclima favorável e ao aumento da temperatura do solo. Resultados semelhantes foram registados por Baldev-Singh et. Al (1978), Mu *et al.* (1984) e Wenguang (1995)

No caso da economia (Quadro 55), observou-se que o custo de cultivo, o rendimento bruto e o rendimento líquido e o rácio B : C foram mais elevados com o mulch de polietileno do que sem mulch. Isto pode dever-se ao aumento da eficiência e do rendimento da cultura com polietileno transparente (7 microns). Embora o custo do mulch de polietileno fosse mais elevado, o rendimento, os retornos brutos e líquidos obtidos com o mulch de polietileno foram muito mais elevados do que o custo envolvido, o que também é evidente pelo rácio B : C mais elevado (Quadro 55) com o mulch de polietileno do que sem mulch. O mesmo resultado foi obtido por Sannigrahi e Borah (2002), Christopher *et al* (2004[a]), Christopher *et al* (2004[b]) e Gosavi (2006).

5.4 Efeito do estimulante de crescimento orgânico:

O melhor desempenho do milho doce em termos de crescimento, atributos de rendimento e rendimento foi atribuído ao seu conteúdo (Tabela 4). Tanto o Panchagavya como o Amrutpani contêm a maioria dos nutrientes essenciais em quantidades consideráveis, juntamente com as hormonas de crescimento IIA e GA. Portanto, quando o panchagavya foi espalhado sobre a cultura quatro vezes a partir de 15 DAS, uma quantidade considerável de nutrientes essenciais foi disponibilizada para a cultura juntamente com as hormonas de crescimento, ou seja, IAA e GA. Da mesma forma, quando Amrutpani foi aplicado através de irrigação à cultura quatro vezes a partir de 15 DAS, novamente uma quantidade substancial de nutrientes essenciais juntamente com micróbios foram adicionados ao solo. Isto é evidente na contagem microbiana significativamente mais elevada (Tabela 53) no solo sob estimulantes de crescimento (P_i) do que no controlo (P_0). A maior contagem microbiana sob os estimulantes de crescimento (P_i) indicou claramente que o solo era biologicamente mais ativo e, por conseguinte, a disponibilidade de nutrientes era também maior sob os estimulantes de crescimento (P_i) do que no controlo (P_0). Este facto é evidente pelo azoto total significativamente mais elevado (quadro 38) e pela absorção de potássio (quadro 50) pela cultura, bem como pelas várias partes da planta. Estes resultados estão em estreita confirmação com Solaiappan (2002) e Bhoomiraj (2004).

A maior absorção de nutrientes pela cultura que recebeu estimulantes de crescimento (P_i) indicou claramente que a cultura era fisiologicamente mais ativa do que a que estava sob controlo (P_0). Isto também pode ser atribuído a uma maior disponibilidade das hormonas de crescimento (IIA e GA) para a cultura (Quadro 4) que recebeu estimulantes de crescimento (P_i) do que a cultura de controlo (P_0). Portanto, o desempenho do crescimento em termos de altura da planta, número de folhas, acumulação de matéria seca aos 60, 90 DAS e na colheita da cultura com estimulantes de crescimento (P_i) foi significativamente melhor do que o controlo (P_0). Aos 30 DAS todos os caracteres de crescimento não atingiram o nível de significância com a aplicação de estimulante de crescimento, o que se deveu ao facto de a aplicação de estimulantes de crescimento ter sido iniciada aos i5 dias após a emergência. Estes resultados estão em estreita confirmação com Ramachandra Reddy e Bhaskara Padmodaya (i996), Cynthia Starlyn Emily (2003), Kanimozhi (2003), Sridhar (2003), Balkrishnamurthy et al (2006), Ganesh et al. (2006), Anburani *et al.* (2006) e Rajamani *et al.* (2006[b]).

Além disso, os melhores atributos de crescimento da cultura do milho doce com estimulantes de crescimento (P_i) resultaram na produção de valores significativamente mais elevados dos atributos de rendimento (Quadro i9 e 23), nomeadamente o comprimento da espiga, a circunferência da espiga, o número de linhas de grãos, o número de grãos por espiga, o peso dos grãos por espiga e o peso por espiga do que o controlo (P_0). Resultados semelhantes foram registados por Cynthia Starlyn Emily (2003), Kanimozhi (2003), Somsundaram *et al.* (2004), Sebastian *et al.* (2005), Yadav e Christopher (2006), Balkrishnamurthy et al (2006), Ganesh et al. (2006).

Os valores mais elevados dos atributos de rendimento observados no tratamento com estimulante de crescimento (P_i) resultaram finalmente numa produção significativamente maior de espigas ha[i], número de espigas ha[i] e rendimento de palha ha[i] (Quadro 26) do que no controlo (P_0). O rendimento é função do rendimento por planta e do número de plantas por unidade de área. A maioria dos atributos de rendimento foram significativamente mais elevados com estimulantes de crescimento (P_i) do que com o controlo (P_0) e a população de plantas em ambos os tratamentos foi uniforme. Por conseguinte, os caracteres de rendimento acima referidos, ou seja, o número de espigas, o peso das espigas e o peso do caule ha[i], foram significativamente mais elevados com os estimulantes de crescimento (P_i) do que com o controlo (P_0). Estes resultados estão em estreita confirmação com Gomathinayagam (200i), Somsundaram *et al.* (2004), Sebastian *et al.* (2005), Yadav e Christopher (2006).

O teor de açúcar e o teor de fibra nos grãos de milho doce não foram significativos em ambos os anos e na média de dois anos no caso dos estimulantes de crescimento (P_i), mas o teor de proteína nos grãos aumentou significativamente com a aplicação de estimulantes de crescimento. Isto deveu-se à absorção de azoto significativamente mais elevada pelos grãos sob estimulantes de crescimento (P_i) do que no controlo (P_0) e o azoto é o precursor da proteína, pelo que a concentração de proteína nos grãos foi mais elevada sob estimulantes de crescimento (P_i) do que no controlo (P_0). Estes resultados estão de acordo com Beaulah (200i), Somasundaram *et al.* (2004), Beaulah *et al.,* (2002a),

O teor de azoto e a absorção de azoto nas diferentes partes da planta, ou seja, caule, grãos, bainha da espiga, % de azoto total, aumentaram significativamente durante ambos os anos e na média de dois anos no caso dos estimulantes de crescimento (P_i) em relação ao controlo (P_0). Resultados semelhantes foram registados por Kanimozhi (2004) e Somasundaram *et al.* (2004).

O teor de fósforo e a absorção de fósforo nas diferentes partes da planta, ou seja, folhas, caule, grãos, bainha da espiga, eixo da espiga e absorção total de fósforo não atingiram o nível de significância durante ambos os anos e na média de dois anos no caso de estimulantes de crescimento (P_i) em comparação com o controlo (P_0). Resultados semelhantes foram registados por Kanimozhi (2004).

O teor de potássio nas diferentes partes da planta, ou seja, folhas, caule, grãos, eixo da espiga, não atingiu o nível de significância durante ambos os anos e na média de dois anos no caso dos estimulantes de crescimento (P_i) em comparação com o controlo (P_0). Embora o Panchagavya contenha P e K, pode não ter sido assimilado diretamente pela cultura e a sua absorção não foi influenciada significativamente. A absorção de potássio nas diferentes partes da planta, ou seja, nas folhas durante 2005-06, no caule, na bainha da espiga e na absorção total de potássio durante os dois anos e na média dos dois anos, foi influenciada significativamente com a aplicação de estimulantes de crescimento (P_i). Estes resultados estavam de acordo com Beaulah (200i), Kanimozhi (2004).

O N, P2O5 e K_2O disponíveis não foram afectados pelos estimulantes de crescimento (P_i) e pelo controlo (P_0) durante ambos os anos. Resultados semelhantes foram obtidos por Bhoomiraj (2004)

O custo de cultivo, os rendimentos brutos e os rendimentos líquidos foram mais elevados com os estimulantes de crescimento (P_i) em relação ao controlo (P_0) durante ambos os anos. Além disso, o rácio B : C foi mais elevado com o controlo (P_0) do que com os estimulantes de crescimento (P_i) durante ambos os anos, o que se deveu ao custo mais elevado dos ingredientes envolvidos na preparação de panchagavya e amrutpani. Além disso, o efeito benéfico dos estimulantes de crescimento (P_i) resultou em melhor crescimento e rendimento. O rendimento devido aos estimulantes de crescimento (P_i) foi muito mais elevado do que o custo envolvido na preparação e aplicação dos estimulantes de crescimento (P_i). Por conseguinte, os rendimentos brutos e líquidos, bem como o rácio B : C, foram mais elevados com os estimulantes de crescimento (P_i) do que com o controlo (P_0). Resultados semelhantes foram registados por (Beaulah, 200i), Saraswathy (2003), Somsundaram (2003), Kanimozhi (2004)

5.5 Efeito das interacções :

A) Fontes de nutrientes x Cobertura morta de polietileno:

Tal como referido no capítulo anterior, verificou-se uma influência positiva da interação entre as fontes de nutrientes e o mulch de polietileno no desempenho do milho doce. Em geral, sob todas as fontes de nutrientes, o mulch de polietileno registou valores significativamente mais elevados nos parâmetros de crescimento, atributos de rendimento, rendimento e qualidade do milho doce. Além disso, sob o tratamento de cobertura morta, o desempenho do milho doce em relação aos caracteres acima referidos aumentou significativamente com diferentes fontes de nutrientes.

Como explicado anteriormente, a fonte de nutrientes F_2 (75 % RDN + 25 % N como PM) forneceu à cultura uma maior quantidade de nutrientes do que as restantes fontes de nutrientes. Isso deveu-se à maior disponibilidade de azoto, uma vez que 75% do azoto foi aplicado na forma química ou facilmente disponível e apenas 25% do azoto foi aplicado na forma orgânica (estrume de aves). Por conseguinte, a maior disponibilidade de azoto em F_2 (75 % RDN + 25 % N como PM) resultou numa decomposição mais rápida da matéria orgânica de acordo com as necessidades nutricionais da cultura. (Basicamente, o milho é uma cultura de alimentação pesada e as suas necessidades nutricionais são maiores). Enquanto no caso de doses mais elevadas de adubo orgânico, ou seja, tratamentos F_3 (50 % RDN + 50 % N como PM) e F_4 (i00 % N como PM), a taxa de decomposição pode ter sido menor devido à reciclagem de azoto pelo microrganismo para o seu desenvolvimento. Assim, os nutrientes libertados pela decomposição não estavam disponíveis atempadamente para a cultura nos tratamentos F3 (50 % RDN + 50 % N como PM) e F4 (100 % N como PM). Este facto é claramente visível na absorção total de nutrientes significativamente mais elevada pela cultura em F_2 (75 % RDN + 25 % N como PM) do que em F_3 (50 % RDN + 50 % N como PM) e F_4 (100 % N como PM). Por outro lado, a cobertura morta de polietileno tem muitas vantagens, nomeadamente aumenta a temperatura do solo, melhora as propriedades físicas do solo, as actividades microbianas no solo, melhora a disponibilidade de nutrientes, reduz as perdas por evaporação e ajuda a conservar a humidade no solo, devido ao albedo mais elevado, aumenta as actividades fotossintéticas da cultura e promove o crescimento das raízes da cultura. Por conseguinte, com a combinação da fonte de nutrientes F_2 (75 % RDN + 25 % N como PM) e cobertura morta de polietileno ($F_2 M_1$), foi criado o microclima mais favorável para a cultura do milho doce. Por conseguinte, o desempenho do crescimento do milho doce no que diz respeito ao número de folhas por planta aos 90 DAS e à acumulação de matéria seca no caule aos 60, na espiga aos 90 DAS, na bainha da espiga na colheita (quadros 10, 15, 16 e 17) foi significativamente superior na combinação de tratamentos $F M_{21}$ (75 % RDN + 25 % N como PM e cobertura morta de polietileno) do que nas restantes combinações de tratamentos. Shyam Sunder (1999), Kaushik *et al.* (2006) e Gosavi (2006) também registaram resultados semelhantes.

Devido à maior disponibilidade de azoto diretamente através de fertilizantes químicos para a planta, a concentração de azoto nas folhas, caule, bainha da espiga e eixo da espiga (Quadro 32, 33, 34 e 35) foi significativamente mais elevada na combinação de RDN e cobertura morta de polietileno ($F M_{11}$) do que nas restantes combinações de tratamentos. No entanto, a concentração de fósforo na folha e na bainha da espiga e a concentração de potássio no caule (quadros 42, 43 e 48) foi significativamente mais elevada na combinação de tratamentos F M_{41} (100 % N como estrume de aves e cobertura morta de polietileno) do que nas restantes combinações de tratamentos. Isto pode ser devido à aplicação de uma quantidade adicional de fósforo e potássio no solo através do estrume de aves, juntamente com a dose recomendada de P O_{25} e K_2 O através dos fertilizantes químicos. Portanto, a quantidade total de P O_{25} e K_2 O aplicada sob a combinação F M_{41} (100 % N como estrume de aves e cobertura morta de polietileno) foi de 185,74 kg ha^{-1} e 170,29 kg ha^{-1} respetivamente (Anexo - II). Resultados semelhantes foram registados por Gosavi (2006).

Devido ao efeito benéfico da cobertura morta de polietileno, juntamente com a maior disponibilidade de nutrientes sob a fonte de nutrientes F_2 (75 % RDN + 25 % N como PM), a cultura do milho doce foi fisiologicamente mais ativa sob a combinação de F_2 (75 % RDN + 25 % N como

PM) e cobertura morta de polietileno (F_2 $_{M_t}$) do que as restantes combinações de tratamentos. Isto também é evidente na absorção significativamente mais elevada de N nas folhas, na bainha da espiga e na absorção total de azoto, enquanto a absorção de P na bainha da espiga foi significativamente maior sob $F3M_1$ (50 % RDN + 50 % N como PM) e a absorção de K na bainha da espiga foi significativamente maior sob F M_{31} (50 % RDN + 50 % N como PM) e F M_{11} (100 % RDN + cobertura morta de polietileno) enquanto K no eixo da espiga sob F M_{21} (75 % RDN + 25 % N como PM e cobertura de polietileno) e F M_{31} (50 % RDN + 50 % N como PM) foram iguais e ambas as combinações foram significativamente superiores às restantes combinações de tratamento (Tabela 37, 39, 40, 46, 51 e 52). Resultados semelhantes foram registados por Parmar e Sharma (1998), Gosavi (2006) e Kaushik *et al.* (2006).

Os valores mais elevados de todos os atributos de crescimento sob a combinação de 75 % RDN + 25 % N como PM e cobertura morta de polietileno (F M_{21}) indicaram que a cultura estava a ter uma maior quantidade de fonte com ela e que a cultura era fotossinteticamente mais ativa mesmo até à maturidade sob a mesma combinação, o que é evidente a partir de uma matéria seca significativamente mais elevada por planta na colheita sob a mesma combinação. Isto resultou ainda na criação de um sumidouro significativamente mais elevado em termos de comprimento da espiga, perímetro da espiga, número de grãos por espiga, peso dos grãos por espiga, peso por espiga e rendimento em espiga verde (quadros 20, 21, 22, 24, 25 e 27). Estes resultados estão em conformidade com os resultados registados por Shyam Sunder (1999), Gosavi (2006) e

Kaushik *et al.* (2006).

O desempenho do milho doce em termos de teor de açúcar foi significativamente melhor sob a combinação de tratamento F M_{41} (100 % N como PM e cobertura morta de polietileno) (Quadro 30) do que as restantes combinações de tratamento, exceto durante 2005-06 e na média de dois anos em que a combinação F M_{31} (50 5 RDN + 50 % N como PM e cobertura morta de polietileno) foi igual à primeira combinação. Isto pode dever-se a condições congénitas para o desenvolvimento de microrganismos sob a cobertura de polietileno e a uma maior quantidade de estrume de aves que resultou numa maior disponibilidade de micronutrientes e que foram responsáveis pelo aumento do teor de açúcar nos grãos de milho doce. Gosavi (2006) também registou resultados semelhantes.

CAPÍTULO VI

RESUMO E CONCLUSÃO

O ensaio de investigação intitulado "**Efeitos da gestão integrada de nutrientes e da cobertura morta de polietileno no desempenho do milho doce (*Zea mays saccharata*) em solos lateríticos de Konkan**" foi realizado na quinta de Agronomia, Departamento de Agronomia, Dr. BSKKV, Dapoli durante as épocas *rabi* de 2005-06 e 2006-07. Os parâmetros de crescimento, *nomeadamente a* altura da planta, o número de folhas funcionais por planta e a acumulação de matéria seca em diferentes partes da planta, foram registados com um intervalo de 30 dias. Os atributos de rendimento, *nomeadamente* o comprimento da espiga, a circunferência da espiga, o número de linhas de grãos por espiga, o número de grãos por espiga, o peso dos grãos por espiga, o número de espigas por planta e o peso por espiga, foram registados na colheita. O número de espigas ha^{-1}, a produção de espigas (q ha^{-1}), a produção de palha (q ha^{-1}), o rendimento biológico e o índice de colheita também foram registados na colheita. O teor de nutrientes e a absorção dos principais nutrientes foram estudados separadamente em diferentes partes da planta, ou seja, folhas, caule, grãos, bainha da espiga, eixo da espiga e absorção total dos nutrientes pela cultura na colheita. A economia dos diferentes tratamentos foi também calculada com base no número de espigas por hectare.

Efeito das fontes de nutrientes :

1. A altura da planta aumentou significativamente com a aplicação de 75 % RDN + 25 % N através de PM em comparação com todas as restantes fontes de nutrientes durante 200506, 2006-07 e na média de dois anos em todas as fases de crescimento da cultura.

2. O número de folhas foi significativamente superior com 100% RDN em relação ao resto das fontes de nutrientes, exceto 75 % RDN + 25 % N como PM em todas as fases de crescimento da cultura durante ambos os anos e na média dos dois anos.

3. O acúmulo de matéria seca total (planta^{-1}) aos 30 DAS, o acúmulo de matéria seca (planta^{-1}) nas folhas, caule e matéria seca total aos 60 DAS, nas folhas, caule, sabugo e matéria seca total (planta^{-1}) aos 90 DAS e nas folhas, caule, grãos, bainha do sabugo, eixo do sabugo e matéria seca total (planta^{-1}) na colheita foram significativamente maiores com a aplicação de 75 % RDN + 25 % N como PM durante ambos os anos de estudo e na média de dois anos do que as demais fontes

de nutrientes.

4. O comprimento da espiga, a circunferência da espiga, o número de fileiras de grãos por espiga, o número de grãos por espiga foram significativamente superiores com a aplicação de 75 % RDN + 25 % N como PM em relação ao resto das fontes de nutrientes durante ambos os anos de estudo e na média de dois anos.

5. O número de espigas por hectare, a produção de espigas, a produção de palha e o rendimento biológico durante ambos os anos foram significativamente superiores com a aplicação de 75 % RDN + 25 % N como PM em relação ao resto das fontes de nutrientes. O índice de colheita foi mais elevado com a aplicação de 50 % de RDN + 50 % de N como PM em relação ao resto das fontes de nutrientes.

6. O teor de açúcar nos grãos de milho doce aumentou significativamente com o aumento dos níveis de PM nas fontes de nutrientes e foi máximo com 100 % de N como PM em ambos os anos e na média de dois anos.

7. O teor de proteína (%) foi máximo com 75 % RDN + 25 % N como PM, que foi significativamente superior às restantes fontes de nutrientes.

8. O teor de fibra não atingiu o nível de significância devido às fontes de nutrientes em ambos os anos e na média de dois anos.

9. O teor de N (%) nas diferentes partes da planta, ou seja, folhas, caule, bainha da espiga e eixo da espiga, foi significativamente maior com 100% de RDN, exceto o teor de N (%) nos grãos, que foi significativamente maior com 75% de RDN + 25% de N como PM durante ambos os anos e na média dos dois anos.

10. A absorção de nitrogênio (kg/ha) nas folhas e no caule foi maior com RDN, que foi significativamente superior ao resto das fontes de nutrientes durante 2005-06 e na média de dois anos, enquanto, foi estatisticamente igual a 75% RDN + 25% N como PM e ambos os tratamentos foram significativamente superiores ao resto das fontes de nutrientes durante 2006-07 no caso das folhas. No caso do caule, 75% RDN + 25 % N como PM foi significativamente superior às restantes fontes de nutrientes em 2006-07.

11. A absorção de azoto nos grãos foi maior com 75 % de RDN + 25 % de N como PM, que foi significativamente superior às restantes fontes de nutrientes em 2006-07 e na média dos dois anos e foi estatisticamente igual ao RDN em 2005-06 e significativamente superior às restantes fontes de nutrientes.

12. A absorção de azoto na bainha da espiga foi maior com 75 % RDN + 25 % N como PM, que foi significativamente superior às restantes fontes de nutrientes durante o ano 2005-06 e na média dos dois anos. No entanto, em 2006-07, a absorção de azoto pela bainha da espiga foi significativamente mais elevada com RDN do que com as restantes fontes de nutrientes.

13. A absorção de azoto no eixo da espiga foi maior com RDN, que foi estatisticamente igual a 75 % RDN + 25 % N como PM, e ambas as fontes de nutrientes foram significativamente superiores às restantes fontes de nutrientes.

14. O teor de fósforo nas folhas, no caule, na bainha da espiga e no eixo da espiga foi máximo com 100 % de N como PM, o que foi significativamente superior às restantes fontes de nutrientes, enquanto no caso dos grãos o teor de fósforo não atingiu o nível de significância.

15. A absorção de fósforo nas folhas foi significativamente superior com 50 % RDN + 50 % N como PM sobre o resto das fontes de nutrientes durante 2006-07, enquanto não atingiu o nível de significância durante 2005-06.

16. A absorção de fósforo no caule foi registada significativamente mais elevada com 75 % RDN + 25 % N como PM sobre o resto das fontes de nutrientes durante 2005-06, enquanto durante 2006-07 a absorção de fósforo no caule foi significativamente mais elevada com 50 % RDN + 50 % N como PM.

17. A absorção de fósforo nos grãos foi significativamente maior com 75 % de RDN + 25 % de N como PM em relação às outras fontes de nutrientes durante os dois anos e na média dos dois anos.

18. A absorção de fósforo na bainha da espiga foi maior com 75 % de RDN + 25 % de N como PM, que foi significativamente superior ao resto das fontes de nutrientes durante 2005-06 e na média de dois anos, enquanto não houve diferença significativa entre as fontes de nutrientes durante 2006-07.

19. A absorção de fósforo no eixo da espiga não atingiu o nível de significância no caso das fontes de nutrientes em ambos os anos e na média dos dois anos.

20. O teor de potássio nas folhas, caule, bainha da espiga e eixo da espiga foi máximo com 100 % de N como PM, que foi significativamente superior ao resto das fontes de nutrientes durante ambos os anos e na média de dois anos, exceto o teor de potássio na bainha da espiga e eixo da espiga que não atingiu o nível de

significância durante 2005-06, enquanto o teor de potássio nos grãos não foi influenciado significativamente devido a diferentes fontes de nutrientes durante ambos os anos e na média de dois anos.

21. A absorção de potássio nas folhas foi máxima com 50 % RDN + 50 % N como PM, que foi significativamente superior às restantes fontes de nutrientes

22. A absorção de potássio no caule, nos grãos, na bainha da espiga e no eixo da espiga foi máxima com 75 % de RDN + 25 % de N como PM, o que foi significativamente superior ao resto das fontes de nutrientes em ambos os anos e na média dos dois anos.

23. Absorção total de potássio, F_2 (i.e. 75 % RDN + 25 % N como PM) e F3 (i.e. 50 % RDN + 50 % N como PM) tratamentos foram iguais e significativamente superiores aos restantes tratamentos durante ambos os anos e na média de dois anos.

24. A contagem bacteriana foi significativamente superior com 50 % RDN + 50 % N como PM em relação ao resto das fontes de nutrientes durante ambos os anos e na média de dois anos. A contagem de fungos e actinomicetos foi considerada não significativa em ambos os anos.

25. A propriedade química do solo, ou seja, N disponível (kg/ha), não foi afetada devido às diferentes fontes de nutrientes durante ambos os anos e na média de dois anos. Enquanto P O_{25} e K_2 O foram encontrados significativamente superiores com 100% N como PM sobre o resto das fontes de nutrientes.

26. O custo de cultivo, os retornos brutos, os retornos líquidos foram máximos com 75% RDN + 25% N como PM em comparação com outras fontes de nutrientes durante ambos os anos. No entanto, a relação B : C foi máxima com RDN em comparação com as outras fontes de nutrientes.

Efeito da cobertura morta de polietileno :

1. A altura das plantas de milho doce foi significativamente superior sob cobertura morta de polietileno em relação à ausência de cobertura morta em todas as fases de crescimento da cultura durante ambos os anos e na média de dois anos.

2. Número de folhas (planta^{-1}) foi significativamente superior sob mulch de polietileno em relação a sem mulch aos 30 e 60 DAS. Enquanto que, aos 90 DAS, o número de folhas funcionais sob o mulch de polietileno foi igual ao do mulch

sem mulch e na colheita. O número de folhas foi significativamente menor sob o mulch de polietileno do que sem mulch em ambos os anos e na média dos dois anos.

3. A acumulação de matéria seca por planta e nas diferentes partes da planta, ou seja, folhas, caule, grãos, eixo da espiga, bainha da espiga de milho doce foi significativamente mais elevada sob cobertura morta de polietileno do que sem cobertura morta em todas as fases de crescimento durante ambos os anos e na média de dois anos.

4. Os diferentes atributos de rendimento, *nomeadamente o* comprimento da espiga, a circunferência da espiga, o número de grãos por espiga, o número de filas de grãos, o peso dos grãos por espiga e o peso por espiga, em ambos os anos e na média dos dois anos, foram significativamente superiores com a cobertura morta de polietileno do que sem cobertura morta

5. O número de espigas por planta foi significativamente maior sob cobertura de polietileno durante 2006-07 e na média dos dois anos e durante 2005-06 as diferenças não foram significativas.

6. O número de espigas ha^{-1} , a produção de espigas, a produção de palha, a produção biológica (ha^{-1}) foram significativamente superiores sob o mulch de polietileno do que sem mulch durante ambos os anos e na média dos dois anos.

7. O teor de açúcar, o teor de proteínas e o teor de fibras foram significativamente superiores sob o mulch de polietileno do que sem mulch em ambos os anos e na média dos dois anos.

8. O teor e a absorção de azoto nas folhas, no caule, na bainha da espiga, no eixo da espiga, nos grãos e a absorção total de azoto pela cultura (kgha^{-1}) foram significativamente mais elevados sob o mulch de polietileno do que sem mulch em ambos os anos e na média dos dois anos.

9. O teor e a absorção de fósforo nas folhas, no caule, na bainha da espiga, no eixo da espiga, nos grãos e a absorção total de fósforo pela cultura (kg ha^{-1}) foram significativamente mais elevados sob a cobertura morta de polietileno do que sem cobertura morta em ambos os anos e na média dos dois anos.

10. O teor e a absorção de potássio na amêndoa, no eixo da espiga, na bainha da espiga, nas folhas, no caule e a absorção total de potássio pela cultura (kg ha^{-1})

foram significativamente mais elevados sob a cobertura morta de polietileno do que sem cobertura morta em ambos os anos e na média dos dois anos, exceto a absorção no grão em 2006-07.

11. A contagem microbiana, ou seja, a contagem bacteriana, a contagem fúngica e a contagem de actinomicetes após a colheita influenciaram significativamente sob cobertura de polietileno do que sem cobertura durante ambos os anos e na média de dois anos.

12. Todas as propriedades químicas do solo *viz.* N disponível, P2O5 e K2O (kg/ha) não influenciaram significativamente devido ao mulch de polietileno sobre o controlo durante ambos os anos.

13. O custo de cultivo, os retornos brutos e os retornos líquidos foram mais elevados sob a cobertura de polietileno e mais baixos com o controlo durante ambos os anos. No entanto, a relação B: C sob cobertura morta de polietileno foi igual à do controlo.

Efeito dos estimulantes de crescimento :

1. Todos os caracteres de crescimento *viz.* altura da planta, número de folhas funcionais e acumulação de matéria seca em diferentes fases de crescimento da cultura nas diferentes partes da planta aos 60, 90 DAS e na colheita influenciaram significativamente durante ambos os anos de estudo e na média de dois anos devido à pulverização de 3 % panchagavya e aplicação de amrutpani através de irrigação. Aos 30 DAS todos os caracteres de crescimento não foram afectados devido à aplicação de estimulantes de crescimento.

2. Todos os caracteres que contribuem para o rendimento, *nomeadamente* o comprimento da espiga, a circunferência da espiga, o número de linhas de grãos por espiga, o número de grãos por espiga, o peso dos grãos por espiga e o peso por espiga, foram significativamente mais elevados com os estimulantes de crescimento do que com o controlo, em ambos os anos e na média dos dois anos.

3. O número de espigas por hectare, a produção de espigas, a produção de palha e o rendimento biológico foram significativamente mais elevados com a aplicação de 3 % de panchagavya e amrutpani através da irrigação, em comparação com o controlo, em ambos os anos e na média dos dois anos

4. O teor de açúcar e fibra nos grãos de milho doce não foi influenciado

significativamente durante os dois anos e na média dos dois anos devido aos tratamentos com estimulantes de crescimento. No entanto, o teor de proteínas nos grãos foi significativamente mais elevado com a aplicação de estimulantes de crescimento, em comparação com o controlo.

5. O teor de azoto e a absorção de azoto nas diferentes partes da planta, ou seja, caule, grãos e bainha da espiga, bem como a absorção total de azoto pela cultura foram significativamente mais elevados durante ambos os anos e na média dos dois anos devido à aplicação de 3 % de pulverização de panchagavya e amrutpani através da irrigação, em comparação com o controlo.

6. O teor de fósforo e a absorção de fósforo nas diferentes partes da planta, ou seja, folhas, caule, grãos, bainha da espiga, eixo da espiga e absorção total de fósforo pela cultura não atingiram o nível de significância durante os dois anos e na média dos dois anos devido aos tratamentos com estimulantes de crescimento.

7. O teor de potássio nas diferentes partes da planta, ou seja, folhas, caule, grãos, bainha da espiga e eixo da espiga, não atingiu o nível de significância em ambos os anos e na média de dois anos devido ao tratamento com estimulante de crescimento.

8. A absorção de potássio nas diferentes partes da planta, ou seja, nas folhas durante 2005-06, no caule, na bainha da espiga e no total durante ambos os anos e na média dos dois anos, foi significativamente maior com a aplicação de 3 % de pulverização de panchagavya e amrutpani através da irrigação do que no controlo.

9. O azoto, o fósforo e o potássio disponíveis no solo após a colheita da cultura não foram afectados devido à pulverização de 3 % de panchagavya e amrutpani através da irrigação durante ambos os anos.

10. A contagem microbiana, ou seja, a contagem de fungos e actinomicetes após a colheita não atingiu o nível de significância durante ambos os anos e na média de dois anos devido aos estimulantes de crescimento. Por outro lado, a contagem bacteriana teve uma influência significativa com a pulverização de 3 % de panchagavya e amrutpani através da irrigação sobre o controlo durante ambos os anos e na média de dois anos.

11. O custo de cultivo, os rendimentos brutos e os rendimentos líquidos foram mais elevados com a pulverização de 3 % de panchagavya e amrutpani através da

irrigação, em comparação com o controlo, em ambos os anos.

12. Foi registada uma relação B : C mais elevada com o controlo do que com a pulverização de 3 % de panchagavya e amrutpani através de irrigação durante ambos os anos

Efeito da interação :

Os efeitos de interação entre as fontes de nutrientes e a cobertura de polietileno foram considerados significativos no que diz respeito ao desempenho da cultura do milho doce.

Fontes de nutrientes x cobertura morta de polietileno

No que diz respeito à interação entre fontes de nutrientes X cobertura morta de polietileno, em todos os níveis de fontes de nutrientes, a cobertura morta de polietileno (M_1) registou um crescimento significativamente mais elevado e caracteres de rendimento, aspeto de qualidade, bem como absorção de nutrientes pelo milho doce do que a ausência de cobertura morta (M_0).

1. Quanto aos parâmetros de crescimento, observou-se que o número de folhas funcionais foi significativamente mais elevado na combinação F_1 M1 (RDN + cobertura morta de polietileno) do que nas restantes combinações de tratamento, exceto F_2 M_0 (75 % RDN + 25 % N como PM e sem cobertura morta) e F2 M1 (75 % RDN + 25 % N como PM e cobertura morta de polietileno), que foram iguais à primeira combinação aos 90 DAS durante 2005-06. Por outro lado, a acumulação de matéria seca no caule e a matéria seca total da planta^{-1} aos 60 DAS durante 2005-06 e a acumulação de matéria seca na espiga aos 90 DAS durante 2005-06 e na média de dois anos, a bainha da espiga na média de dois anos foram significativamente mais elevadas na combinação de tratamentos F M_{21} (75 % RDN + 25 % N como PM e cobertura morta de polietileno) do que nas restantes combinações de tratamentos.

2. No caso dos atributos de rendimento, observou-se que, no caso do comprimento da espiga durante 2005-06, a interação F M_{21} foi significativamente superior às combinações F M_{40} e F M_{41} e foi igual às restantes combinações. Enquanto na média de dois anos, a interação F M_{21} foi igual às interacções F M_{11} , F M_{20} e F3M$_1$ e significativamente superior às restantes interacções. O desempenho do milho doce no caso da circunferência da espiga durante as três observações foi

significativamente superior sob a combinação de tratamento F M_{21} (75 % RDN + 25 % N como PM e cobertura morta de polietileno) do que as restantes combinações de tratamento. Da mesma forma, o número de grãos por espiga durante 2005-06 e a média dos dois anos foi significativamente melhor com a combinação de tratamentos F M_{21} (75 % RDN + 25 % N como PM e cobertura morta de polietileno) do que com as restantes combinações de tratamentos, exceto F M_{20} (75 % RDN + 25 % N como PM e controlo). Além disso, o peso dos grãos por espiga foi significativamente maior sob F M_{21} (75 % RDN + 25 % N como PM e cobertura morta de polietileno) combinação de tratamento do que as demais combinações de tratamento na média de dois anos. Da mesma forma, o peso por espiga durante 2005-06 e na média de dois anos foi significativamente maior sob F M_{21} (75 % RDN + 25 % N como PM e cobertura morta de polietileno) combinação de tratamento do que as demais combinações de tratamento.

3. O desempenho do milho doce em termos de rendimento de espiga verde em 2006-07 foi significativamente mais elevado com a combinação F M_{11} (100 % RDN e cobertura morta de polietileno), que foi igual à combinação F M_{21} . Além disso, na média de dois anos, a combinação de tratamento F M_{21} (RDN75 % RDN + 25 % N como PM e cobertura morta de polietileno) foi significativamente melhor do que as restantes combinações de tratamento, exceto a combinação de tratamento F M_{11} (100 % RDN e cobertura morta de polietileno), que foi igual à primeira combinação.

4. O desempenho do milho doce em termos de teor de açúcar durante ambos os anos e na média de dois anos foi significativamente melhor com a combinação de tratamento F4M1 (100 % N como PM e cobertura morta de polietileno) do que com as restantes combinações de tratamento, exceto durante 2005-06 e na média de dois anos, em que a combinação F3M$_1$ (50 5 RDN + 50 % N como PM e cobertura morta de polietileno) foi igual à primeira combinação.

5. O desempenho do milho doce em termos de teor de azoto nas folhas foi significativamente melhor com a combinação de tratamentos F M_{11} (100 % N como PM e cobertura morta de polietileno) do que com as restantes combinações de tratamentos em 2005-06. Por outro lado, o teor de azoto nas folhas foi significativamente melhor com a combinação de tratamentos F M_{21} (75 % RDN + 25 % N como PM e cobertura morta de polietileno) do que com as restantes combinações de tratamentos em 2006-07 e na média dos dois anos. O desempenho

do milho doce em termos de teor de azoto no caule em ambos os anos e na média dos dois anos foi significativamente melhor com a combinação de tratamentos F M₁₁ (100 % RDN e cobertura morta de polietileno) do que com as restantes combinações de tratamentos, exceto em 2005-06, em que a combinação de tratamentos F M₁₀ foi igual à primeira combinação. No caso do teor de azoto na bainha da espiga, as combinações de tratamento F M₁₁ , F M₂₁ e F M₃₁ foram iguais e todas estas combinações foram significativamente superiores às restantes combinações de tratamento em 2006-07 e na média dos dois anos. O teor de azoto no eixo da espiga em 2005-06 foi significativamente maior na combinação de tratamento F M₁₁ (100 % RDN e cobertura de polietileno) do que nas restantes combinações de tratamento.

6. O desempenho do milho doce em termos de absorção de azoto pelas folhas foi significativamente melhor com as combinações de tratamento F M₁₁ (100 % RDN e cobertura morta de polietileno) e F M₂₁ (75 % RDN + 25 % N como PM e cobertura morta de polietileno) do que com as restantes combinações de tratamento durante 2006-07 e na média dos dois anos. Durante 2006-07, a interação F M₃₁ (50 % RDN + 50 % N como PM e cobertura morta de polietileno) registou uma maior absorção de azoto na bainha da espiga e foi igual às combinações F M₂₁ (75 % RDN + 25 % N como PM e cobertura morta de polietileno) e F M₁₁ (100 % RDN e cobertura morta de polietileno) e significativamente superior às restantes combinações. No entanto, na média de dois anos, as interacções F M₂₁ (75 % RDN + 25 % N como PM e cobertura morta de polietileno) e F3M1 (50 % RDN + 50 % N como PM e cobertura morta de polietileno) foram iguais e significativamente superiores às restantes combinações. O desempenho do milho doce em termos de absorção total de azoto foi significativamente melhor com a combinação de tratamentos F M₂₁ (75 % RDN + 25 % N como PM e cobertura morta de polietileno) do que com as restantes combinações de tratamentos, com exceção da combinação de tratamentos F M₁₁ (100 % RDN e cobertura morta de polietileno), que foi igual à primeira combinação em 2006-07 e na média dos dois anos.

7. O desempenho do milho doce no que diz respeito ao teor de fósforo nas folhas e na bainha da espiga foi significativamente melhor com a combinação de tratamentos F M₄₁ (100% N como PM e cobertura morta de polietileno) do que com as restantes combinações de tratamentos, exceto F M₃₁ (50 % RDN + 50 %

N como PM e cobertura morta de polietileno), que foi igual à primeira combinação. O desempenho do milho doce no caso da absorção de fósforo na bainha da espiga foi significativamente melhor sob a combinação de tratamento F M_{31} (50% RDN + 50% N como PM e cobertura morta de polietileno) do que as restantes combinações de tratamento durante 2006-07.

8. O teor de potássio no caule foi significativamente mais elevado na combinação de tratamentos F M_{41} (100 % N como PM e cobertura morta de polietileno) do que nas restantes combinações de tratamentos. A absorção de potássio na bainha da espiga sob F M_{31} (50 % RDN + 50 % N como PM e cobertura morta de polietileno) combinações de tratamento foi significativamente maior do que F M_{41} (100 % N como PM e cobertura morta de polietileno) e a par com as restantes combinações de tratamento durante 2006-07. Enquanto que, na média de dois anos, o F M_{11} (100 % RDN + cobertura morta de polietileno) foi significativamente superior ao F M_{41} (100 % N como PM e cobertura morta de polietileno) e a par das restantes combinações de tratamento. O desempenho do milho doce no caso da absorção de potássio pelo eixo da espiga foi significativamente melhor sob a combinação de tratamento F M_{21} (75 % RDN + 25 % N como PM e cobertura morta de polietileno) do que as restantes combinações de tratamento, exceto F M_{31} (50 % RDN + 50 % N como PM e cobertura morta de polietileno) durante 2006-07.

CONCLUSÃO

Pode concluir-se dos resultados do estudo de dois anos que, para obter maior rendimento e retornos líquidos do milho doce cultivado nos solos lateríticos do Konkan Sul, a cultura deve ser cultivada com 75 % RDN (dose recomendada de azoto) através de fertilizante químico + 25 % N através de estrume de aves de capoeira (1875 kg PM ha^{-1}) sob cobertura de polietileno transparente (7 micron). No entanto, os rendimentos também podem ser aumentados com a aplicação de 3 % de panchagavya + amrutpani através da irrigação (4 pulverizações + 4 aplicações através da irrigação, respetivamente, com 15 dias de intervalo a partir dos 5 dias de emergência).

Para manter a fertilidade do solo, foi benéfica a aplicação de 75 % de RDN (dose recomendada de azoto) através de fertilizante químico + 25 % de N através de estrume de aves (1875 kg PM ha').^{1}

São necessários mais estudos para compreender os efeitos de 3 % de panchagavya e amrutpani através da irrigação separadamente em diferentes culturas em condições de solo laterítico de Konkan.

APÊNDICE - VII

Quadro de análise de variância do rendimento de espigas verdes q ha⁻¹ durante a média de dois

anos

SOV	DF	SS	MSS	Fcal	Ftab		result
					0.05	0.01	
main plot analysis							
replication ®	2	591.94	295.97	0.38	5.14	10.92	Non-Sig
Fertilizer (A)	3	115200.76	38400.25	49.42	4.76	9.78	Sig
error (a)	6	4661.98	777.00				
sub plot analysis							
Mulching (B)	1	14166.05	14166.05	116.37	5.32	11.26	Sig
A X B	3	1657.36	552.45	4.54	4.07	7.59	Sig
error (b)	8	973.88	121.73				
sub-sub plot analysis							
atpani+panch(C)	1	2184.43	2184.43	35.09	4.49	8.53	Sig
A X C	3	93.27	31.09	0.50	3.24	5.29	Non-Sig
B X C	1	4.25	4.25	0.07	4.49	8.53	Non-Sig
A X B X C	3	94.85	31.62	0.51	3.24	5.29	Non-Sig
error (c)	16	996.05	62.25				
Total	47	140624.83					

LTERATURA CITADA

Abdul Kadir Iman Sh. Mohamoud; Sharanappa e P. Jayabharat Reddy (2002[a]). Efeito dos níveis de composto e fertilizante na estrutura de crescimento e rendimento do milho (*Zea mays* L.). *Madras Agric. J.* **89** (10-12) : 720-723.

Abdulkadir Iman, Sh. Mohamoud e Sharanappa (2002[b]). Crescimento e produtividade do milho (*Zea mays* L.) influenciados por compostos de resíduos de aves e níveis de fertilizantes. *Mysorr J. Agric. Sci.* **36** : 203-207.

Adetunji, M.T. (1996) Nitrogen utilization by maize in a maize - cowpea sequential cropping of an intensively cultivated tropical ultisol. *J. Ind. Soc. Soil Sci.* **44** (1) : 85 - 88.

Aguyoh, J., Taber, H.G., Lawson, V. (1999). Maturidade do milho doce fresco com plantas de sementeira direta, transplantes, cobertura vegetal de plástico transparente e combinações de cobertura de linhas. Hort. Technology. **9**(3) : 420-424.

*Anburani, A., Selvan, T.T., Priyadarshani, H.V. e Suchindra, R. (2006). Influência dos nutrientes orgânicos no crescimento da sombra nocturna negra (*Solanum nigrum* L.). Conferência internacional sobre 'Globalização de sistemas de medicina tradicionais, complementares e alternativos'. 16-18 de março de 2006: 123.

Anónimo (1977). A manual of laboratory techniques National Institute of Nutrition, Hyderabad, p.p. 2-9.

Anonymus (2002). Relatório conjunto da AGRESCO, Ed. P N. Harer, Projeto de melhoramento de milho coordenado por toda a Índia, Kolhapur.

*Anonymus (2006). http:/www.faostat.org

Arya, K.C. e Singh, S.N. (2000). Efeito de diferentes níveis de P e Zn na produção e absorção de nutrientes do milho (*Zea mays*) com e sem irrigação. *Indian J. Agron*, **45**(4) : 717-721.

Asangla, H.K.; Pandium, B.J. e Raniselva, A. (2005), "Panchagavya" spray produces tastierbanana fruit. *Agrobios News Letter*. **3**(1): 20-21.

Bagal, P.K. e Shingte, A.K. (1986). Efeitos da aplicação foliar e no solo de azoto na composição dos grãos de milho. *J. Mah. Agric. Univ.* **11** (1) : 115 - 116.

Bajwa, M.S. e Paul J. (1978). Efeito da aplicação contínua de N, P, K e Zn na produção e absorção de nutrientes do trigo e milho irrigados e nos nutrientes disponíveis num solo castanho árido tropical. *J. Ind. Soc. Soil Sci.* **26** (2) : 160 - 165.

Baldev-Singh; Sandhu-BS; Singh-B (1978). Resposta de crescimento do milho forrageiro (Zea mays L.) ao regime hidrotérmico do solo influenciado pela irrigação e cobertura morta. Indian-Journal-of-Ecology. 1978, 5: 2, 181-191

Bali, A.S.; Shah, M.H.; Singh, K.N. e Raina, T.S. (1991). Resposta do milho (*Zea mays* L.) composto às datas de plantação e ao nível de fertilidade em condições de regadio no vale de Caxemira. *Indian J. agric. Res.*, **16**(3) : 178-182.

Balkrishnamurthy, G., Kamalkumar, R., Kanagadhileepan, K. e Rajshree, V. (2006). Influência dos reguladores de crescimento orgânico no crescimento e rendimento da curcuma em Sathyamangalam. Seminário nacional sobre "tendências emergentes na produção, qualidade, transformação e exportação de especiarias". 28-29 de março de 2006: 32-33.

Barevadia, T.N. e Patel, J.B. (1996). Resposta do milho (*Zea mays* L.) a adubos orgânicos e Azotobacter em conjunto com níveis de azoto. *GAU Res. J.* **22** (1) : 92-95.

Beaulah, A. (2001). Crescimento e desenvolvimento de moringa (*Moringa oleifera* Lam.) sob sistemas orgânicos e inorgânicos de cultura. Ph.D., Tese submetida à Universidade Agrícola de Tamil Nadu, Coimbatore.

Beaulah, A., E. Vadivel e K.R.Rajadurai. (2002a). Estudos sobre o efeito de adubos orgânicos e fertilizantes inorgânicos no rendimento de vagens de moringa cv. PKM 1. Em: Resumos do Seminário Nacional patrocinado pela UGC sobre *tendências emergentes em Horticultura* realizado no Departamento de Horticultura, Universidade de Annamalai, Annamalai Nagar, Tamil Nadu. p. 128.

Beaulah, A., E. Vadivel. e K.R.Rajadurai. (2002b). Estudos sobre o efeito de adubos orgânicos e fertilizantes inorgânicos nos parâmetros de qualidade da moringa (*Moringa oleifera* Lam.) cv. PKM 1. PKM 1. In: Abstracts of the UGC sponsored National Seminar on *Emerging trends in Horticulture* held at Department of Horticulture, Annamalai University, Annamalai Nagar, Tamil Nadu. p. 127-128.

Bhatt, Rajan; Khera, K.L. e Arora Sanjay (2004). Efeito da lavoura e da cobertura vegetal no rendimento do milho na região sub-montanhosa de Punjab. *International J. of Agric. and Bio.* **6**(1) : 126-128.

Black, C.A. (1965). Métodos de análise do solo, Parte II, Amer. Soc. Agron. Inc., Madison, Wisconsin, U.S.A.

Bhoomiraj, K. e A. Christopher Lourduraj (2004). Impacto de fontes orgânicas e inorgânicas de nutrientes, panchagavya e pulverização botânica na população microbiana do solo e na atividade enzimática em bhendi (*Abelmoschus esculentus* L.). **Indian J. Environ & Ecoplan, 8(3):** 557-560.

Brar, B. S.; Dhillon, N.S. e Chhina, H.S. (2001). Utilização integrada de estrume de quinta e fertilizantes inorgânicos no milho (*Zea mays* L.). *Indian. J. Agric. Sci.* **71** (9) : 605-607.

Brar, H.S. e Khera, A.S. (1988). Efeito das coberturas vegetais na emergência de plântulas, crescimento e rendimento de grãos de milho cultivado no inverno. J. Res. Punjab Agric. Univ. **25**(4) : 545-548.

Bray, R.H. e Kurtz, L.T. (1945). Determinação das formas total, orgânica e disponível de fósforo no solo. *SoilSci. J.* **59** : 39-45.

Breht, J.K. (1990). Qualidade pós-colheita de cultivares de milho super doce. *Revista Citrus and vegetable*, **53** : 11-36.

Buchner, W.(1993). A exploração-piloto biodinâmica Boschneide Hof DLC Mitteilungen- *Agron.Inform.* **108**(3): 30-33.*

*Canali, S., G. Roccuzzo, A. Benedetti, F. Intrigliolo e A. Giuffride. (2000). Dinâmica do azoto do solo num pomar de laranjeiras gerido segundo o modo de produção biológico. Atti XVII convegno Nazionale della societa Italiana di chimica Agraria, Porotferraio Itália, 29 Set-1 Out., 2000. pp.349-355.

Chandha, M. (1996). Leite de manteiga como promotor de crescimento de plantas. **Honey bee, Jan-Mar:** 1617.

Chandrashekara, C.P., Harlapur, S.I., Muralikrishna, S. e Girijesh, G.K. (2000). Resposta do milho (*Zea mays* L.) a adubos orgânicos com fertilizantes inorgânicos. KarnatakaJ. ofAgric. Sci. 13 : 1, 144-146.

Channabasavanna, A.S., Birader, D.P. e Yelamali, S.G. (2002). Efeito do estrume de aves de capoeira e NPK no crescimento e rendimento do milho. Karnataka J. of Agric. Sci. 15 : 2, 353-355.

Chen Xue Jun (1996). Efeito da cobertura morta de polietileno na produção de híbridos de milho. J. Jilin Agric. Univ. **18**(1) : 10-14.

Chen, Y.Q.; Zhang, Q.L. e Chen, H.J. (1993). Efeito da aplicação de NPK no rendimento e na qualidade do milho doce. *J. of South china agric. Univ.*, **14**(1) : 33-35.

Chopra, S.L. e Kanwar, J.S. (1978). Analytical agricultural chemistry, Kalyani Publishers, New Delhi.

Christopher Loduraj, Padmini, A. K., Rajendran, R., Ravi, V, Pandirajan, T e Sreenarayanan, V. V. (2004[a]). Effect of plastic mulching on bhendi *Ambelmoschus esculantus (L)* monech. South Indian Hort. 45 (3 & 4) 128-133.

Christopher Loduraj, Padmini, A. K., Rajendran, R., Ravi, V, Pandirajan, T. e Sreenarayanan, V. V. (2004[b]). Effect of plastic mulching on tomato yield and economics (Efeito da cobertura morta de plástico no rendimento e na economia do tomate). South Indian Hort. 44 (5 & 6) 139-142.

Cserni, I.; Harmar, N.; Prohaszka, K. e Barla, G. (1989). Avaliação dos factores que afectam o valor biológico das sementes híbridas de milho doce em relação ao fornecimento de nutrientes. *Zoldsegtermesztesi kutato intezet Bulletinje*, **22**(2) : 1521.

Cynthia Starlyn Emily, A. (2003). Padronização de pacotes de produção orgânica para *Withania somnifera* Dunal. **Tese de Mestrado (Hort.)**, Universidade Agrícola de Tamil Nadu, Coimbatore.

Dahiphale, V.V.; Deshmukh, S.G.; Sondge, V.D.; Raikhelkar, S.V e Shelke, V.S. (1992). Nutritive status of maize as influenced by levels of irrigation and nitrogen in summer season. *J. Mah. Agric. Univ.* **17** (3) : 483 - 484.

Dalvi, S.D. (1984). Efeito de vários espaçamentos e níveis de azoto no crescimento, rendimento e qualidade de duas variedades de milho (*Zea mays*) nas condições de Konkan durante o tempo quente de Rabi. Tese apresentada para obtenção do grau de Mestre em Ciências Agrárias ao Dr. Balasaheb Sawant Konkan Krishi Vidyapeeth, Dapoli, Dist. Ratnagiri (M.S.).

Deshpande, W.R. e T.G.K. Menon. (1995). Traditional wisdom and practices of Indian farmers in nature friendly farming. **In: Organic agriculture**. P.K.Thampan (ed.). Pee Kay Tree Crops Dvpt. Foundation, Cochin. pp.295-307.

Dev, S.P. e Bhardwaj, K.K.R. (1994). Efeito dos resíduos de culturas e dos níveis de azoto nas propriedades químicas do solo na sequência trigo-milho. *Ann. Agric. Res.* **15** (2) : 184-190

Dev, S.P. e Bhardwaj, K.K.R. (1995). Effect of crop wastes and nitrogen levels on biomass production and nitrogen uptake in wheat- maize sequence. *Ann. Agric. Res.* **16** (2) : 264-267.

Devarajan, K., B. Ramaraj, N. Selvaraj e N. Seenivasan. (2004). Cultivo de culturas medicinais em agricultura biológica. **I MAP**, Today, Info concepts India INC. 2: 24-29.

Devegowda, G., (1997). Excrementos de aves de capoeira e outros resíduos como fonte de adubos orgânicos. In: *Curso de formação em agricultura biológica*, UAS, GKVK, pp. 711.

Dhillon, N.S.; Hundal, H.S. e Dev, G. (1994). Influência do tempo de aplicação de P na sua disponibilidade numa sequência de culturas de milho-trigo. *J. Ind. Soc. Soil Sci.* **42** (3) : 480-482.

Dhiman, S.D., H.C. Sharman, D.P. Nondol, O.M. Hari e Dalel Singh. (1998). Effect of irrigation, methods of crop establishment and fertilizer management on soil properties and productivity in rice (*Oryza sativa* L.) - wheat (*Triticum aesativum* L.) sequence. **Indian J. Agron, 43(2):** 208-212.

Duraisami, Y.P.; Rani Perumal e Mani, A.K. (2001). Relação das fracções de azoto do solo com o rendimento do milho e a absorção de azoto numa Ustropept Verticais. *J. Ind. Soc. Soil Sci.* **49** (3) : 499-503.

*Easson, D.L. e Fearnehough, W. (2000). Effect of plastic mulch, sowing date and cultivar on the yield and maturity of forage maize grown under marginal climatic conditions in Northern Ireland. Grass-and-Forage-Science. **55**(3) : 221-231.

Ganesh, R., Balkrishnamurthy, G., Kumar, G.A. e Subramanian, S. (2006). Efeito de bioestimulantes no crescimento, rendimento e qualidade do pimentão (*Capsicum annum var. longum*). Seminário nacional sobre "tendências emergentes na produção, qualidade, transformação e exportação de especiarias". 28-29 de março de 2006: 36-37.

Gattani, P.D.; Jain, S.V e Seth, S.P. (1976). Efeito do uso contínuo de fertilizantes químicos e estrume nas propriedades físicas e químicas do solo. *J. Ind. Soc. Soil Sci.* **24** (3) 284-289.

Gawade, D.G. (1998). Resposta do milho doce (*Zea mays saccharata*) à gestão dos nutrientes. Tese apresentada para obtenção do grau de Mestre em Ciências Agrárias ao Dr. Balasaheb Sawant Konkan Krishi Vidyapeeth, Dapoli, Dist. Ratnagiri (M.S.).

Ghosh, R.K. e Singh, N.P (1995). Crescimento e desenvolvimento do milho afectados pelas culturas de verão anteriores e pelo azoto aplicado ao milho. *Ann. Agric. Res.* **16** (1) : 85-88.

Gill Rubina, Lal, S. B. e Singh, S. S. (2003). Resposta do milho rabi Cv. Deccan-103 ao INM. Simpósio nacional sobre gestão de recursos para a produção de culturas ecológicas resumos: 105.

Gill, M.S., Singh, T., Rana, D.S. e Bhandari, A.L. (1994). Resposta do milho e do trigo a diferentes níveis de fertilização. *Indian Journal of Agronomy*, **39**(1) : 168-170.

Gill, R., Lal, S.B. e Singh, S.S. (2002). Investigação agronómica da gestão integrada de nutrientes no crescimento e rendimento do milho de inverno (*Zea mays*). Extended Summaries Vol. 1 : 2nd International Agronomy congress, Nov. 26-30, 2002, New Delhi, India. 588-589.

Gomathi nayagam (2001). Indigenous paddy cultivation, **Pesticide Post 9**(3):1.

Gopal Reddy, B. e Suryanarayan Reddy. (2000). Soil health and crop yields under organic farming in maize - soybean cropping system. Quinto simpósio sobre gestão do solo e da água realizado na APAU, Rajendra Nagar, p. 121124.

Gosavi (2006). Efeito de coberturas, fertilizantes e níveis de adubo orgânico no desempenho do milho doce *rabi* (*Zea mays saccharata*). Tese apresentada para obtenção do grau de Mestre (Agri.) ao Dr. Balasaheb Sawant Konkan Krishi Vidyapeeth, Dapoli, Dist. Ratnagiri (M.S.).

Govindaswamy, B.A. (1999). Chaumain do projeto de irrigação dos agricultores de Bhavani. **Nam Vazhi Velanmai,** Out.-Dez. 99, p. 20.

Gzazia, J.D.; Tittonell, P.A.; Germinara, D. e Chiesa, A. (2003). Fertilização com fósforo e azoto no milho doce (*Zea mays saccharata*). *J. Espanhol de Agril. Investigação*, **1**(2) : 103-107.

Hazra, C.R. e Tripathi, S.B. (1999). Effect of nitrogen application and preceded cowpea on forage yield of winter maize and soil fertility. *J. Ind. Soc. Soil Sci.* **47** (3) : 561-563.

http://www.greenconserve.com

Hunshal, C.S.; Balikai, R.A. e Vishwanath, D.P. (1989). Influência dos níveis de N e P na produção de forragem verde do milho sul-africano. *J. Mah. Agric. Univ.* **14** (3) : 362-363.

Hussaini, M.A.; Ogunlela, V.B.; Ramalan, A.A.; Falaki, A.M. e Lawal, A.B. (2002). Produtividade e utilização da água no milho (*Zea mays* L.) sob a influência dos níveis de azoto, fósforo e irrigação. *Crop Res.* **23** (2) : 228-234.

Iruthayaraj, P. e Setvaraju, P.K. (1995). Effect of irrigation methods of irrigation and nitrogen levels of nutrient uptake by maize (*Zea mays* L.). *Madras Agric. J.*, **82**(3) : 215-216.

Iyanova, E.G., N.V. Doronina e T. Senko. (2001). As bactérias metilotróficas aeróbicas são capazes de sintetizar auxinas. **Microbiol, 70:** 392-397.

J. econ. (2002). Gestão da cigarrinha-do-milho e da doença do raquitismo do milho em milho doce, utilizando mulch de polietileno. *Sociedade Entomológica da América*, **95**(2) : 325330.

Jackson, M.L. (1973). Soil chemical analysis, Prentice Hall (Inc.), Eagle Wood Clieff, New Delhi.

Jaikumaran, U. e Nandini, K. (2001). Desenvolvimento de mulch cum irrigação por gotejamento para hortaliças. Seminário nacional sobre mudanças no cenário do sistema de produção de hortaliças, **49**: 372-375.

Jayaprakash, T.C.; Nagalikar, V.P.; Pujari, B.T. e Setty, R.A. (2004). Efeitos dos produtos orgânicos e inorgânicos nas propriedades do solo e no estado dos nutrientes disponíveis no solo após a colheita da cultura do milho sob irrigação. *Karnataka. J. Agric. Sci. 17* (2) : 311-314.

Jayashankar, M.S., S. Manikandan e S. Thambidurai. (2002). Management of pest and diseases in field bean, **Indigenous Agriculture News, 1**(1-3): 4.

Kachapur, M.D. e Duragannavar, F.M. (1991). Gestão de fertilizantes em sistemas de cultivo baseados em sorgo. *Sorghum News letter*, **32** : 65.

Kalaghatagi, S.B., Kulkarni, G.N., Prabhakar, A.S. e Palled, Y.B. (1990). Efeito da cobertura vegetal na utilização da água de irrigação e na produção de grãos em labirinto. Karnataka J. Agric. Sci., 3(3&4) : 183-188.

Kaledhonkar, PR. (2003). Avaliação de cultivares de milho prometedoras de proteínas de qualidade na região de Konkan. Tese apresentada para obtenção do grau de Mestre (Agri.) ao Dr. Balasaheb Sawant Konkan Krishi Vidyapeeth, Dapoli, Dist. Ratnagiri (M.S.).

Kalyan Singh; Singh, U.N.; Singh, V.; Singh, S.R.; Chandel, R.S. e Singh, K.K. (2002). Efeito da lavoura, inter terraço e cobertura morta no rendimento e absorção de nutrientes pelo sistema de cultivo de milho (*Zea mays*) e grão-de-bico (*Cicer arietinum*). *Indian J. of Agric. Sci.*, **72**(12) : 728-730.

Kamalakumari, K. e Singaram, P (1996)[b] . Parâmetros de qualidade do milho influenciados pela aplicação de fertilizantes e estrume. *Madras Agric. J.*, **83**(1) : 3233.

Kamalkumari, K. e Singaram, P. (1996)[a] . efeito da aplicação contínua de FYM e NPK no estado de fertilidade do solo, rendimento e absorção de nutrientes no milho. *Madras, Agric.* **83**(3): 181-184.

Kanimozhi, B. (2004). Efeito de adubos orgânicos e bioestimulantes na produtividade e qualidade da Brahmi (*Bacopa monnieri* L.). **Tese de Mestrado (Hort.)**, Universidade Agrícola de Tamil Nadu, Coimbatore-3, Índia.

Kanimozhi, B.; Jawaharlal, M. e Rajamani, K. (2006). Efeito de adubos orgânicos e bioestimulantes em caracteres morfológicos e rendimento de Brahmi

(*Bacopa monnieri*). Conferência Internacional sobre Globalização no sistema de medicina tradicional, complementar e alternativa. 16-18 de março de 2006. pp: 131.

Kanimozhi, C. (2003). Padronização de pacotes de produção orgânica para *Coleus forskohlii* Briq. **Tese de Mestrado (Hort.)**, Universidade Agrícola de Tamil Nadu, Coimbatore.

Karki, T.B.; Ashok Kumar e Gautam, R.C. (2005). Influência da gestão integrada de nutrientes no crescimento, rendimento, teor e absorção de nutrientes e estado de fertilidade do solo no milho (*Zea mays*) em Nova Deli. *Indian Journal of Agricultural Sciences*, **75**(10) : 682-685.

Karle, S. R. (2004). Gestão integrada de nutrientes em cultivares de milho de qualidade proteica. Tese apresentada para obtenção do grau de Doutor (Agri.) em Konkan Krishi Vidyapeeth, Dapoli, e Dist. Ratnagiri (M.S.)

Kataraki, Nagaraj G.; Desai, B.K. e Pujari, B.T. (2004). Gestão integrada de nutrientes no milho de regadio. *Karna. J. Agric. Sci.* **17** (1) : 1-4.

Kathuria, M.K.; Harbir Singh; Singh, K.P. e Kadian, V.S. (2005). Efeito da gestão integrada de nutrientes na produção de grãos de trigo e em algumas propriedades físico-químicas do solo no sistema de cultivo de cereais forrageiros - trigo. *Crop Res.* **30** (1) : 10-14.

Kaushik, S. S.; Shinde, S. H. e Verma, G. K. (2006). Efeito da cobertura morta e da fertilização no crescimento e rendimento do amendoim de verão. *Intensive Agriculture,* Jan.-Fev., pp. 10-11.

Khadtare, S.V., Patel, M.V., Jadhav, J.D. e Mokashi, D.D. (2006[b]). Efeito do vermicomposto no rendimento e na economia do milho doce. *J. of soil and crops* **16** (2) : 401-406.

Khadtare, S.V., Patel, M.V., Mokashi, D.D. e Jadhav, J.D. (2006). Influência do vermicomposto nos parâmetros de qualidade e no estado de fertilidade do solo do milho doce. *J. of soil and crops* **16** (2) : 384-389.

Khanday, B.A. e Thakur, R.C. (1990). Resposta do milho de sequeiro (*Zea mays* L.) à fertilização. *Ind. J. Agric. Sci.* **60** (9) : 631 - 633.

Khatibu, A.I., Lal, R. e Jana, R.K. (1984). Efeito dos métodos de lavoura e cobertura vegetal na erosão e propriedades físicas de um barro arenoso numa região equatorial quente e húmida. Pesquisa de Campo-Cultura. 8 : 4, 239-254.

Khot, R. B.; Umrani, N.K.; Desale, J.S. e Pol, P.S. (1993). Efeitos dos espaçamentos entre plantas

e níveis de azoto na produção de sementes de milho. *J. Mah. Agric. Univ.* **18** (1) : 155 - 156.

Krishanan, P. K. e Lourduraj, A. Christopher (1997). Alterações no estado nutricional do solo devido a níveis de N e adubos orgânicos com milho (*Zea mays* L.). *Ind. J. Agric. Res.* **31** (3) : 189-194.

Krishnaveni, K. e Ramaswamy, K.R. (1985). Influência de N, P e K na qualidade das sementes de milho híbrido Co H-1. *Madras agric. J.,* **72**(10) : 553-558.

Kudtarkar, U.S. (2005). Efeito da cobertura morta de polietileno, níveis de adubo orgânico e fertilizante no desempenho do amendoim Rabi (*Arachis hypogea* L.). Tese apresentada para obtenção do grau de Mestre em Ciências Agrárias no Konkan Krishi Vidyapeeth, Dapoli, Dist. Ratnagiri (M.S.).

Kulkarni, G.N.; Kalaghatagi, S.B. e Mutanal, S.M. (1998). Efeito de várias coberturas e programação da irrigação no crescimento e rendimento do milho de verão. *Maha. agric. Univ.,* **13**(2) : 223-224.

Kumar Ashok; Gautam, R.C.; Singh Ranbir e Rana, K.S. (2005). Crescimento, rendimento e economia da sequência de culturas milho-trigo influenciados pela gestão integrada de nutrientes de Nova Deli. *Indian J. of Agric. Sci.,* **75**(1) : 709-711.

Kumar, A., Thakur, K. S. e Manuja, S. (2002). Effect of fertility levels on promising hybrid maize under raifed condition of Himachal Pradesh. Indian J. Agron. 47 (4) : 526-530.

Kumar, Anil; Thakur, K.S. e Manuja, Sandeep (2002[a]). Effect of fertility levels on promising hybrid maize (*Zea mays* L.) under rainfed conditions of Himachal Pradesh. *Ind. J. Agron. 47* (4) : 526- 530.

Kumar, Manoj e Singh, M. (2003). Efeito dos níveis de azoto e fósforo na produção e absorção de nutrientes no milho (*Zea mays* L.) em condições de sequeiro em Nagaland. *Crop Res.* **25** (1) : 46-49.

Kumar, Virendra e Ahlawat, I.P.S. (2004). Carry-over effect of bio-fertilizers and nitrogen applied to wheat (*Triticum aestivum*) and direct applied N in maize (*Zea mays* L.) in wheat-maize cropping system. *Ind. J. Agron.* **49** (4) : 233-236.

Kumaresan, M.; Shanmugasundaram, V.S. e Balasubramanian, T.N. (2003). Influência da gestão do fósforo no fósforo disponível no solo e na absorção de

NPK num sistema de cultivo de milho, girassol e feijão-frade. *Ind. J. Agric. Res.* **37** (1) ; 34-38.

Kumaresan, M.A.; Shanmugasundaram, V.S. e Balasubramanian, T.N. (2001). Integrated phosphorus management in maize (*Zea mays* L.) - sunflower (*Helianthus annus*) - Cowpea (*Vigna unguiculata*) forder cropping system. *Ind. J. Agron.* **46** (3) : 404 - 409.

Kunjir, S.S. (2004). Efeito da geometria de plantação, níveis de azoto e micronutrientes no desempenho do milho doce em solos lateríticos. Tese apresentada para obtenção do grau de Mestre (Agri.) ao Dr. Balasaheb Sawant Konkan Krishi Vidyapeeth, Dapoli, Dist. Ratnagiri (M.S.).

Kwabiah, A.B. (2004). Crescimento e rendimento de cultivares de milho doce em resposta à data de plantação e à cobertura de plástico num ambiente de estação curta. *Scientia Horticulturae*, **102**(2) : 147-166.

Lal, S. 2001. Indian farming. 9-15.

Linda, M.G. (1999). Lactic acid from alfalfa. Agricultural Research, maio, 1999: **20**.

Long, R., R. Morris e J. Polacco. (1997). Produção de citocinina por bactérias metilotróficas associadas a plantas. **Pl. Physiol. Absts., 1168:** 84.

Luikham, Edwin; Krishina Rajan, J.; Rajendran, K. e Mariam Anal, P.S. (2003). Efeitos do azoto orgânico e inorgânico no crescimento e rendimento do milho para bebé (*Zea mays* L.). *Agric. Sci. Digest* **23** (2) : 119-121.

Madhavi, B.L.; Reddy, Suryanarayan e P., Chandrasekhar Rao (1995). Gestão integrada de nutrientes utilizando estrume de aves e fertilizantes para o milho. *J. Res. APAU23* (3) : 1-4.

Mahala, H.L. e Shaktawat, M.S. (2004). Efeito das fontes e níveis de fósforo e FYM nos atributos de rendimento, rendimento e absorção de nutrientes do milho (*Zea mays* L.). *Ann. Agric. Res. New series*, **25**(4) : 571-574.

Mahale, A.M.; Satpute, G.N.; Mahurkar, D.G.; Bhadane, R.S. e Dusane, S.M. (2002). Effect of polythene mulch on morphological parameter and yield of groundnut (*Arachis hypogaea* L.). *Indian J. Agron*, **41**(1) : 178-182.

Mailvaganam, S. (2004). Área, produção e valor agrícola por país e distrito, Ontário, de milho doce (*Zea mays saccharatta*). *Serviços estatísticos, OMAF, Statistics Canada*, 1-2.

Materechera, S.A. e Salagae, A.M. (2002). Utilização de estrume de bovino e de galinha parcialmente decomposto, emendado com cinza de madeira, em dois solos sul-africanos de textura contrastante.

Mathan, K.K., K. Appavu e A. Saravanan. (2000). Efeito dos orgânicos e dos níveis de irrigação nas propriedades físicas do solo e no rendimento das culturas no sistema de cultivo sorgo-soja. **Madras Agric. J., 87(1-3):** 50-53.

Mhaskar, N. V. (2006). Gestão integrada de nutrientes para sustentar a produtividade do amendoim de confeitaria. Tese apresentada para obtenção do grau de doutoramento (Agri.) em Konkan Krishi Vidyapeeth, Dapoli, e Dist. Ratnagiri (M.S.)

Minhas, R.S. e Mehta, R.L. (1984). Efeito da aplicação contínua de fertilizantes no rendimento das culturas e em algumas propriedades do solo sob rotação trigo-milho. *J. Ind. Soc. Soil Sci.* **32** : 749-751.

Minhas, R.S. e Sood, Anil (1994). Efeito dos produtos inorgânicos e orgânicos no rendimento e na absorção de nutrientes por três culturas numa rotação num alfisol ácido. *J. Ind. Soc. Soil Sci.* **42** (2) : 257-260.

Mishra, C. M. (1993). Desempenho de variedades de milho (*Zea mays* L.) a níveis de fertilidade em condições de sequeiro em Madhya Pradesh. *Ind. J. Agron.* **38** (3) : 483485.

Miura, S. e Watanabe, Y. (2004). Crescimento e rendimento do milho doce com coberturas de polietileno e coberturas vivas de leguminosas. *Japanese J. of crop sci.*, **71**(1) : 36-42.

Mohamoud, A.K.I., Sharanappa e Reddy, P.J. (2002). Efeito dos níveis de composto e fertilizante na estrutura de crescimento e rendimento do milho. *Madras, Agric.J.* **89**(10-12): 720-723

Mohapatra, P.K., Lenka, D. e Naik, P. (1998). Efeito do mulching plástico no rendimento e na eficiência do uso da água no milho. Ann. Agric. Res. **19**(2) : 210-211.

Mu, Y. Z.; Pang, J. M. e Shi, L. (1984). Efeito da cobertura morta com película de polietileno nos micróbios do solo e Rhizobium sp e no rendimento do amendoim. Sharxi *agric. Sci.*, **3**: 17-21.

Naik, P.; Mahapatra, B.K. e Lenka, D. (1998). Efeito do mulching plástico no rendimento e na eficiência do uso da água no milho. *Ann. Agric. Res.*, **19**(2) : 210-211.

Nakui, T., Nonaka, K., Hara, S. e Shinoda, M. (1995). O efeito da cobertura vegetal plástica no crescimento das plantas de milho e no seu rendimento de silagem TDN no distrito de Tokachi. Boletim de pesquisa da Estação Nacional de Experimentação Agrícola de Hokkaido. (161) : 73-80.

Nalatwadmath, S.K.; Rama Mohan Rao, M.S.; Patil, S.L.; Jayaram, N.S.; Bhola, S.N. e Prasad, Arjun (2003). Efeito a longo prazo da gestão integrada de nutrientes no rendimento das culturas e no estado de fertilidade do solo em vertisols de Bellary. *Ind. J. Agric. Res.* **37** (1) : 64-67.

Nandal, D.P.S. e Agarwal, S.K. (1991). Resposta do milho de inverno às datas de sementeira, à irrigação e ao azoto. *Ind. J. Agron.* **36** (2) : 239-242.

Nanjappa, H.V; Ramachandrappa, B.K. e Mallikaijuna, B.O. (2001). Efeito da gestão integrada de nutrientes no rendimento e no equilíbrio de nutrientes no milho (*Zea mays* L.). *Ind. J. Agron.* **46** (4) : 698-701.

Nanjudappa, G; Manure, G.R. e Badiger, M.K. (1994). Yield and uptake of forder maize (*Zea mays* L.) as influenced by nitrogen and potassium. *Indian J. of agron*, **39**(3) : 473-475.

Narahari, D., (1999). Valor fertilizante dos excrementos de aves de capoeira. *Agro. India.* 4: 4-5.

Narayanswami, M.R., Veerabhadran, V. Jayanthi, C. e Chinuswami, C. 1994. Densidade de plantas e gestão de nutrientes para milho de sequeiro em solos vermelhos. Madras Agric. J. **81**(5)

Natarajan, K. (2002). *Panchakavya - Um manual.* Other India Press, Mapusa, Goa, Índia p.33.

Negi, S.C.; Singh, K.K. e Thakur, R.C. (1988). Resposta da sequência de culturas de milho-trigo ao fósforo e ao estrume de quintal. *Indian J. Agron,* **33**(3) : 270-273.

Nene, Y.L. (1999). A saúde das sementes na história antiga e medieval e a sua relevância para a agricultura atual. In: Ancient and Medieval History of Indian agriculture (História Antiga e Medieval da Agricultura Indiana). Choudhary,S.L., G.S.Sharma e X.L.Nene (Eds.). Proc. da escola de verão realizada de 28th maio a 17th junho de 1999, Rajasthan College of Agriculture, Jaipur.

Niazuddin, M.; Talukder, M.S.U.; Shirazi, S.M.; Adham, A.K.M. e Hye, M.A. (2002). Resposta do milho à irrigação e aos fertilizantes azotados. *Bangladesh J. Agril. Sci.* **29** (2) : 283-289.

Novelo, P.L., A. Trinid Santus, J. Detchevers-barra, J. Perez-Moreno e A. Martinez-Garza. (2000). Melhoria da fertilidade do solo na agricultura de encosta de Iso Alam dechipar. México Agrociencia, **34**(3): 251-259. *

Nu, P.; Chiesa, A. e Cline, G.R. (1993). Efeito dos níveis de azoto, fósforo e potássio observados no milho doce. *Hort. Technology,* **12**(1) : 118-125.

Obi, M.E. e P.O. Ebo. (1995). O efeito de alterações orgânicas e inorgânicas nas propriedades físicas do solo e na produção de milho num solo arenoso degradado na Nigéria. **Bioresources Technol., 51(2/3):** 117-123.

Pandey, A.K.; Prakash, V.; Singh, R.D. e Mani, V.P. (2000). Resposta de variedades de milho a níveis de azoto e compostos de sulfidrilo. *Crop Res.* **19** (1) : 28-33.

Pandey, I.K. e Tomer, P.S. (1989). Resposta de variedades de milho forrageiro a diferentes níveis de azoto. *Ind. J. Agron.* **34** (4) : 426-427.

Panse, V.G. e Sukhatme, P.V. (1967). Statistical methods for Agricultural Workers. ICAR, Nova Deli, pp. 199-200.

Paradkar, V.K. e Sharma, R.K. (1994). Resposta de variedades melhoradas de milho (*Zea mays*) ao azoto durante o inverno. *Indian J. of agron,* **38**(4) : 650-652.

Parmar, D.K. e Sharma, P.K. (1998). Efeito do fósforo e da cobertura vegetal nos parâmetros radiculares, inter-relações de nutrientes e produtividade da biomassa do trigo (Triticum aestivum) num Alfisol de montanha. *Indian Journal of Agricultural Sciences*, **68**(4) : 194-197.

Parmar, D.K. e Sharma, Vinod (2001). Necessidades de azoto do sistema híbrido simples milho (*Zea mays* L.) - trigo (*Triticum aestivum*) em condições de sequeiro. *Ind. J. Agric. Sci.* **71** (4) : 252-254.

Parthasarathy, C.; Srinivasa, M.R. e Reddy, B.B. (1984). Resposta do milho híbrido à aplicação de zinco em diferentes níveis de fertilidade. *Madras agric. J.*, **8** : 550552.

Patel, J.R.; Thakur, K.R.; Sadhu, A.C.; Patel, P.C. e Parmar, H.P. (1997). Efeito da taxa de sementes e dos níveis de azoto e fósforo nas variedades de milho forrageiro (*Zea mays* L.). *GAU Res. J.* **23** (1) : 1-8.

Patel, M.S. e Patil, R.G. (1990). Efeito de diferentes níveis de fósforo e zinco no rendimento e na absorção de nutrientes do amendoim e do milho (forragem). *GAU Res. J.* **16** (1) : 63-66.

Pathak, R.K. (2002). Respostas das culturas a preparações biodinâmicas. In: CAS training on *Organic Agriculture - a paragon for sustainability* held at JNKVV, Jabalpur, March 26 - April 15th , 2002 p. 23.

Pathak, R.K. e R.A.Ram. (2002). Approaches for organic production of vegetable in India. Relatório do Instituto Central de Horticultura Subtropical, Rehmankhera, Lucknow, p. 1-13.

Pattanashetti, V.A.; Agasimani, C.A. e Babalad, H.B. (2002). Efeito de adubos e fertilizantes na produção de milho e soja em sistema de consórcio. *J. Maha. agric. Univ.*, **27**(2) : 206-207.

Pawar, S.D.; Jadhav, A.S. e Jagtap, B.K. (1991). Efeitos do chorume de biogás e do azoto (ureia) no rendimento do milho, na absorção de nutrientes e nas propriedades do solo. *J. Mah. Agric. Univ.* **16** (3) : 316-319.

Peet, M. (2001). Práticas sustentáveis para a produção de vegetais na América do Sul. **10**(2) : 1-4 *NCSU*, Raleigh, NC.

Piper, C.S. (1956). Soil and Plant analysis, Hans Publications, Bombaim.

Poongothai, S. e Mathan, K.K. (2002). Efeito direto, residual e cumulativo da aplicação de cobre e estrume orgânico no sistema de cultivo milho-amendoim. *J. Indian Soci. Of soil sci.* **50** (3) ; 315-317.

Prabakaran, C. e G. James Pichai. (2003). Effect of different organic nitrogen sources on pH, total soluble solids, titratable acidity, crude protein, reducing and non reducing sugars and ascorbic acid content of tomato fruits. J. Soils andCrops, **13(1):** 172-175.

Pradeep, K.R., Yogesh, K. e Saraf, A. (2005). Cultivo de milho doce. Indian Farming. 10-12.

Pramanik, S.C. (1999). Conservação in situ da humidade residual do solo através da lavoura e da cobertura vegetal para o milho (Zea mays L.) nas ilhas tropicais da baía. *Indian J. of Agril. Sci.*, **69**(4) : 254-257.

Prasad, B. e Singh, A.P. (1980). Changes in soil properties with long term use of fertilizer, lime and farmyard manure. *J. Ind. Soc. Soil Sci.* **28** (4): 465468.

Prasad, B. e Singh, R.P. (1981). Acumulação e declínio dos nutrientes disponíveis com a utilização a longo prazo de fertilizantes, estrume e cal em terras de culturas múltiplas. *Ind. J. Agric. Sci.* **51** (2) : 108-111.

Prasad, B.; Singh, R.P.; Roy, H.K. e Sinha, H. (1983). Efeito do fertilizante, da cal e do estrume em algumas propriedades físicas e químicas de um solo franco-vermelho em culturas múltiplas. *J. Ind. Soc. Soil Sci.* **31** : 601-603.

Prasad, Kamta e Prem Singh (1990). Resposta de variedades promissoras de milho de sequeiro (*Zea mays* L.) à aplicação de azoto na região noroeste dos Himalaias. *Ind. J. Agric. Sci.* **60** (7) : 475-477.

Prasad, Kedar; Verma, C.P.; Verma, R.N. e Ram Pyare (2005). Efeito dos condicionadores do solo e das doses de fertilizantes na absorção de nutrientes pela cultura do milho numa sequência milho-trigo. *Crop Res.* **29** (1): 19-22.

Prasad, U.K.; Thakur, S.S.; Pandey, S.S.; Pandey, R.D. e Sharma, N.N. (1987). Efeito da irrigação e do azoto no milho de inverno em solo alcalino salino calcário. *Ind. J. Agron. 32* (3) : 217-220.

Pratt, L.F. (1939). Teor de humidade como indicação da maturidade do milho doce.

Canna, **88** : 80.

Raja, V. (2001). Efeito do azoto e da população de plantas no rendimento e na qualidade do milho super doce (*Zea mays*). *Indian J. Agron*, **46**(2) : 246-249.

Rajamani,   K.; Vadivel, E.; Balakumbahan, R.; Jeyapragathambal,P.;

Kumanan,K.;Sanjutha, S.e Prabhu, M.(2006a). Papel dos estimulantes orgânicos no crescimento e rendimento da pervinca (*Chtharanthus roseus*). Conferência Internacional sobre Globalização no sistema de medicina tradicional, complementar e alternativa. 16-18 de março de 2006. pp: 141-142.

Rajamani, K.;Vadivel, E.; Jawaharlal, A.; Anandanayaki,D ;Balakumbahan, R. e Shoba. K. (2006b). Efeito de bioestimulantes no crescimento e rendimento de senna (*Cassia angustifolia*) var-Kkm.1. Conferência Internacional sobre Globalização no sistema de medicina tradicional, complementar e alternativa. 1618 de março de 2006. pp: 142.

Rajashri, G. e G. R. Pillai (2002). Influência da nutrição azotada na população microbiana do solo. Ann. Agric. Res., 23 (2): 331-333.

Raje Mahadik, V.A. (2003). Efeito da cobertura morta de polietileno, geometria de plantação e configuração do terreno no desempenho do amendoim Rabi (*Arachis hypogea*). Tese apresentada para obtenção do grau de Mestre em Ciências Agrárias no Konkan Krishi Vidyapeeth, Dapoli, Dist. Ratnagiri (M.S.).

Ramachandra Reddy, H. e Bhaskara Padmodaya. (1996). High five. Down to earth, 30 de setembro[th] , 1996.p.44.

Ramamurthy, V e Shivashanker, K. (1996). Efeito residual da matéria orgânica e do fósforo no crescimento, rendimento e qualidade do milho (*Zea mays* L.). *Indian J. Agron*, **41**(2) : 247-251.

Rameshwar e Singh, C.M. (1998). Desempenho do milho e do trigo em sequência com a utilização complementar de FYM e ertilizante em condições de sequeiro. *Madras Agric. J.* **85** (7-9) : 400-403.

Rana, K.S. e Shivran, R.K. (2003). Crescimento e rendimento do milho (*Zea mays* L.) influenciados pelo sistema de cultivo e pelas práticas de conservação da humidade em condições de sequeiro. *Ann. Agric. Res. New series*, **24**(2) : 350-353.

Rangaswami, G. (1966). Agriculture microbiology. Asia publishing house, Nova Iorque.

Reddy, A.K. e Bheemaiah, G. (1991). Efeito do sistema de cultivo e dos tipos de solo no rendimento do milho. *Indian J. Agron*, **36**(2) : 139-142.

Reddy, B. Gopal e Reddy, Suryanarayan M. (1998). Effect of organic manures and nitrogen levels on soil available nutrient status in maize-soybean cropping system. *J. Ind. Soc. Soil Sci.* **46** (3) : 474-476.

Reddy, M.V. (1998). Algumas práticas tradicionais de proteção das culturas dos agricultores de Andhra Pradesh. Asian Agri. History, **2:** 317-323.

Reddy, R.M. (1984). Desempenho de híbridos de milho (*Zea mays* L.) em diferentes níveis de população e fertilidade. Dissertação de Mestrado (Agri.). Tese, Universidade Agrícola de Andhra Pradesh, Hydrabad.

Reddy, S.S., Shivraj, B., Reddy, V.C. e Ananda, M.G. (2005). Efeito direto dos fertilizantes e efeito residual dos adubos orgânicos no rendimento e absorção do milho (Zea mays L.) no sistema de cultivo amendoim-milho. Crop Res. **29**(3) : 390-395.

Roongtanakiat, N.; Chairoj, P.; Chookhao, S. e Nualchavee, S. (2000). Melhoria da fertilidade do solo arenoso por mulching de grama vertiver e composto. *Kasetsart J. NaturalSci.,* **34**(3) : 332-338.

Roy, H.K. e Ajay Kumar (1990). Effect of potassium on yield of maize (*Zea mays* L.) and uptake and forms of potassium. *Ind. J. Agric. Sci.* **60** (11) : 762-764.

Sahoo, S.C. e Mahapatra, P.K. (2005). Resposta do milho doce (*Zea mays saccharatta*) aos níveis de fertilidade numa situação agrícola em Jashipur (Orissa). *Indian J. of Agric. Sci.*, **75**(9) : 603-604.

Sahoo, S.C. e Panda, M.M. (2000). Avaliação, na exploração, da utilização de fertilizantes químicos e de fertilizantes orgânicos na produtividade do milho (*Zea mays* L.). *Ann. Agric. Res.*, **21**(4) : 559-560.

Sahota, N.N.; Paul, S.R. e Sarma, D. (1984). Resposta do milho ao azoto e ao fósforo em condições de sequeiro nas zonas montanhosas de Assam. *Indian J. Agron*, **45**(1) : 128-131.

Sairam, R.K.; Sharma, U.S. e Tomer, P.S. (1991). Efeito de diferentes níveis de azoto e atrazina no metabolismo do azoto do milho forrageiro (*Zea mays* L.). *Ind. J. Agric. Res.* **25** (1) : 33-37.

Sanjutha, S., Subramanian, S., Rajamani, K., Jawaharlal, M. e Arunachalam, N. (2006). Efeito de panchagavya e adubos orgânicos no conteúdo de nutrientes, absorção, matéria seca e conteúdo de andrographolide em Kalmegh [*Andrographis paniculata* (Burm. F.) wall. Ex nees.]. Conferência internacional sobre 'Globalização de Sistemas de Medicina Tradicionais, Complementares e Alternativos'. 16-18 de março de 2006 : 136.

Sannigrahi, A.K. e Borah, B.C. (2002). Influência de polietileno preto e coberturas orgânicas na produção de tomate (*Lycopersicon esculentum* Mill.) e quiabo (*Abelmaschus esculentus* (L.) Moench) em Assam. *Ciência dos vegetais*, **29**(1): 92-93.

Saraswathi, T., Sheeba, J.A., Vadivel, E., Bangarusamy, U. e Manickam, S. (2006). Efeito de panchagavya e ácido salicílico no aumento da biomassa e tolerância à seca em Bacopa (*Bacopa monnieri* L.). Conferência internacional sobre "Globalização de sistemas de medicina tradicionais, complementares e alternativos". 16-18 de março de 2006: 137.

Saraswathy, S. (2003). Estudos sobre o efeito do pinçamento, espaçamento e reguladores de crescimento no crescimento, rendimento e teor de alcalóides de Ashwagandha (*Withania somnifera* Dunal). Tese de doutoramento (Hort.), Universidade Agrícola de Tamil Nadu, Coimbatore-3, Índia.

Sarkar, M.C.; Mewa Singh e Jagan Nath (1973). Influência do estrume de curral na estrutura do solo e em algumas propriedades relacionadas com o solo. *J. Ind. Soc. Soil Sci.* **21** (2) : 227-229.

Sarma, N.N.; Paul, S.R. e Sarma, D. (2000). Resposta do milho (*Zea mays*) ao azoto e ao fósforo em condições de sequeiro na zona montanhosa de Assam. *Indian J. Agron*, **45**(1) : 128-131.

Sathesh, N. (1998). Estudos sobre o efeito cumulativo e residual de produtos orgânicos no sistema de cultivo arroz-arroz. Tese de Mestrado (Ag.), Tamil Nadu Agric. Univ., Coimbatore.

Sebastian, S.P., Lourduraj, A.C., Lakshaman, A. e Panneerselvam, S. (2005). Atributos de rendimento do girassol influenciados por diferentes adubos orgânicos e pulverizações foliares. *J. Agric. Resource management, 4 (suppl.)* : 82-84.

Selvaraj, N., B.Ramaraj, K.Devrajan, N. Seenivasan, S.Senthil Kumar e E.Sakthi. (2003a). Effect of organic farming on growth and yield of Thyme. In: Seminário Nacional sobre Produção e Utilização de Plantas Medicinais realizado em 13-14 de março de 2003 na Universidade de Annamalai, Tamil Nadu, Pp: 63. *

Selvaraj, N., B.Ramaraj, K.Devrajan, N.Seenivasan, S.Senthil Kumar e E.Sakthi. (2003). Efeito da agricultura biológica no crescimento e rendimento do alecrim. In: Seminário Nacional sobre Produção e Utilização de Plantas Medicinais realizado em 13-14 de março de 2003 na Universidade de Annamalai, Tamil Nadu, Pp:66. *

Senthil Kumaran, P. e V. Vadivel (2001). Organic farming for sustainable Agriculture. *Spice India,* 2-4.

Shanti, K.V.; Praveen Rao; Mranga Reddy; Suryanarayana, M. e Sharma, P.S. (1997). Resposta do milho híbrido e composto (*Zea mays* L.) a diferentes níveis de azoto. *Indian J. of Agric. Sci.,* **67**(8) : 326-327.

Sharma, J.P. e Saxena, S.N. (1990). Indian J. Agric. Res. 24 : 119-122.

Sharma, M.P.; Pradeep Wali; Wangoo, R.K. e Gupta, J.P. (2003). Efeito do FYM e do potássio nas formas de K do solo e na utilização pelo milho em condições de sequeiro. *J. Res. SKUAST, Jammu.* **2** (1) : 25-35.

Sharma, S.K. (2002). A synoptic view of linkages of organic farming with productivity and sustainability of India (Uma visão sinóptica das ligações da agricultura biológica com a produtividade e a sustentabilidade da Índia). In: CAS training on *Organic Agriculture - a paragon for sustainability* held at JNKVV, Jabalpur, March 26 - April 15th , 2002p. 29.

Shenoy, U., P. Rao, U.K.A. Kumara e A.S. Anand. (2000). Krishi Prayoga Pariwara: Um grupo de agricultores experimentadores. pp : 9.

Shivay Y.S. e Singh, R.P. (2000). Crescimento, atributos de rendimento, rendimento e absorção de azoto do milho (*Zea mays* L.) influenciados pelos sistemas de cultivo e níveis de azoto. *Ann. Agric. Res.* **21** (4) : 494 -498.

Shyam Sunder. (1999). Efeito do mulch de filme plástico, níveis de fertilizante e pulverização foliar no crescimento e rendimento do amendoim de verão cv. Koyana (B-95). Tese de Mestrado (Agri.) apresentada ao M. P. K. V., Rahuri (Índia).

Singaram, P. e Kothandaraman, G.V. (1993). Efeito de diferentes fontes de P no P disponível no solo, rendimento e absorção de nutrientes pelo milho. *J. Ind. Soc. Soil Sci.* **41** (3) : 591-593.

Singh Amar; Vyas, A.K. e Singh, A.K. (2000[a]). Effect of nitrogen and zinc application on growth, yield and net returns of maize (*Zea mays* L.). *Ann. Agric. Res.* **21** (2) : 296-397.

Singh Rameshwar e Totawat, K.L. (2002). Effect of integrated use of nitrogen on the performance of maize (*Zea mays* L.) on haplustalfs of sub-humid southern plains of Rajasthan. *Ind. J. Agric. Res.* **35** (2) : 102-107.

Singh, A.P. e Singh, M. (1981). Resposta do milho híbrido a doses graduadas de P e K em diferentes estados de P e K dos solos. *Haryana agric. Univ. J. Res.*, **XI**(3) : 399-403.

Singh, C.M. e Pritam Chand (1980). Nota sobre a economia da cultura intercalar de leguminosas para grão e a fertilização com N no milho. *Ind. J. Agric. Res.* **14** (1) 6264.

Singh, C.P.; Sharma, N.N. e Prasad, U.K. (1991). Resposta do milho de inverno (Zea mays L.) à data de sementeira, sulco de sementeira, cobertura morta e fertilização com

azoto, fósforo e potássio. *Indian J. of Agric. Sci.*, **61**(12) : 889-892.

Singh, D.; Rana, D.S. e Pandey, R.N. (1999). Response of fertilizers in maize-wheat-cowpea cropping system. *Indian J. Agron*, **44**(2) : 242-245.

Singh, D.P.; Rana, N.S. e Singh, R.P. (2000[b]). Growth and yield of winter maize (*Zea mays* L.) as influenced by intercrops and nitrogen application. *Ind. J. Agron.* **45** (3) : 515-519.

Singh, J.; Bajaj, J.C. e Pathak, H. (2005). Quantitative estimation of fertilizer requirement for maize and chickpea in the alluvial soil of the Indo- Gangetic plains. *J. Ind. Soc. Soil Sci.* **53** (1) : 101-106.

Singh, P. e Sumeria, H.K. (2003). Estudos sobre o efeito do INM na produtividade do sorgo. Simpósio nacional sobre gestão de recursos para a produção de culturas amigas do ambiente, 26-28 de fevereiro. Resumos.

Singh, R. e Agarwal, S.K. (2005). Efeito dos níveis de estrume e fertilização com azoto no rendimento do grão e na eficiência da utilização de nutrientes no trigo em Hisar. *Indian J. Agric. Sci.*, **75**(7) : 408-413.

Singh, R., Sood, B.R. and Sharma, V.K. (1993). response of forage maize to azotobacter inoculation and nitrogen *Indian J. Agron.*, **38**(4) : 55-58.

Singh, R.N.; Sutaliya, R.; Ghatak, R. e Sarangi, S.K. (2003). Efeito de uma aplicação mais elevada de azoto e potássio acima do nível recomendado no crescimento, rendimento e atributos de rendimento do milho de inverno (*Zea mays* L.) semeado tardiamente. *Crop Res.* **26** (1) : 71-74.

Singh, R.P.; Singh, P.P. e Nair, K.P.P. (1996). Efeito das fontes e do tempo de aplicação de fertilizantes N no estado nutricional do solo e no crescimento do milho. *Ind. J. Agric. Res.* **30** (1) : 1-4.

Singh, S. e Sarkar, A.K. (2001). Utilização equilibrada dos principais nutrientes para manter uma maior produtividade do sistema de cultivo milho-trigo em solos ácidos de Jharkhand. *Indian J. Agron*, **46**(4) : 605-610.

Singh, S.P.; Gaur, B.L. e Shekhawat, A.S. (1992). Efeito de cultivares, espaçamento e fertilização com azoto na produção e absorção de nutrientes pelo milho (*Zea mays* L.). *Ann. Agric. Res.* **13** (3) : 277-279.

Singh, S.S. (1996). Soil fertility and nutrient management (Fertilidade do solo e gestão de nutrientes), Kalyani Publishers,
Ludhiana.

Singh, Y.K., Sudhanshu, D.K. e Prasad, R. (2004). Efeito da cobertura vegetal e dos níveis de irrigação no regime hidrotérmico do solo com referência ao teor de fósforo no milho de inverno. *RAU. J. Res.* **14** (1) : 100-103.

Sivakumar, V. (2004). Estudos sobre a padronização do protocolo para maximizar o crescimento, o rendimento e o conteúdo de alcalóides em Black nightshade (*Solanum nigrum* L.). Tese de Mestrado (Hort.), Universidade Agrícola de Tamil Nadu, Coimbatore-3, Índia.

Sivakumar, V, Ponnuswami, V, Rajamani, K., Kavino, M. e Kavitha, P.S. (2006).

Influência do espaçamento e dos produtos orgânicos no crescimento e desenvolvimento da beladona *Solanum nigrum* L. Conferência internacional sobre 'Globalização de sistemas de medicina tradicionais, complementares e alternativos'. 16-18 de março de 2006 : 119-120.

Solaiappan, AR. (2002). *Microbiological studies in Panchakavya*, Bio-control laboratory-Official Communication, Chengalput, Tamil Nadu. p.1-2.

Somsundaram, E., Meena, S., Sankaran, N. e Thiagarajan, T.M. (2003). Eficácia da pulverização de Panchagavya (nutrição orgânica) em grama verde. Simpósio nacional sobre gestão de recursos para a produção de culturas amigas do ambiente. (26-28): 171-172.

Somsundaram, E., Sankaran, N. e Thiagarajan, T.M. (2004). Eficácia das fontes orgânicas de nutrientes e da pulverização panchagavya na produtividade das culturas num sistema de cultivo à base de milho. *J. Agric. Resource management.* **3** (1) : 46-53.

Somasundaram, E.; Sankaran, N.; Chandaragiri, K.K. e Thiyagarajan, T.M. (2004).Biogas slurry and panchagavya promising organics to reconstruct our agroecosystem. Agrobios News Letter, **2** (10):13-14.

Sridhar, T. (2003). Efeito de bio-reguladores na erva-moura preta (*Solanum nigrum.*L.). Tese de Mestrado (Agri.), Universidade Agrícola de Tamil Nadu, Coimbatore.

Sridhar, V.; Singh, R.A. e Singh, U.N. (1991). Efeito dos níveis de fertilidade no milho de inverno (*Zea mays* L.) sob diferentes regimes de humidade com base na água de irrigação: evaporação acumulada. *Ind. J. Agron.* **36** : 74-78.

*Sridhar,S.; Arumugasamy,S.; Vijay al akshmi, K.e Balasubramanian.A. V. (2001). Vikshayurveda; Ayurveda para plantas - Um manual do utilizador. *Clarion* 1:6.

Srinivasa, M.R.; Parthasarathy, C. e Reddy, S.N. (1986). Efeito da fertilidade e dos níveis de zinco na produção de matéria seca e na absorção de nutrientes pelo milho. *Andra agric. J.*, **33**(1) : 87-88.

*Sritharan, N. e Manian, K. (2006). Análise fitoquímica e melhoria da qualidade da erva-moura preta (*Solanum nigrum. I)* através de bioreguladores. Conferência internacional sobre "Globalização de sistemas de medicina tradicionais, complementares e alternativos". 16-18 de março de 2006 : 147.

Srivastava, U.K. e Sinha, N.K. (1992). Resposta do milho e do trigo à inoculação de azotobacter e à aplicação de fertilizantes. *Indian J. Agron*, **32**(2) : 356-357.

Subbian, P. e Palaniapppan, S. P. (1992). Efeito das práticas de gestão integrada no rendimento e na economia das culturas em sistemas de culturas múltiplas de alta densidade. *Indian J. Agron.* **57**(1): 1-5.

Subbian, P.; Thangamuthu, G.S. and Palaniappan, S.P. (1991) Long-term response of winter maize (*Zea mays* L.) to nitrogen, phosphorus and potassium. *Ind. J. Agron.* **36** (4) : 511-512.

Subhashini Sridhar, A.Arumugasamy, K.Vijayalakshmi e A.V.Balasubramanian. (2001). *Vrkshayurveda - Ayurveda for plants* Centre for Indian Knowledge Systems, Chennai, Tamil Nadu. p.47.

Suchindra, R. e Anburani, A. (2006). Influência do material de plantação e dos nutrientes orgânicos na germinação da curcuma (Curcuma longa L.). Seminário nacional sobre tendências emergentes na produção, qualidade, transformação e exportação de especiarias. 28-29 de março de 2006.p: 32.

Summers, C.G. e Stapleton, J.J. (2002). Gestão do funil da folha do milho e da doença do raquitismo do milho em milho doce utilizando uma cobertura vegetal reflectora. Journal-of-Economic- Entomology. **95**(2) : 325-330.

Sundararaman, S.R., R.Selvam, R.Venkatachalam e M.Ramakrishnan. (2001). *Hand book on organic farming*, Natural way of farming movement - Communication Bulletin, Prajetha NGO network, Kongal Nagarm, Tamil Nadu.

Suri, V.K. e Puri, U.K. (1997). Efeito da aplicação de fósforo com e sem FYM na sequência milho-trigo-milho-milho de sequeiro. *Indian J. Agric*. Sci, **67**(1) : 13-15.

Suri, VK; Puri, U.K. e Jaggi, R.C. (1995). Gestão da fertilidade no sistema de cultivo de milho-trigo em regime de sequeiro no sector subtropical de Himachal Pradesh. *Crop Res.* **10** (3): 236-241.

Tang, Q.L. e Xu, J.Y (1986). Cultivo de cobertura vegetal aumentando o rendimento do amendoim de primavera. *ZheijiangAgril. Sci.* **2** : 65-67.

Thakur, D.R. e Vinod Sharma (1999). Efeito de taxas variáveis de azoto e do seu calendário de aplicação fraccionada no milho para bebé (*Zea mays*). *Ind. J. Agric. Sci.* **69** (2) : 93-95.

Thakur, D.R.; Prakash, O.M.; Kharwara, P.C. e Bhalla, S.K. (1998). Effect of nitrogen and plant spacing on yield, nitrogen uptake and economics in baby corn (*Zea mays*) in Bajaura (H.P.). *Indian J. Agron*, **43**(4) : 668-671.

Thamaraiselvi, S.P. (2001). Estudos fisiológicos sobre a queda de pétalas na rosa de Edouard (*R. bourboniana* Desp.) e na rosa vermelha (*R. centifolia* L.). Dissertação de Mestrado (Hort), apresentada à TNAU, Coimbatore.

Thaware, B.L; Birari, S.P. e Thorat, S.T. (1989). Influência da taxa de sementes e da fertilização com azoto na produção de forragem de milho durante o verão. *Ann. Agric. Res.* **10**(1) : 100-101.

Thomas, DJ. e Singh, S.S. (2003). Efeito da cultura intercalar de leguminosas e dos níveis de adubo orgânico suplementado com fertilizantes inorgânicos constantes no rendimento e nos atributos de rendimento do milho kharif. Simpósio nacional sobre gestão de recursos para a produção de culturas respeitadoras do ambiente. (26-28): 165-166.

Tiwari, R.C.; Sharma, P.K. e Khandelwal, S.K. (2004). Effect of green manuring through *Sesbania canabina* and *Sesbania rostrata* and nitrogen application through urea to maize (*Zea mays*) in maize-wheat (*Triticum aestivum*) cropping system. *Ind. J. Agron.* **49** (1): 15-17.

Tripathi, R.S.; Srivastava, G.K. e Malaiya, S. (2004). Efeito da variedade, época de sementeira e gestão integrada de nutrientes no crescimento, atributos de rendimento e rendimento do milho de verão (*Zea mays* L.).*Ann. Agric. Ann. Agric Res. Newseries*, **25**(1) : 155158.

Tyagi, R.C.; Devender Singh e Hooda, I.S. (1998). Efeito da população de plantas, da irrigação e do azoto no rendimento e nos seus atributos do milho de primavera (*Zea mays*). *Ind. J. Agron.* **43** (4) : 672-676.

Vadivel, N.; Subbian, P. e Velayutham, A. (2001). Efeito das práticas integradas de gestão do azoto no crescimento e rendimento do milho de inverno de sequeiro (*Zea mays*). *Ind. J. Agron.* **46** (2) : 250-254.

Vasanthi, D. e Kumaraswamy, K. (2000). Efeitos dos calendários estrume-fertilizante sobre o rendimento e a absorção de nutrientes pelas culturas forrageiras de cereais e sobre a fertilidade do solo. *J. Ind. Soc. Soil Sci.* **48** (3) : 510-515.

Verma, C.P.; Kedar Prasad; Singh, H.V e Verma, R.N. (2003). Efeito dos condicionadores do solo e dos fertilizantes no rendimento e na economia do milho (*Zea mays* L.) na sequência milho-trigo. *Crop Res.*, **25**(3) : 449-453.

Verma, C.P.; Kedar Prasad; Verma, R.N. e Pyare ram (2005). Efeito dos condicionadores de solo e das doses de fertilizante na absorção de nutrientes pela cultura do milho em Kanpur. *Crop Res.*, **29**(1) : 19-22.

Verma, T.S. (1991). Influência de métodos de aplicação de estrume de quintal no milho (*Zea mays* L.) em condições de chuva. *Crop Res.* **4**(1) : 161-164.

Vivekanandan, P. (1999). Panchakavya antecipa a colheita de arroz em 10 dias. Agri. News, **2**(2): 11.

Vivekanandan, P.(1999b). *Panchagavya antecipa* a colheita do arroz em 10 dias. *Agri News 2(2):* 11.

Wagh, D.S. (2002). Efeito do espaçamento e da gestão integrada de nutrientes no crescimento e rendimento do milho doce (*Zea mays saccharata*). Tese apresentada para obtenção do grau de Mestre em Ciências Agrárias no Mahtama Phule Krishi Vidyapeeth, Rahuri, Distrito de Pune.

Waheeduzzama, M. (2004). Estudos sobre a padronização das práticas de INM para melhorar o rendimento e a qualidade das flores de *Anthurium andrianum* cv. Meringne. Tese de Mestrado (Hort.), Universidade Agrícola de Tamil Nadu, Coimbatore-3. Índia.

Wells, O.S.; Lee, S.S. e Estes, G.O. (1988). Efeitos de coberturas de polietileno cortadas na temperatura do solo e no rendimento do milho doce. *Canadian J. of Plant Science*, **58**(1) : 55-61.

Wenguang, H.; Duan, S. e Sui, G. (1995). Tecnologia de produção de amendoim na China. *International Arachis Newsletter*, **15**: 13-17.

Werminghausen, B. Laing, H. e Hildebrandt, H. (1981). Métodos de sementeira de mulch de polietileno ainda com um ponto de interrogação? DLG-Mitteilungen.

98 : 8, 445-447.

Xu, Hui Lian e H.L.Xu. (2000). Efeitos de um inoculante microbiano e fertilizantes orgânicos no crescimento, fotossíntese e rendimento do milho doce, *J. Crop Production* **3**(1): 183-214.

Xu, Hui Lian, Wang-Xiaoju, Wnag-Jittua, H.L. Xu, XJ.Wang e J.H.Wang. (2000). Efeito da inoculação microbiana na resposta estomática das folhas de milho. *Journal of Crop production* **3**(1):235-243.

Yadav, B.K. e A. Christopher Louduraj, A.C. (2006[a]). Efeito de adubos orgânicos e pulverização panchagavya nos atributos de rendimento, rendimento e economia do arroz. *Crop Res.* **31** (1) : 1-5.

Yadav, B.K. e A. Christopher Louduraj, A.C. (2006[b]). Efeito de adubos orgânicos e pulverização de panchagavya na qualidade do arroz (*Oryza sativa* L.). *Crop Res.* **31** (1) : 6-10.

Yan-Wang, Yamamoto, K., Yakushido, K. e Yan, W. (2002). Alterações no teor de nitrato N em diferentes camadas do solo após a aplicação de pellets de composto de resíduos de gado num campo de milho doce. Soil Science- and-Plant-Nutrition. 48 : 2, 165-170.

Yin - Po wang e Chen - ching chao. (1995). O efeito da prática da agricultura biológica nas propriedades químicas, físicas e biológicas do solo em Taiwan. Sustainable food production in the Asian and Pacific region. FFTC Book series No.46. pp. 33-37.

Zagade, M.V (2004). Efeito dos regimes de irrigação, cobertura morta de polietileno e geometria de plantação no crescimento, rendimento e qualidade do amendoim *Rabi de* clima quente (*Arachis hypogea* L.). Tese apresentada para obtenção do grau de doutoramento (Agri.) no Konkan Krishi Vidyapeeth, Dapoli, e Dist. Ratnagiri (M.S.)

Zende, N.B. (2006). Efeito da gestão integrada de nutrientes no desempenho do milho doce (*Zea mays saccharata*). Tese apresentada para obtenção do grau de doutoramento (Agri.) em Konkan Krishi Vidyapeeth, Dapoli, e Dist. Ratnagiri (M.S.)

* Originais não vistos

Apêndice -1

Pormenores sobre o custo dos factores de produção

Sr.No.	Operation	Quantity	Labours required	Rate (Rs.)	Total cost (Rs. Ha^{-1})
1	Preparatory tillage				
	Tractor ploughing	4 hrs		200 hr^{-1}	800.00
	Harrowing	4 hrs		200 hr^{-1}	800.00
	Layout preparation		4	67.00	268.00
2	**Manures**				
	F$_2$- poultry manure (25 % N) Labours required	1875 kg	4	2 kg^{-1} 67.00	3750.00 268.00
	Total cost				**4018.00**
	F$_3$- poultry manure (50 % N) Labours required	3750 kg	6	2 kg^{-1} 67.00	7500.00 402.00
	Total cost				**7902.00**
	F$_2$- poultry manure (25 % N) Labours required	7500 kg	8	2 kg^{-1} 67.00	15000.00 536.00
	Total cost				**15536.00**
3	**Fertilizers**				
	F$_1$- 100 % RDF	225 kg N		10.35	2328.75
		60 kg P		18.75	1125.00
		60 kg K		7.7	462.00
	Labours required		30	67.00	2010.00
	Total cost				**5925.75**
	F$_2$- 75 % RDN + full P and K	168.75 kg N		10.35	1746.56
		60 kg P		18.75	1125.00
		60 kg K		7.7	462.00
	Labours required		22	67.00	1474.00
	Total cost				**4807.56**
	F$_3$- 50 % RDN + full P and K	112.50 kg N		10.35	1164.37
		60 kg P		18.75	1125.00
		60 kg K		7.7	462.00
	Labours required		15	67.00	1005.00
	Total cost				**3756.37**
Sr.No.	Operation	Quantity	Labours required	Rate (Rs.)	Total cost (Rs. Ha^{-1})
4	**Polythene**				
	M$_1$- Transparent polythene	60 kg		100.00	6000.00
	Labours required		6	67.00	402.00

	Total cost				6402.00
5	**Growth stimulants**				
	P₁- Panchagavya	60 lit.		250 spray⁻¹	1000.00
	Amrutpani	4	500 irrigation⁻¹		1000.00
	Labours required		12	67.00	804.00
	Total cost				2804.00
6	**Seeds and sowing**				
	Seed	8 kg		1200.00	9600.00
	Sowing		15	67.00	1005.00
	Total cost				10605.00
7	**Intercultural operations**				
	Gap filling		2	67.00	134.00
	Weeding		20	67.00	1340.00
	Irrigations		16	167.00	1872.00
	Total cost				**3346.00**
8	**Plant protection measures**				
	Pesticides			1620.00	1620.00
	Spraying	6	18	67.00	1206.00
	Total cost				**2826.00**
9	**Harvesting**		15	67.00	1005.00

Apêndice- II

Total de nutrientes adicionados ao solo através de fertilizantes químicos e PM

Nutrient sources used	Total N	Total P	Total K
F1 = 100 % RDN	225	60	60
F2 = 75 % RDN + 25 % N as PM	225	91.44	87.57
F3 = 50% RDN + 50 % N as PM	225	122.87	115.15
F4 = 100 % N as PM	225	185.74	170.29

Teor de nutrientes no estrume de aves utilizado

Nutrient	2006 (%)	2007 (%)
N	2.97	3.15
P	1.69	1.74
K	1.42	1.57

APÊNDICE -IV

Abreviaturas e termos locais utilizados

@	=	At the rate of
a. i.	=	Active ingredient
B : C ratio	=	Benefit : cost ratio
Ca	=	Calcium
CD (5%)	=	Critical difference at 5% level of significance
cm	=	Centimeter
CPE	=	Cumulative pan evaporation
cc	=	Centimeter cube
^{0}C	=	Degree centigrade
DAS	=	Days after sowing
et al.	=	*et alia* (and others)
Fig.	=	Figure
PM	=	Poultry manure
g	=	Gram
G.M.	=	general mean
Ha	=	Hectare
HI	=	Harvest index
hrs	=	Hours
i.e.	=	That is
K	=	Potassium
Kharif	=	Rainy season
kg	=	Kilogram
km	=	Kilometer
K_2O	=	Potassium
Lit.	=	Liter (s)
m	=	Meter
m^2	=	Meter square
M. T.	=	Million tonnes
mm	=	Millimeter
Max.	=	Maximum

Met.	=	Meteorological
Min.	=	Minimum
M. S.	=	Maharashtra state
u	=	Micron
N	=	Nitrogen
NPK	=	Nitrogen, phosphorus and potassium
No.	=	Number
NS	=	Non-significant
/	=	per
%	=	per cent
P	=	Phosphorus
P_2O_5	=	Phosphate
ppm	=	Parts per million
q	=	Quintal (s)
Rabi	=	Winter season
RDF	=	Recommended dose of fertilizers
RH	=	Relative humidity
Rs	=	Rupees
SE(m)	=	Standard error of mean
Spp	=	Species
SSP	=	Single super phosphate
Sig.	=	Significant
SMK %	=	Sound mature kernel percentage
viz.	=	Namely

Printed by Books on Demand GmbH, Norderstedt / Germany